Hochschultext

Norbert Fliege

Lineare Schaltungen mit Operationsverstärkern

Eine Einführung in die
Verstärker- und Filtertechnik

Mit 150 Abbildungen

Springer-Verlag
Berlin Heidelberg New York 1979

Professor Dr.-Ing. Norbert Fliege

Institut für Nachrichtensysteme, Universität Karlsruhe (TH)
Kaiserstraße 12, 7500 Karlsruhe

Herausgeber:

Professor Dr.-Ing. Werner Rupprecht

Lehrstuhl für Nachrichtentechnik, Universität Kaiserslautern
Pfaffenbergstraße 95, 6750 Kaiserslautern

CIP-Kurztitelaufnahme der Deutschen Bibliothek
Fliege, Norbert:
Lineare Schaltungen mit Operationsverstärkern : e. Einf. in d. Verstärker- u. Filtertechnik / Norbert Fliege.
– Berlin, Heidelberg, New York : Springer, 1979.
(Hochschultext)

ISBN-13: 978-3-540-09824-9   e-ISBN-13: 978-3-642-67523-2
DOI: 10.1007/978-3-642-67523-2

2153/3130-543210

Vorwort

Der vorliegende Text ist die Niederschrift meiner Vorlesung "Aktive Netzwerke",
die ich für Elektrotechniker im siebenten und achten Semester an der Universität
Karlsruhe halte. Er wendet sich nicht nur an Studierende, sondern auch an praktisch arbeitende Techniker und Ingenieure.

Der Operationsverstärker ist nach der Elektronenröhre und dem Transistor heute
zum dominierenden Verstärkerbauelement geworden. Er findet in allen Gebieten der
analogen Elektronik breite Verwendung. Der Anwender muß sich mit einer spezifischen
Schaltungstheorie und einer Reihe von praktischen Phänomenen beschäftigen, die dem
Operationsverstärker eigen sind. Zu seiner Hilfe findet er jedoch nur wenige deutsch-
sprachige Bücher, die das Thema "Operationsverstärker" einigermaßen gründlich be-
handeln. Das vorliegende Buch soll dazu beitragen, diese Lücke zu schließen.

Das Buch ist in drei Teile gegliedert. Der erste Teil beschäftigt sich mit den
netzwerktheoretischen Grundlagen und der Einbeziehung des Operationsverstärkers
in die Netzwerktheorie. Hierbei sei insbesondere das dritte Kapitel erwähnt, das
eine Netzwerkanalyse unter Ausnutzung der besonderen Eigenschaften des Operationsverstärkers behandelt. Dieser erste Teil kann all denen empfohlen werden, die sich
mit dem Operationsverstärker und seiner Schaltungstheorie von Grund auf beschäftigen
möchten, um gegebenenfalls selber neue Schaltungen zu entwerfen oder Schaltungen
zu modifizieren.

Der Techniker und Ingenieur, der Praktiker, der die bekannten Operationsverstärkerschaltungen für seine Zwecke einsetzen und seinen Forderungen anpassen möchte,
kann den theoretischen Teil getrost überspringen und gleich mit dem zweiten Teil
beginnen, der sich mit der praktischen Verstärkertechnik und den nichtidealen Eigenschaften des Operationsverstärkers beschäftigt. Dieser Teil ist naturgemäß weniger
durch theoretische Betrachtungen gekennzeichnet, er gründet sich vielmehr auf em-
pirische Erkenntnisse und praktische Erfahrung. Das gilt insbesondere für die im
sechsten Kapitel behandelten Stabilitätsbetrachtungen und Frequenzgangkompensationen.
Trotzdem wurde der Stoff weitgehend formelmäßig dargestellt.

Der dritte Teil beschäftigt sich mit aktiven Filtern. In den letzten fünfund-
zwanzig Jahren ist eine außerordentlich hohe Zahl von Veröffentlichungen auf diesem
Gebiet entstanden. Die im dritten Teil getroffene Auswahl von Filterschaltungen
kann daher nur einen bescheidenen Einblick in die Vielfalt der heute bekannten

VI

Schaltungen geben. Allerdings wurden solche Schaltungen ausgewählt, die sich als besonders geeignet herauskristallisiert haben, die sich in der Vergangenheit vielfältig bewährt haben und die auch in der Zukunft sicher noch Anwendung finden werden. Die verschiedenen behandelten Schaltungslösungen für aktive Filter stellen nicht nur Alternativen dar, sondern ergänzen auch einander. Es ist ein Anliegen dieses Buches, viele praktische Gesichtspunkte in den Filterentwurf einfließen zu lassen, so daß es dem Anwender ermöglicht wird, für eine gegebene Aufgabe das günstigste Filter auszuwählen.

Die wissenschaftliche Ausbildung des Studenten erfordert eine saubere und ausführliche Herleitung und Begründung der Ergebnisse und eine Diskussion der wesentlichen Gesetze und Zusammenhänge, um ihn auf seine spätere wissenschaftliche Tätigkeit vorzubereiten. Der Anwender in der Praxis wünscht sich mehr ein "Arbeitsbuch", das möglichst viele Schaltungen und dazu gehörende Formeln aufweist, ein Buch, in dem man leicht etwas nachschlagen kann. Es verzichtet eher auf strenge Beweisführung zugunsten einer plausiblen Erklärung. Im vorliegenden Buch wurde der Versuch unternommen, möglichst beiden Seiten gerecht zu werden. Die grundlegenden Ergebnisse und die wichtigsten Zusammenhänge wurden in jedem Kapitel hergeleitet. Im Falle von ähnlichen Schaltungen und wiederkehrenden Gedankengängen wurde auf die Beweisführung verzichtet und nur noch die Ergebnisse zusammengestellt und erläutert. Dadurch wurde es möglich, bei gegebenem Umfang des Buches ein relativ breites Feld zu bearbeiten. Ergänzt und veranschaulicht wurden die Ergebnisse durch zahlreiche praxisnahe Beispiele. Ein Großteil der darin behandelten Schaltungen waren vom Verfasser zuvor mit Erfolg aufgebaut und erprobt worden.

Ich danke allen, die an dem Buch mitgewirkt haben, insbesondere den Herren Dipl.-Ing. *Wolfgang Brandenbusch* und Dipl.-Ing. *Norbert Höptner* für wertvolle Hinweise und für die Hilfe bei den Korrekturen, Frau *Gabriele Schaarschmidt* für das Schreiben des Manuskriptes und Frau *Sigrid Kühn* für die Erstellung der Zeichnungen. Dem Springer-Verlag danke ich für die angenehme reibungslose Zusammenarbeit.

Karlsruhe, September 1979   Norbert Fliege

Inhalt

Teil I   Theoretische Grundlagen

1. Grundlagen und Definitionen

Zum Verständnis der linearen Netzwerke mit Operationsverstärkern müssen einige
Grundlagen und Definitionen aus der allgemeinen Netzwerktheorie vorausgesetzt werden. Sie werden in diesem einleitenden Kapitel ohne Herleitung kurz zusammengestellt.

1.1 Netzwerkfunktionen und Zweitorgleichungen

Gegenstand der folgenden Betrachtungen sind lineare, zeitinvariante *Netzwerke* aus
konzentrierten Bauelementen, also Zusammenschaltungen von elektrischen Bauelementen wie Widerständen, Kapazitäten, Induktivitäten, gesteuerten Quellen etc.. Bei
solchen Netzwerken interessiert in der Regel das *Übertragungsverhalten*, d.h. die
Reaktion des Netzwerkes auf *Erregungen* mit elektrischen Größen. Das Netzwerk kann
durch unabhängige Spannungs- und Stromquellen erregt werden, die von außen an das
Netzwerk angeschlossen werden. Als Reaktion oder *Antwort* des Netzwerks können Ströme durch Zweige oder Spannungen zwischen Knoten des Netzwerks beobachtet werden.
Erregung und Antwort können auch als elektrische Leistungen definiert sein (siehe
Definition der Betriebsübertragungsfunktion), die sich allerdings stets in elek-
trische Spannungen oder Ströme umrechnen lassen.

Die der Erregung und der Beobachtung der Antwort dienenden Knoten eines Netzwerkes werden *Klemmen* oder Pole genannt. Bild 1.1a zeigt ein Netzwerk, bei dem
zwei Klemmen e_1 und e_2 für die Erregung und zwei Klemmen a_1 und a_2 für die Antwort herausgeführt sind.

Bild 1.1b zeigt das Netzwerk mit einer erregenden Spannungsquelle U_1 und mit
einer Spannung U_2 als Antwort, Bild 1.1c mit einer erregenden Stromquelle I_1 und
einem Strom I_2 als Antwort. Die Erregung findet beide Male an dem Klemmenpaar
(e_1, e_2) statt, die Antwort wird am Klemmenpaar (a_1, a_2) entnommen. Solche Klemmen-
paare werden auch *Tore* genannt. Das Netzwerk in Bild 1.1 besitzt zwei Tore und
wird daher Zweitor-Netzwerk oder einfach *Zweitor* genannt.

Die externen Impedanzen Z_1 und Z_2 in Bild 1.1b werden *Abschlußimpedanzen* genannt.
Das Tor (e_1, e_2) ist mit der Impedanz Z_1, das Tor (a_1, a_2) mit der Impedanz Z_2 abgeschlossen. Entsprechend werden die Admittanzen Y_1 und Y_2 in Bild 1.1c *Abschluß-
admittanzen* genannt. Bezüglich der Abschlußimpedanzen bzw. -admittanzen kann die

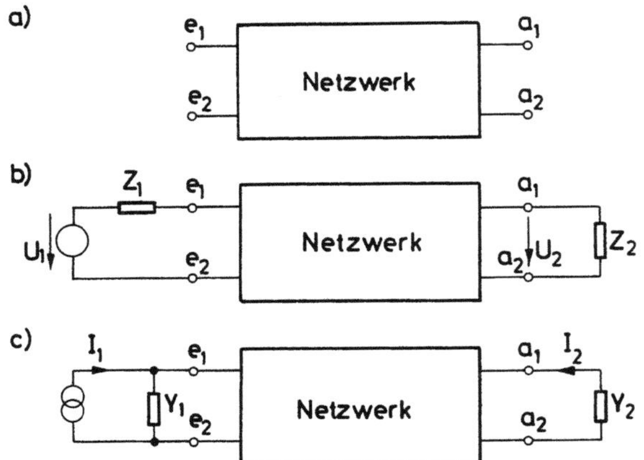

Bild 1.1. Zweitor-Netzwerk:
a) unbeschaltet, b) mit Spannungsquelle U_1 als Erregung
und Spannung U_2 als Antwort,
c) mit Stromquelle I_1 als Erregung und Strom I_2 als Antwort

Spannungsquelle als Kurzschluß und die Stromquelle als Leerlauf (Unterbrechung)
aufgefaßt werden. Die Abschlußimpedanzen und -admittanzen haben Einfluß auf das
Übertragungsverhalten des Netzwerks.

Die elektrischen Erregungs- und Antwortgrößen sind im allgemeinen Funktionen
der Zeit. Statt ihrer selbst betrachtet man aus Gründen der Rechnungsvereinfa-
chung meist ihre Laplacetransformierten. Eine *Netzwerkfunktion* H(s) ist als Quotient der Laplacetransformierten einer Antwortgröße und der Laplacetransformierten einer Erregungsgröße unter Festlegung der Abschlußimpedanzen definiert:

$$H(s) = \frac{\mathcal{L}\{x_2(t)\}}{\mathcal{L}\{x_1(t)\}}\bigg|_{Z_1,Z_2} = \frac{X_2(s)}{X_1(s)}\bigg|_{Z_1,Z_2} \, , \qquad (1.1)$$

wobei $x_1(t)$ die Erregung, $x_2(t)$ die Antwort und s die komplexe Kreisfrequenz (unabhängige Variable der Laplacetransformierten) ist. Bei der Definition der Netzwerkfunktion wird vorausgesetzt, daß das Netzwerk nur mit der einen Größe $x_1(t)$
erregt wird und daß alle Spannungen und Ströme im Netzwerk vor Beginn der Erregung den Wert Null haben. Ist das Eingangstor (e_1,e_2) mit dem Ausgangstor (a_1,a_2)
identisch, so wird die Netzwerkfunktion *Immittanz* genannt, im anderen Fall *Übertragungsfunktion (Transferfunktion, Wirkungsfunktion)*.

Beispiel 1.1

Bild 1.2 zeigt einen Spannungsteiler aus den Widerständen R_x und R_y.
Die *Leerlaufspannungsübertragungsfunktion* H(s) ist als

$$H(s) = \frac{U_2(s)}{U_1(s)}\bigg|_{Z_1=0,Z_2=\infty} = \frac{R_y}{R_x + R_y}$$

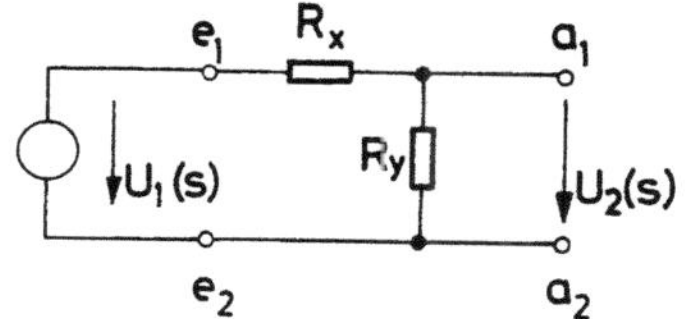

Bild 1.2. Spannungsteilernetzwerk mit der Erregungsgröße $X_1(s) = U_1(s)$ und der Antwortgröße $X_2(s) = U_2(s)$

gegeben. Die Erregung ist hierbei die Eingangsspannung $U_1(s)$, die Antwort die Ausgangsspannung $U_2(s)$. Die eingangsseitige Abschlußimpedanz hat den Wert $Z_1 = 0$, die ausgangsseitige Abschlußimpedanz verschwindet ($Z_2 = \infty$), siehe auch Bild 1.1b.

Das Übertragungsverhalten des unbeschalteten Zweitors in Bild 1.1a ist zunächst nicht erklärt. Zwischen den beiden Toren lassen sich beliebig viele Übertragungsfunktionen definieren. Durch spezielle Wahl von vier geeigneten Netzwerkfunktionen läßt sich jedoch das Übertragungsverhalten des Zweitors vollständig beschreiben. Alle denkbaren Übertragungsfunktionen lassen sich aus diesen vier Netzwerkfunktionen ableiten. Die vier Netzwerkfunktionen werden durch die sogenannten *Zweitorgleichungen* (oft auch *Vierpolgleichungen* genannt) mit den elektrischen Größen U_1 und I_1 des Eingangstores und U_2 und I_2 des Ausgangstores verknüpft. Da es verschiedene Möglichkeiten gibt, das Übertragungsverhalten des unbeschalteten Zweitors mit vier geeigneten Netzwerkfunktionen zu beschreiben, gibt es auch verschiedene Zweitorgleichungen. Die wichtigsten sind die *Impedanzgleichungen*

$$U_1(s) = Z_{11}(s)I_1(s) + Z_{12}(s)I_2(s) \quad ,$$
$$U_2(s) = Z_{21}(s)I_1(s) + Z_{22}(s)I_2(s) \tag{1.2a}$$

beziehungsweise in Matrizenschreibweise

$$\begin{bmatrix} U_1(s) \\ U_2(s) \end{bmatrix} = \begin{bmatrix} Z_{11}(s) & Z_{12}(s) \\ Z_{21}(s) & Z_{22}(s) \end{bmatrix} \cdot \begin{bmatrix} I_1(s) \\ I_2(s) \end{bmatrix} \quad , \tag{1.2b}$$

die *Admittanzgleichungen* in Matrizenschreibweise

$$\begin{bmatrix} I_1(s) \\ I_2(s) \end{bmatrix} = \begin{bmatrix} Y_{11}(s) & Y_{12}(s) \\ Y_{21}(s) & Y_{22}(s) \end{bmatrix} \cdot \begin{bmatrix} U_1(s) \\ U_2(s) \end{bmatrix} \tag{1.3}$$

und die *Kettengleichungen* in Matrizenschreibweise

$$\begin{bmatrix} U_1(s) \\ I_1(s) \end{bmatrix} = \begin{bmatrix} A_{11}(s) & A_{12}(s) \\ A_{21}(s) & A_{22}(s) \end{bmatrix} \cdot \begin{bmatrix} U_2(s) \\ -I_2(s) \end{bmatrix} \quad . \tag{1.4}$$

4

Die vier Netzwerkfunktionen sind in (1.2 - 4) jeweils in einer Matrix zusammengefaßt. Die Zählrichtung der elektrischen Größen geht aus Bild 1.1 hervor. Ob es sich dabei um Erregungs- oder Antwortgrößen handelt, kann durch Auflösen nach den Netzwerkfunktionen beantwortet werden. Beispielsweise erhält man für die *Leerlaufeingangsimpedanz* durch Auflösen von (1.2) nach $Z_{11}(s)$

$$Z_{11}(s) = \left.\frac{U_1(s)}{I_1(s)}\right|_{I_2\equiv 0} \cdot \tag{1.5}$$

Das Netzwerk wird am Tor (e_1,e_2) mit einer Stromquelle $I_1(s)$ erregt. Am gleichen Tor wird die Antwort $U_1(s)$ entnommen. Die Bedingung $I_2\equiv 0$ entspricht der Abschlußbedingung $Y_2=0$, siehe Bild 1.1c. Für die Abschlußbedingung am erregenden Tor wird für alle Netzwerkfunktionen der Zweitorgleichungen vereinbart, daß die Impedanz in Reihe mit einer erregenden Spannungsquelle und die Admittanz parallel zu einer erregenden Stromquelle den Wert Null haben. Die Leerlaufeingangsimpedanz $Z_{11}(s)$ wird daher mit einer erregerseitigen Abschlußadmittanz $Y_1=0$ definiert.

Gleichung (1.2), nach der *Leerlauftransimpedanz* $Z_{21}(s)$ aufgelöst, ergibt

$$Z_{21}(s) = \left.\frac{U_2(s)}{I_1(s)}\right|_{I_2\equiv 0} \tag{1.6}$$

mit den Abschlußbedingungen $Y_2=0$ und $Y_1=0$. Aus (1.3) können die *Kurzschlußeingangsadmittanz*

$$Y_{11}(s) = \left.\frac{I_1(s)}{U_1(s)}\right|_{U_2\equiv 0} \quad , \quad Z_1 = 0 \quad \text{und} \quad Z_2 = 0 \tag{1.7}$$

und die *Kurzschlußtransadmittanz*

$$Y_{21}(s) = \left.\frac{I_2(s)}{U_1(s)}\right|_{U_2\equiv 0} \quad , \quad Z_1 = 0 \quad \text{und} \quad Z_2 = 0 \tag{1.8}$$

entnommen werden. Die Funktion $A_{11}(s)$ der Kettengleichungen stellt den Reziprokwert der *Leerlaufspannungsübertragungsfunktion* dar:

$$\frac{1}{A_{11}(s)} = \left.\frac{U_2(s)}{U_1(s)}\right|_{I_2\equiv 0} \quad , \quad Z_1 = 0 \quad \text{und} \quad Y_2 = 0 \quad , \tag{1.9}$$

die Funktion $A_{22}(s)$ den Reziprokwert der *Kurzschlußstromübertragungsfunktion*

$$\frac{1}{A_{22}(s)} = \left.\frac{-I_2(s)}{I_1(s)}\right|_{U_2\equiv 0} \quad , \quad Y_1 = 0 \quad \text{und} \quad Z_2 = 0 \quad . \tag{1.10}$$

Die Zweitorgleichungen in (1.2 - 4) können ineinander umgerechnet werden. Tabelle 1.1 zeigt die *Zweitormatrizen* in Abhängigkeit von den jeweils anderen Zweitormatrizen.

Tabelle 1.1. Umrechnung von Zweitormatrizen. Determinanten $\Delta X = X_{11}X_{22} - X_{12}X_{21}$ für $X = Z, Y, A$

Z-Matrix aus Y-Matrix oder aus A-Matrix:

$$
\begin{bmatrix} Z_{11} & Z_{12} \\ Z_{21} & Z_{22} \end{bmatrix} =
\begin{bmatrix} \dfrac{Y_{22}}{\Delta Y} & \dfrac{-Y_{12}}{\Delta Y} \\[2ex] \dfrac{-Y_{21}}{\Delta Y} & \dfrac{Y_{11}}{\Delta Y} \end{bmatrix} =
\begin{bmatrix} \dfrac{A_{11}}{A_{21}} & \dfrac{\Delta A}{A_{21}} \\[2ex] \dfrac{1}{A_{21}} & \dfrac{A_{22}}{A_{21}} \end{bmatrix}
$$

Y-Matrix aus Z-Matrix oder aus A-Matrix:

$$
\begin{bmatrix} Y_{11} & Y_{12} \\ Y_{21} & Y_{22} \end{bmatrix} =
\begin{bmatrix} \dfrac{Z_{22}}{\Delta Z} & \dfrac{-Z_{12}}{\Delta Z} \\[2ex] \dfrac{-Z_{21}}{\Delta Z} & \dfrac{Z_{11}}{\Delta Z} \end{bmatrix} =
\begin{bmatrix} \dfrac{A_{22}}{A_{12}} & \dfrac{-\Delta A}{A_{12}} \\[2ex] \dfrac{-1}{A_{12}} & \dfrac{A_{11}}{A_{12}} \end{bmatrix}
$$

A-Matrix aus Z-Matrix oder aus Y-Matrix:

$$
\begin{bmatrix} A_{11} & A_{12} \\ A_{21} & A_{22} \end{bmatrix} =
\begin{bmatrix} \dfrac{Z_{11}}{Z_{21}} & \dfrac{\Delta Z}{Z_{21}} \\[2ex] \dfrac{1}{Z_{21}} & \dfrac{Z_{22}}{Z_{21}} \end{bmatrix} =
\begin{bmatrix} \dfrac{-Y_{22}}{Y_{21}} & \dfrac{-1}{Y_{21}} \\[2ex] \dfrac{-\Delta Y}{Y_{21}} & \dfrac{-Y_{11}}{Y_{21}} \end{bmatrix}
$$

Die Netzwerkfunktionen $Z_{11}(s)$ und $Y_{11}(s)$ nach (1.5) und (1.7) werden häufig an Netzwerken mit nur einem Tor (Eintor- oder Zweipol-Netzwerke) definiert. Die Abschlußbedingung für das andere Tor entfällt dann. Man spricht dann einfach von einer *Impedanz* $Z(s)$ und einer *Admittanz* $Y(s)$. Ihr gemeinsamer Oberbegriff ist die *Immittanz*.

Die Zweitornetzwerkfunktionen in (1.6) und (1.8 - 10) sind häufig gebrauchte Übertragungsfunktionen. Weitere Übertragungsfunktionen lassen sich unter Verwendung endlicher, von Null verschiedener Abschlußimpedanzen definieren. So ist beispielsweise die in der Nachrichtentechnik wichtige *Betriebsübertragungsfunktion* $H_B(s)$ als Wurzel aus dem Quotient der von der Ausgangsabschlußimpedanz $Z_2 = R_2$ aufgenommenen Leistung und der an dem Eingangstor (e_1, e_2) von der erregenden Quelle

6

her verfügbaren Leistung gegeben (siehe Bild 1.1b):

$$H_B = \sqrt{\frac{P_2}{P_{1V}}} = \sqrt{\frac{U_2^2/R_2}{U_1^2/4R_1}} = \frac{2U_2}{U_1}\sqrt{\frac{R_1}{R_2}} \quad . \tag{1.11}$$

Die Spannungsübertragungsfunktion U_2/U_1 läßt sich als Funktion der Abschlußwiderstände und der Elemente der Zweitorimpedanzmatrix angeben [1.1], so daß sich für die Betriebsübertragungsfunktion

$$H_B(s) = \frac{2\sqrt{R_1 R_2} \cdot Z_{21}(s)}{[Z_{11}(s) + R_1][Z_{22}(s) + R_2] - Z_{12}(s) \cdot Z_{21}(s)} \tag{1.12}$$

ergibt.

1.2 Eigenschaften von Netzwerkfunktionen

Netzwerkfunktionen $H(s)$ von linearen, zeitinvarianten Netzwerken aus endlich vielen konzentrierten Bauelementen sind gebrochen rationale Funktionen der unabhängigen Frequenzvariablen s:

$$H(s) = \frac{N(s)}{D(s)} = \frac{\sum\limits_{i=0}^{m} a_i s^i}{\sum\limits_{j=0}^{n} b_j s^j} = K\,\frac{\prod\limits_{\mu=1}^{m}(s - s_{0\mu})}{\prod\limits_{\nu=1}^{n}(s - s_{\infty\nu})} \tag{1.13}$$

mit $K=a_m/b_n$. Die Netzwerkfunktion wird in *Polynomdarstellung* durch die Zählerkoeffizienten a_i und die Nennerkoeffizienten b_j beschrieben, in *Produktdarstellung* durch die Konstante K, die Nullstellen $s_{0\mu}$ und die Pole $s_{\infty\nu}$. Die Zahl m ist der Grad des Zählerpolynoms, die Zahl n der Grad des Nennerpolynoms. Die Ordnung der Netzwerkfunktion ist gleich der größeren der beiden Zahlen m und n.

Setzt man die Erregung eines Netzwerkes unter Beibehaltung der Abschlußimmittanzen gleich Null, so führt das Netzwerk, sofern noch irgendwelche von Null verschiedene Spannungen oder Ströme im Netzwerk existieren, *Eigenschwingungen* aus: Die Spannungen und Ströme im Netzwerk gehorchen Funktionen, die im wesentlichen aus Exponentialfunktionen der Form $\exp(s_{\infty\nu}t)$ zusammengesetzt sind [8.2]. Die Parameter $s_{\infty\nu}$ dieser Exponentialfunktionen sind dem Netzwerk eigen und werden daher als *Eigenwerte* oder *Eigenfrequenzen* des Netzwerkes bezeichnet. Mit den Eigenwerten ist die sogenannte *charakteristische Gleichung* des Netzwerkes vollständig bestimmt. Sie lautet im Falle von n Eigenwerten $s_{\infty 1}$ bis $s_{\infty n}$

$$\prod_{\nu=1}^{n}(s - s_{\infty\nu}) = 0 \quad . \tag{1.14}$$

Im allgemeinen ist die charakteristische Gleichung identisch mit dem Nennerpolynom, die Eigenwerte also identisch mit den Polen der Netzwerkfunktion (vorausgesetzt, daß die Abschlußbedingungen mit und ohne Erregung jeweils gleich sind).
Eine Ausnahme bildet der Spezialfall, daß Nullstellen der Netzwerkfunktion mit
Eigenwerten zusammenfallen. In diesem Fall existieren im Zähler- und im Nennerpolynom gleiche Linearterme, die sich gegenseitig herauskürzen lassen, siehe beispielsweise (10.173-176). Durch das Herauskürzen gibt es nun Eigenwerte, die nicht
mehr als Pole in der Netzwerkfunktion erscheinen.

Beispiel 1.2

Das Zweipolnetzwerk in Bild 1.3 hat eine Impedanz

$$Z(s) = \frac{s^2 LCR + sL + R}{sCR + 1} \quad . \tag{1.15}$$

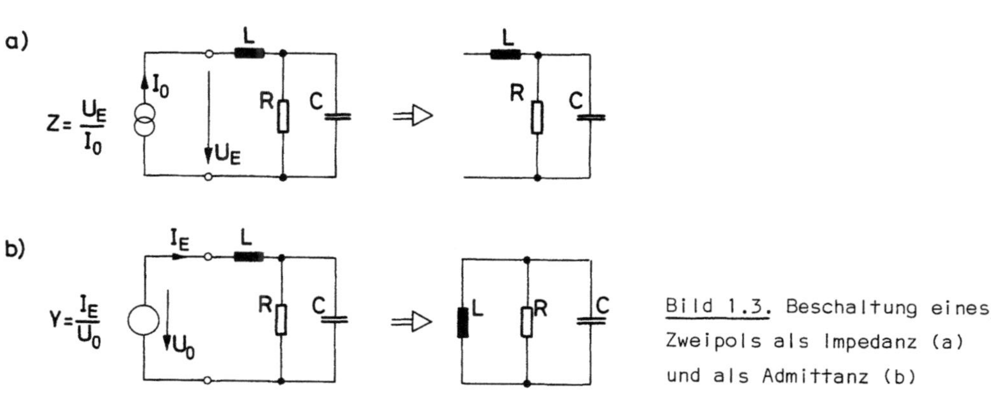

Bild 1.3. Beschaltung eines Zweipols als Impedanz (a) und als Admittanz (b)

Da eine Impedanz als Quotient der an den Klemmen meßbaren Spannung U_E und dem
erregenden Strom I_0 definiert ist, hat die Abschlußadmittanz (Innenleitwert der
Quelle) den Wert Null.

Die charakteristische Gleichung der Schaltung in Bild 1.3a ergibt sich aus dem
Nennerpolynom von $Z(s)$ zu

$$sCR + 1 = 0 \quad . \tag{1.16}$$

Das Netzwerk hat in dieser Beschaltung einen Eigenwert

$$s_{\infty 1} = - \frac{1}{RC} \quad , \tag{1.17}$$

der die Ausgleichsvorgänge in dem RC-Glied, Bild 1.3a, kennzeichnet.

Eine Admittanz $Y(s)=1/Z(s)$ ist mit einer Spannungserregung definiert. In diesem Fall hat daher die Abschlußimpedanz (Innenwiderstand der Quelle) den Wert Null.

Die charakteristische Gleichung der Schaltung in Bild 1.3b folgt aus dem Nennerpolynom von $Y(s)$ zu

$$s^2 LCR + sL + R = 0 \ . \tag{1.18}$$

Das Netzwerk hat in dieser Beschaltung die Eigenwerte

$$s_{\infty 1,2} = -\frac{1}{2RC} \pm j \sqrt{\frac{1}{LC} - (\frac{1}{2RC})^2} \ , \tag{1.19}$$

die die Ausgleichsvorgänge in dem Parallel-LRC-Kreis, Bild 1.3b, kennzeichnen.

Aus den Eigenwerten können Rückschlüsse auf die *Stabilität* eines Netzwerks gezogen werden. Ein stabiles Netzwerk ist durch abklingende Eigenschwingungen gekennzeichnet. Alle Eigenwerte müssen in der linken s-Halbebene liegen, d.h. negativen Realteil besitzen. Ein Polynom, dessen Wurzeln ausschließlich in der linken offenen s-Halbebene liegen, heißt *Hurwitzpolynom*. Ein beschaltetes Netzwerk ist dann und nur dann stabil, wenn das Nennerpolynom der Netzwerkfunktion ein Hurwitzpolynom ist. Der *Hurwitz-Routh-Test* auf Stabilität des Netzwerks kann wie folgt durchgeführt werden [1.1]:

1. Notwendige Bedingungen. Ist das Nennerpolynom $D(s)$ ein Hurwitzpolynom, so müssen alle Koeffizienten b_j, j=1...n, reell, von gleichem Vorzeichen und von Null verschieden sein. Erfüllt $D(s)$ diese Bedingungen nicht, so ist es kein Hurwitzpolynom. Erfüllt es sie, so müssen zudem die hinreichenden Bedingungen überprüft werden.

2. Hinreichende Bedingungen. Das Nennerpolynom $D(s)$ ist in seinem geraden und ungeraden Teil nach fallenden Potenzen von s zu zerlegen. Der Quotient aus beiden Teilen ist in einen Kettenbruch zu entwickeln, wobei das Polynom mit dem Term $b_n s^n$ im Zähler stehen muß. Das Polynom $D(s)$ ist dann und nur dann ein Hurwitzpolynom, wenn die Kettenbruchentwicklung n positive Entwicklungskoeffizienten liefert. Beispiele hierzu findet man in [1.1].

Ein Netzwerk, das neben abklingenden noch durch periodische Eigenschwingungen gekennzeichnet ist, heißt *quasistabil*. Es weist neben Eigenwerten in der linken s-Halbebene noch einfache Eigenwerte auf der imaginären Achse (jω-Achse) auf. Das Nennerpolynom $D(s)$ der zugehörigen Netzwerkfunktion ist dann ein *modifiziertes Hurwitzpolynom* [1.1].

Netzwerkfunktionen $H(s)$ von Netzwerken aus linearen konzentrierten Bauelementen haben stets reelle Zähler- und Nennerkoeffizienten. Für reelle Argumente s sind die Funktionen $H(s)$ daher stets reell. Die Pole und Nullstellen solcher reellen Funktionen sind stets reell oder paarweise konjugiert komplex. Die konjugiert komplexe Funktion $H^*(s)$ ist gleich der Funktion $H(s^*)$ des konjugiert komplexen Argumentes.

Für imaginäre Argumente $s=j\omega$ ist die Netzwerkfunktion im allgemeinen eine komplexe Größe

$$H(j\omega) = |H(j\omega)| \cdot \exp(j\ \mathrm{arc}\ H(j\omega))\ . \tag{1.20}$$

Ihr *Betrag* $|H(j\omega)|$ und ihr *Winkel* $\mathrm{arc}\ H(j\omega)$ lassen sich aus den Beziehungen

$$|H(j\omega)| = \sqrt{\left.\frac{N_G^2(s) - N_U^2(s)}{D_G^2(s) - D_U^2(s)}\right|_{s=j\omega}} \tag{1.21}$$

und

$$\mathrm{arc}\ H(j\omega) = -\ \mathrm{arctan}\ \frac{1}{j}\ \left.\frac{N_G(s)D_U(s) - N_U(s)D_G(s)}{N_G(s)D_G(s) - N_U(s)D_U(s)}\right|_{s=j\omega} \tag{1.22}$$

berechnen [1.1], wobei $N_G(s)$ der *gerade Anteil* (Anteil mit den geraden Potenzen von s) und $N_U(s)$ der *ungerade Anteil* des Zählerpolynoms $N(s)$ sowie $D_G(s)$ der gerade und $D_U(s)$ der ungerade Anteil des Nennerpolynoms $D(s)$ sind. Wird die Übertragungsfunktion durch eine geeignete Normierung dimensionslos gemacht (siehe Abschnitt 1.4), so läßt sie sich als

$$H(j\omega) = \exp[-g(\omega)] = \exp[-a(\omega) - jb(\omega)] \tag{1.23}$$

darstellen. Darin ist $g(\omega)$ das *komplexe Übertragungsmaß*,

$$a(\omega) = -\ \ln|H(j\omega)| \tag{1.24}$$

die *Dämpfung* in Neper (Np) und

$$b(\omega) = -\ \mathrm{arc}\ H(j\omega) \tag{1.25}$$

die *Phase*[1] in Radiant (rad) oder Grad ($^\circ$). Statt der Dämpfung in Neper wird häufig die Dämpfung in Dezibel (dB) verwendet:

$$a(\omega) = -\ 20\ \lg|H(j\omega)|\ . \tag{1.26}$$

Bei Netzwerkfunktionen mit ausschließlich reellen Polen und Nullstellen läßt sich der Dämpfungs- und Phasenverlauf mit Hilfe von sogenannten *Bodediagrammen* leicht abschätzen. Ausgehend von einer Zerlegung der Netzwerkfunktion in das Produkt von Gliedern erster Ordnung

$$H(s) = \prod_{i=1}^{m+n} H_i(s) \tag{1.27}$$

wobei jedes Glied $H_i(s)$ nur einen Pol oder nur eine Nullstelle der Netzwerkfunktion

---

[1] Häufig (insbesondere im angelsächsischen Schrifttum) wird statt des negativen der positive Winkel der Netzwerkfunktion als Phase definiert.

10

H(s) hat, läßt sich die Dämpfung nach (1.26) als

$$a(\omega) = \sum_{i=1}^{m+n} a_i(\omega) \qquad (1.28a)$$

mit

$$a_i(\omega) = - 20 \lg |H_i(j\omega)| \qquad (1.28b)$$

darstellen. Entsprechend gilt für die Phase

$$b(\omega) = \sum_{i=1}^{m+n} b_i(\omega) \qquad (1.29a)$$

mit

$$b_i(\omega) = - \text{arc } H_i(j\omega) \quad . \qquad (1.29b)$$

Bei den Gliedern 1. Ordnung sind die folgenden vier Formen zu unterscheiden:

$$H_i(s) = \begin{cases} \dfrac{H_0}{s/s_\infty - 1} & \textit{Polglied 1. Ordnung} & (1.30a) \\[2mm] \dfrac{H_0}{s} & \text{Polglied 1. Ordnung (Pol im Ursprung)} & (1.30b) \\[2mm] H_0(s/s_0 - 1) & \textit{Nullstellenglied 1. Ordnung} & (1.30c) \\[2mm] H_0\, s & \text{Nullstellenglied 1. Ordnung (Nullstelle im Ursprung).} & (1.30d) \end{cases}$$

Für die Dämpfung des Polgliedes 1. Ordnung in (1.30a) ergibt sich mit (1.21) und (1.28b)

$$a_i(\omega) = - 20 \lg \frac{|H_0|}{\sqrt{1 + (\frac{\omega}{s_\infty})^2}} \quad . \qquad (1.31)$$

Für $\omega \ll |s_\infty|$ gilt

$$a_i(\omega) \to - 20 \lg |H_0| \quad , \qquad (1.32a)$$

für $\omega \gg |s_\infty|$

$$a_i(\omega) \to - 20 \lg |H_0| - 20 \lg \frac{|s_\infty|}{\omega} \quad . \qquad (1.32b)$$

Bild 1.4a zeigt die in (1.32) beschriebenen Asymptoten für den Dämpfungsverlauf über der logarithmisch skalierten Frequenzachse aufgetragen. Der tatsächliche Dämpfungsverlauf nach (1.31) weicht maximal 3 dB von den Asymptoten ab, das Maximum der Abweichung liegt bei $\omega = |s_\infty|$.

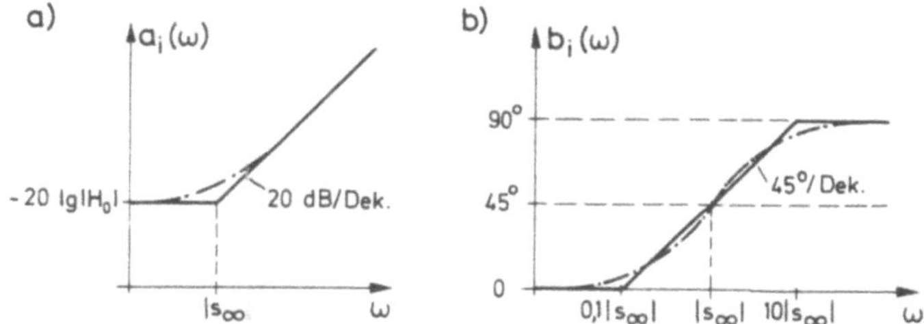

Bild 1.4. Bodediagramm für ein Polglied 1. Ordnung: a) Dämpfungsverlauf,
b) Phasenverlauf, jeweils strichpunktiert der tatsächliche Verlauf

Für die Phase des Polgliedes 1. Ordnung in (1.30a) ergibt sich mit (1.22) und
(1.29b)

$$b_i(\omega) = \arctan \frac{\omega}{-s_\infty} \ . \tag{1.33}$$

Die Arcustangensfunktion wird durch zwei waagerechte Geradenstücke und eine Gerade
mit der Steigung 45°/Dekade angenähert, siehe Bild 1.4b. Die maximale Abweichung
vom tatsächlichen Verlauf tritt bei $\omega=0{,}1|s_\infty|$ und $\omega=10|s_\infty|$ auf und beträgt $5{,}7^\circ$
[1.2].

Genau genommen erhält die Phase $b_i(\omega)$ in (1.33) noch einen zusätzlichen Beitrag der Größe $\pm\pi$, wenn die Konstante H_0 negatives Vorzeichen hat. Es soll jedoch
hier und im folgenden angenommen werden, daß eventuell vorhandene negative Vorzeichen getrennt betrachtet werden. Beispielsweise können die Vorzeichen aller
Konstanten zu dem Vorzeichen der Gesamtfunktion zusammengefaßt werden, so daß sie
in den Pol- und Nullstellengliedern nicht mehr auftauchen.

Für das Polglied 1. Ordnung nach (1.30b) mit einem Pol im Ursprung errechnet
sich die Dämpfung zu

$$a_i(\omega) = -\,20\,\lg \frac{|H_0|}{\omega} \ , \tag{1.34}$$

die Phase für positive Werte von ω zu

$$b_i(\omega) = \pi/2 \ . \tag{1.35}$$

Bild 1.5 zeigt die zugehörigen Bodediagramme. Sie stimmen mit dem tatsächlichen
Verlauf exakt überein.

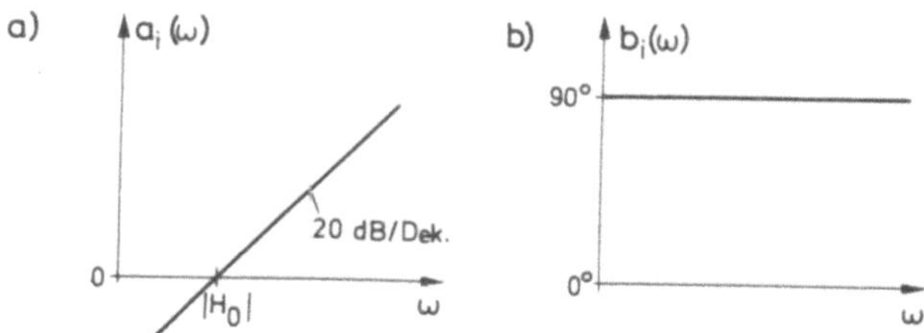

Bild 1.5. Bodediagramm für
ein Polglied 1. Ordnung
mit einem Pol im Ursprung:
a) Dämpfungsverlauf,
b) Phasenverlauf

12

Da sich die Nullstellenglieder im wesentlichen durch Reziprokwertbildung aus
den Polgliedern ableiten lassen, unterscheiden sich ihre Dämpfungs- und Phasen-
verläufe nur im Vorzeichen bzw. im Vorzeichen ihrer Steigungen. Für das Nullstellenglied nach (1.30c) gilt

$$a_i(\omega) = -20 \lg\left(|H_0| \cdot \sqrt{1 + \left(\frac{\omega}{s_0}\right)^2}\,\right)\,, \tag{1.36}$$

$$a_i(\omega) \rightarrow -20 \lg|H_0| \quad \text{für} \quad \omega \ll |s_0|\,, \tag{1.37a}$$

$$a_i(\omega) \rightarrow -20 \lg|H_0| + 20 \lg\frac{|s_0|}{\omega} \quad \text{für} \quad \omega \gg |s_0|\,, \tag{1.37b}$$

$$b_i(\omega) = \arctan\frac{\omega}{s_0}\,. \tag{1.38}$$

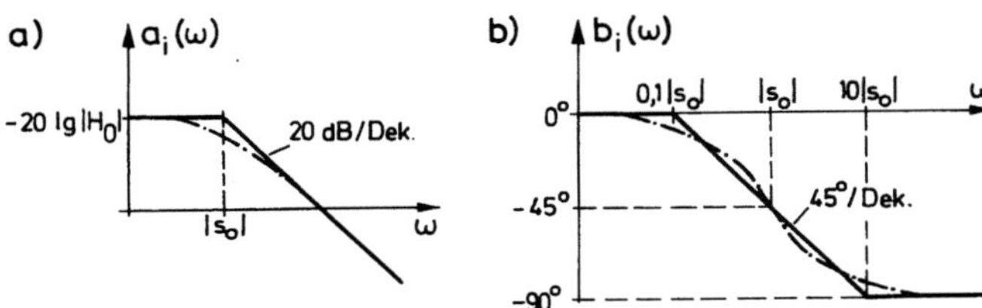

Bild 1.6. Bodediagramm für ein Nullstellenglied 1. Ordnung: a) Dämpfungsverlauf,
b) Phasenverlauf, jeweils strichpunktiert der tatsächliche Verlauf

Für das Nullstellenglied nach (1.30d) gilt

$$a_i(\omega) = -20 \lg(|H_0|\omega) \tag{1.39}$$

$$b_i(\omega) = -\pi/2\,, \quad \omega > 0\,. \tag{1.40}$$

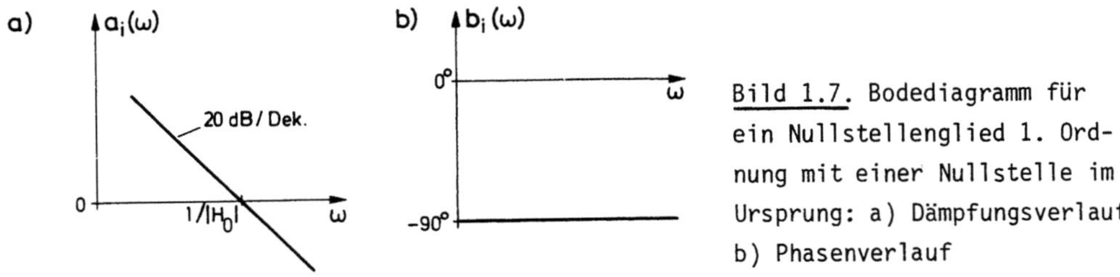

Bild 1.7. Bodediagramm für
ein Nullstellenglied 1. Ordnung mit einer Nullstelle im
Ursprung: a) Dämpfungsverlauf,
b) Phasenverlauf

Durch Aufsummierung aller Dämpfungs- und Phasenbeiträge gemäß (1.28) und (1.29)
erhält man die Bodediagramme der Gesamtnetzwerkfunktion H(s). Beispiele hierfür
sind im Kapitel 6 zu finden.

Die allgemeine *Netzwerkfunktion 1. Ordnung*

$$H(s) = \frac{a_1' s + a_0'}{s + b_0} = K \frac{s + a_0}{s + b_0} = K \frac{s - s_0}{s - s_\infty}$$ (1.41)

besitzt sowohl einen Pol s_∞ als auch eine Nullstelle s_0. Sie ist nur dann stabil, wenn der Pol s_∞ in der linken s-Halbebene liegt, der Koeffizient b_0 also einen positiven Wert hat.

Häufig verwendet werden die Tiefpaß-, Hochpaß- und Allpaßfunktionen 1. Ordnung. Die *Tiefpaßfunktion 1. Ordnung* lautet

$$H_{TP}(s) = H_0 \frac{|s_\infty|}{s + |s_\infty|} \quad .$$ (1.42)

Darin ist H_0 der Wert der Funktion bei tiefen Frequenzen (*Gleichspannungsverstärkung*), denn für $s \to 0$ strebt $H_{TP}(s) \to H_0$.
Die *Hochpaßfunktion 1. Ordnung* lautet

$$H_{HP}(s) = H_0 \frac{s}{s + |s_\infty|} \quad ,$$ (1.43)

wobei H_0 der Wert der Funktion bei hohen Frequenzen ist, denn für $s \to \infty$ strebt $H_{HP}(s) \to H_0$.
Die *Allpaßfunktion 1. Ordnung* hat die Form

$$H_{AP}(s) = H_0 \frac{s - |s_0|}{s + |s_\infty|} \quad \text{mit} \quad |s_0| = |s_\infty| \quad .$$ (1.44)

Ihr Betrag hat für alle Frequenzen $s = j\omega$ den Wert H_0

$$|H_{AP}(j\omega)| = H_0 \quad .$$ (1.45)

Die reelle Nullstelle s_0 liegt spiegelbildlich zum Pol in der rechten s-Halbebene. Die Bedeutung und Anwendung des Allpasses liegen in seiner frequenzabhängigen *Gruppenlaufzeit*, wobei die Gruppenlaufzeit t_g als Ableitung $db(\omega)/d\omega$ der Phase $b(\omega)$ nach der Frequenz ω definiert ist.

1.3 Netzwerkfunktionen zweiter Ordnung

In der Technik der aktiven Filter haben insbesondere *Netzwerkfunktionen 2. Ordnung* eine große Bedeutung, siehe Kapitel 9. Die Netzwerkfunktion 2. Ordnung lautet allgemein

$$H(s) = \frac{a_2' s^2 + a_1' s + a_0'}{s^2 + b_1 s + b_0}$$ (1.46)

und wird durch höchstens fünf Parameter, beispielsweise drei Zähler- und zwei Nennerkoeffizienten, beschrieben. Im folgenden wird angenommen, daß sie stets zwei

14

Pole und, von Fall zu Fall verschieden, null, eine oder zwei Nullstellen im Endlichen besitzt. Im Falle von zwei Nullstellen läßt sich die Netzwerkfunktion folgendermaßen schreiben:

$$H(s) = K \frac{N(s)}{D(s)} = K \frac{s^2 + a_1 s + a_0}{s^2 + b_1 s + b_0} = K \frac{(s - s_{01})(s - s_{02})}{(s - s_{\infty 1})(s - s_{\infty 2})} \; . \tag{1.47}$$

Das Zähler- und das Nennerpolynom werden durch je zwei Parameter beschrieben, das Zählerpolynom durch die Koeffizienten a_1 und a_0 oder die Nullstellen s_{01} und s_{02}. Beide Beschreibungsformen lassen sich ineinander umrechnen. Es gilt

$$a_1 = - s_{01} - s_{02} \; , \quad a_0 = s_{01} \cdot s_{02} \; , \tag{1.48}$$

$$s_{01,2} = - \frac{a_1}{2} \pm \sqrt{(\frac{a_1}{2})^2 - a_0} \; . \tag{1.49}$$

Aus (1.49) ist ersichtlich, daß für $a_1^2 < 4a_0$ konjugiert komplexe Nullstellen vorliegen. In diesem Falle kann das Zählerpolynom durch den Realteil

$$\sigma_0 = - \frac{a_1}{2} \tag{1.50}$$

und den Imaginärteil

$$\omega_0 = \sqrt{a_0 - (\frac{a_1}{2})^2} \tag{1.51}$$

der Nullstellen beschrieben werden. Als Alternative dazu können der Betrag

$$|s_0| = \sqrt{\sigma_0^2 + \omega_0^2} = \sqrt{a_0} \tag{1.52a}$$

und der *Gütefaktor*

$$Q_0 = \frac{|s_0|}{-2\sigma_0} = \frac{\sqrt{a_0}}{a_1} \tag{1.53a}$$

bzw. der *Dämpfungsfaktor*

$$d_0 = 1/Q_0 \tag{1.53b}$$

der komplexen Nullstellen angegeben werden. Diese drei Parameter haben, wie später in diesem Abschnitt gezeigt wird, eine gewisse anschauliche Bedeutung.

Mit der Bedingung $a_1^2 < 4a_0$ für komplexe Nullstellen ergibt sich aus (1.53)

$$Q_0 > \frac{1}{2} \quad \text{für} \quad a_1^2 < 4a_0 \; . \tag{1.54}$$

Für $a_1^2 = 4a_0$ (doppelte reelle Nullstelle, aperiodischer Grenzfall) ist $Q_0 = 1/2$. Für $a_1^2 > 4a_0$ (einfache reelle Nullstellen) ist $Q_0 < 1/2$.

Löst man (1.52) und (1.53) nach den Koeffizienten a_1 und a_0 auf, so läßt sich das Zählerpolynom $N(s)$ in (1.47) damit folgendermaßen darstellen:

$$N(s) = s^2 + \frac{|s_0|}{Q_0} s + |s_0|^2 = s^2 + d_0|s_0|s + |s_0|^2 \quad . \tag{1.55}$$

Geht man statt von dem Zählerpolynom in (1.47) von dem in (1.46) aus, so kann man aus den drei Koeffizienten a_2', a_1' und a_0' die drei Parameter K, $|s_0|$ und Q_0 berechnen:

$$K = a_2' \quad , \tag{1.56}$$

$$|s_0| = \sqrt{a_0'/a_2'} \quad , \tag{1.52b}$$

$$Q_0 = \frac{1}{d_0} = \frac{\sqrt{a_0'\, a_2'}}{a_1'} \quad . \tag{1.53c}$$

Komplexe Nullstellen liegen in diesem Fall für $a_1'^2 < 4a_0'a_2'$ vor.

In völlig analoger Weise können die Parameter des Nennerpolynoms angegeben werden: die Pole $s_{\infty 1,2}$, der Realteil σ_∞ und der Imaginärteil ω_∞, der *Polbetrag* $|s_\infty|$ und die *Polgüte* Q_∞. In (1.48 - 55) sind lediglich die Koeffizienten a_1 und a_0 durch b_1 und b_0 zu ersetzen, und der Index 0 durch den Index ∞.

Von besonderem Interesse sind die Tiefpaß-, Bandpaß- und Hochpaßfunktionen 2. Ordnung. Die *Tiefpaßfunktion 2. Ordnung* lautet

$$H_{TP}(s) = \frac{H_0|s_\infty|^2}{s^2 + d_\infty|s_\infty|s + |s_\infty|^2} \quad . \tag{1.57a}$$

Darin ist s die noch unnormierte Frequenzvariable. Wird die Normierungsfrequenz s_n (siehe Abschn. 1.4) gleich dem Polbetrag $|s_\infty|$ gesetzt, so befinden sich die normierten (komplexen) Pole auf dem Einheitskreis: Mit der normierten Frequenz $s'=s/s_n$ ergibt sich aus (1.57a)

$$H_{TP}'(s') = H_0 \cdot \frac{1}{s'^2 + d_\infty s' + 1} \quad . \tag{1.57b}$$

Bild 1.8 zeigt den Betrag der Tiefpaßfunktion über der linear skalierten Frequenzachse aufgetragen. Für $\omega \to 0$ strebt $|H_{TP}(j\omega)| \to H_0$, siehe (1.57). Aus (1.57) kann weiterhin entnommen werden, daß für $\omega = s_n = |s_\infty|$

$$|H_{TP}(j|s_\infty|)| = H_0 \cdot Q_\infty \tag{1.58}$$

gilt. Der Betrag der Tiefpaßfunktion ist also bei $\omega = |s_\infty|$ um den Gütefaktor Q_∞

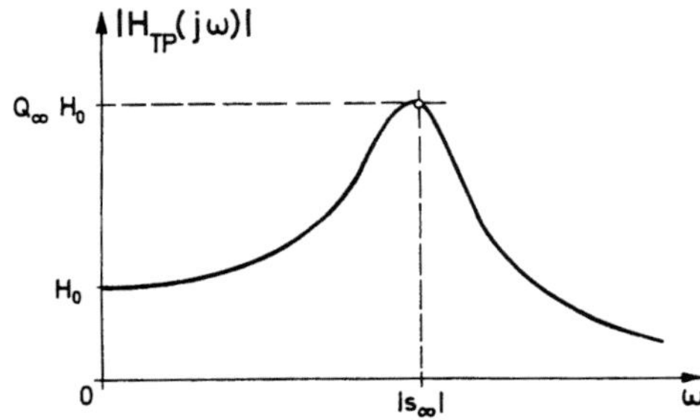

Bild 1.8. Betrag der Tiefpaßfunktion
2. Ordnung

größer als bei tiefen Frequenzen. Das Maximum von $|H_{TP}(j\omega)|$ liegt nicht exakt bei $\omega=|s_\infty|$. Für große Werte von Q_∞ kann jedoch in guter Näherung angenommen werden, daß es an dieser Stelle liegt.

Die *Bandpaßfunktion 2. Ordnung* lautet

$$H_{BP}(s) = \frac{H_0|s_\infty|s}{s^2 + d_\infty|s_\infty|s + |s_\infty|^2} \tag{1.59a}$$

bzw. in normierter Form mit $s_n=|s_\infty|$

$$H'_{BP}(s') = H_0 \cdot \frac{s'}{s'^2 + d_\infty s' + 1} \, . \tag{1.59b}$$

Im Gegensatz zur Tiefpaßfunktion besitzt die Bandpaßfunktion eine endliche Nullstelle, nämlich im Ursprung.

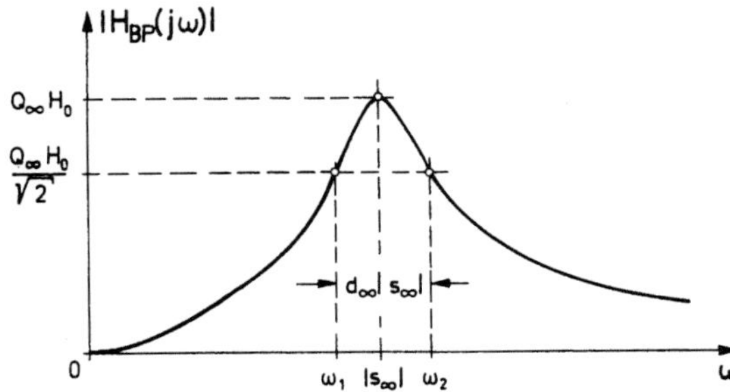

Bild 1.9. Betrag der Bandpaßfunktion 2. Ordnung

Der Betrag der Bandpaßfunktion

$$|H'_{BP}(j\omega')| = H_0 \cdot \frac{\omega'}{\sqrt{(1 - \omega'^2)^2 + d_\infty\omega'^2}} \quad , \qquad \omega' = \omega/s_n \tag{1.60}$$

ist eine bezüglich der Frequenz $\omega'=1$ *geometrisch-symmetrische Funktion*: Ersetzt man die Frequenz ω' in (1.60) durch $1/\omega'$, so bleibt die Betragsfunktion unverändert. Es läßt sich zeigen, daß die Betragsfunktion exakt bei $\omega'=1$ bzw. $\omega=s_n=|s_\infty|$ ihr Maximum hat, siehe Bild 1.9. Bei den Frequenzen ω_1 und ω_2 (3dB-Grenzfrequenzen) ist der Betrag um den Faktor $1/\sqrt{2}$ abgesunken. Wegen des geometrisch-symmetrischen Verlaufes ist $\omega_1'\cdot\omega_2'=1$, bzw. nicht normiert geschrieben:

$$\sqrt{\omega_1 \cdot \omega_2} = |s_\infty| \quad . \tag{1.61}$$

Es läßt sich weiterhin zeigen, daß die relative Bandbreite (siehe Abschnitt 1.5) exakt durch den Dämpfungsfaktor d_∞ gegeben ist:

$$\frac{\omega_2 - \omega_1}{|s_\infty|} = d_\infty \quad . \tag{1.62}$$

Sind die beiden 3dB-Frequenzen ω_1 und ω_2 bekannt, so lassen sich daraus mit Hilfe von (1.61 - 62) die beiden Polparameter $|s_\infty|$ und d_∞ errechnen.

Die *Hochpaßfunktion 2. Ordnung* lautet

$$H_{HP}(s) = \frac{H_0 s^2}{s^2 + d_\infty|s_\infty|s + |s_\infty|^2} \tag{1.63a}$$

bzw. in normierter Form mit $s_n=|s_\infty|$

$$H_{HP}'(s') = H_0 \cdot \frac{s'^2}{s'^2 + d_\infty s' + 1} \quad . \tag{1.63b}$$

Die zugehörige Betragsfunktion ist in Bild 1.10 aufgezeichnet. Für $\omega \to \infty$ strebt sie gegen den Wert H_0. An der Stelle $\omega=s_n=|s_\infty|$ nimmt sie den Wert

$$|H_{HP}(j|s_\infty|)| = H_0 Q_\infty \tag{1.64}$$

an. Das Maximum der Betragsfunktion liegt wie im Falle der Tiefpaßfunktion nur näherungsweise bei der Frequenz $\omega=s_n=|s_\infty|$.

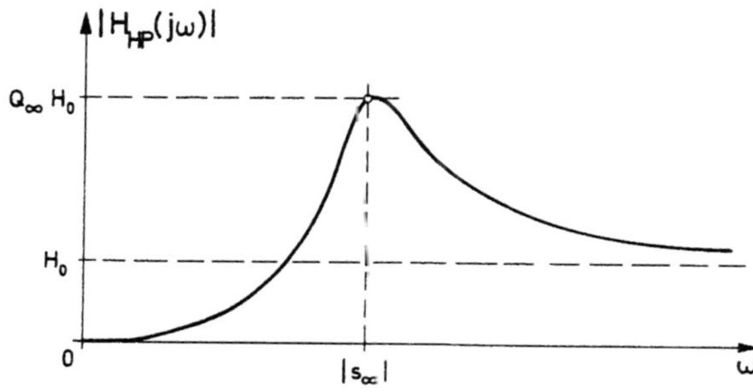

Bild 1.10. Betrag der Hochpaßfunktion 2. Ordnung

18

Außer der Tiefpaß-, Bandpaß- und Hochpaßfunktion sind als häufig verwendete Netzwerkfunktionen 2. Ordnung noch die Funktionen des Sperrfilters und des Allpasses 2. Ordnung zu nennen. Das *Sperrfilter 2. Ordnung (notch-filter)* hat eine Netzwerkfunktion

$$H_{SP}(s) = H_0 \cdot \frac{s^2 + |s_\infty|^2}{s^2 + d_\infty |s_\infty| s + |s_\infty|^2} \quad , \tag{1.65}$$

dessen Betrag in Bild 1.11 für verschiedene Polgüten $Q_\infty = 1/d_\infty$ aufgezeichnet ist.

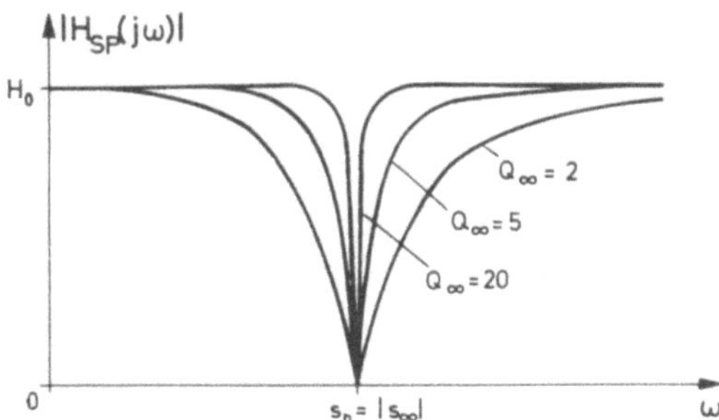

Bild 1.11. Betrag der Sperrfilterfunktion

Der *Allpaß 2. Ordnung* hat eine Netzwerkfunktion

$$H_{AP}(s) = H_0 \cdot \frac{s^2 - d_0 |s_\infty| s + |s_\infty|^2}{s^2 + d_\infty |s_\infty| s + |s_\infty|^2} \quad \text{mit} \quad d_0 = d_\infty \quad . \tag{1.66}$$

Die Nullstellen der Allpaßfunktion liegen spiegelbildlich zu den Polen in der rechten s-Halbebene. Der Betrag der Allpaßfunktion ist unabhängig von der Frequenz

$$|H_{AP}(j\omega)| = H_0 \quad . \tag{1.67}$$

Es läßt sich zeigen, daß die Allpaßfunktion in (1.67) die Gruppenlaufzeit

$$t_g(\omega) = \frac{1}{s_n} \cdot \frac{2d_0(\omega^2 + 1)}{(1 - \omega^2)^2 + d_0^2 \omega^2} \tag{1.68}$$

hat. Diese Gruppenlaufzeit ist in Bild 1.12 über der linear skalierten Frequenzachse aufgetragen.

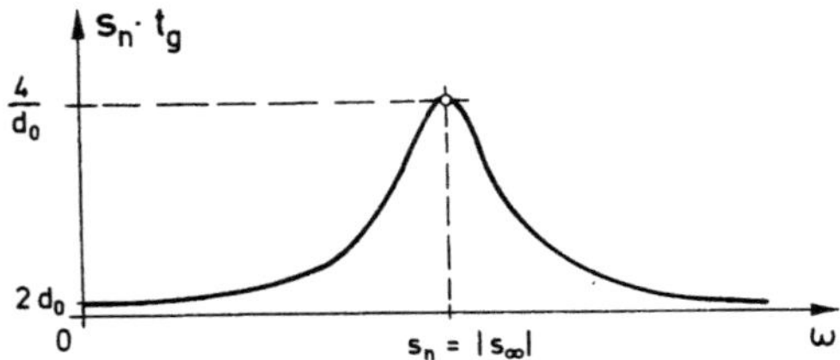

Bild 1.12. Gruppenlaufzeit des Allpasses 2. Ordnung

1.4 Normierung

Durch *Normierung* der Netzwerkfunktionen und der Bauelemente in den Netzwerken können die Parameter der Netzwerkfunktionen (Koeffizienten, Pole, Nullstellen) und die Bauelementeparameter (Widerstandswerte, Kapazitätswerte, Induktivitätswerte) dimensionslos gemacht werden und ihre Zahlenwerte in gut überschaubare Größenordnungen gebracht werden. Ferner können mit Hilfe der Normierung Netzwerke mit unterschiedlicher Dimensionierung, aber prinzipiell gleichem Obertragungsverhalten durch eine gemeinsame *normierte Netzwerkfunktion* beschrieben werden. Beispielsweise können alle Tiefpaßnetzwerke zweiter Ordnung mit einer normierten Funktion nach (1.45b) beschrieben werden, auch wenn sie sich im Gleichspannungsübertragungsverhalten, im Widerstandsniveau, in der Frequenz des Betragsmaximums und im Dämpfungsfaktor voneinander unterscheiden.

Da die Netzwerkfunktionsparameter und die Bauelementeparameter aus Elementen mit der Dimension Widerstand und der Dimension Zeit (bzw. Frequenz) zusammengesetzt sind, hat man die beiden Freiheiten, einen reellen *normierenden Widerstand* R_n und eine reelle *normierende Frequenz* s_n zu wählen. Man normiert nun Netzwerk und Netzwerkfunktion, indem man alle Größen der Dimension Widerstand auf den Normierungswiderstand R_n (*Widerstandsnormierung*) und alle Größen der Dimension Frequenz auf die Normierungsfrequenz s_n (*Frequenznormierung*) bezieht. Aus einem nichtnormierten Widerstand R_x wird dadurch ein normierter Widerstand

$$r_x = \frac{R_x}{R_n} \tag{1.69}$$

und aus einer nichtnormierten Frequenz s bzw. ω eine normierte Frequenz

$$s' = \frac{s}{s_n} \qquad \text{bzw.} \qquad \omega' = \frac{\omega}{s_n} \; . \tag{1.70}$$

Alle anderen Parameter sind damit bezüglich der Normierung festgelegt. Aus einer nichtnormierten Kapazität C_x läßt sich eine normierte Kapazität

$$c_x = \frac{C_x}{C_n} \qquad \text{mit} \qquad C_n = \frac{1}{s_n R_n} \tag{1.71}$$

berechnen, aus einer nichtnormierten Induktivität L_x eine normierte:

$$l_x = \frac{L_x}{L_n} \qquad \text{mit} \qquad L_n = \frac{R_n}{s_n} \; . \tag{1.72}$$

Durch Eintragen der normierten Bauelementewerte r_x, c_x und l_x gelangt man zum *normierten Netzwerk*.

Die *Normierung der Netzwerkfunktion* kann in zwei Schritten erfolgen. Im ersten Schritt ersetzt man in der nichtnormierten Netzwerkfunktion H(s) nach (1.13) die Variable s gemäß (1.70) durch $s' \cdot s_n$ und in den Koeffizienten die nichtnormierten

Bauelemente gemäß (1.69) und (1.71 - 72) durch Produkte aus Normierungsgrößen und normierten Größen. Im zweiten Schritt bezieht man die Netzwerkfunktion auf eine Normierungskonstante H_n. Die Konstante H_n ist im Falle einer Impedanzfunktion gleich dem Normierungswiderstand R_n, im Falle einer Admittanzfunktion gleich dem Reziprokwert $1/R_n$ und hat bei einer Spannungs- oder Stromübertragungsfunktion den Wert Eins (bzw. der zweite Schritt entfällt in diesem Fall). Das Ergebnis ist dann die normierte Netzwerkfunktion H'(s') der normierten Frequenzvariablen s', im folgenden kurz normierte Netzwerkfunktion genannt. Der Zusammenhang zwischen der normierten Netzwerkfunktion H'(s') und der nichtnormierten Netzwerkfunktion H(s) ist demnach durch die Beziehung

$$H'(s') = \frac{H(s_n \cdot s')}{H_n} \tag{1.73}$$

gegeben. In eindeutigen Fällen werden die Unterscheidungsstriche bei der normierten Funktion weggelassen. Es läßt sich zeigen, daß sich die Normierungsgrößen R_n, s_n, C_n und L_n nach (1.69 - 72) bei der Normierung der Netzwerkfunktion gegenseitig wegkürzen und daher in der normierten Netzwerkfunktion nicht mehr auftauchen.

Beispiel 1.3

Das Netzwerk in Bild 1.13 hat eine Spannungsübertragungsfunktion

$$H(s) = \frac{U_2}{U_1} = \frac{\dfrac{1}{C_1 R_1}}{s + \dfrac{1}{C_1 R_1}} \cdot \frac{s}{s + \dfrac{1}{C_2 R_2}} =$$

$$= \frac{s \, \dfrac{1}{C_1 R_1}}{s^2 + s\left(\dfrac{1}{C_1 R_1} + \dfrac{1}{C_2 R_2}\right) + \dfrac{1}{C_1 C_2 R_1 R_2}} \cdot \tag{1.74}$$

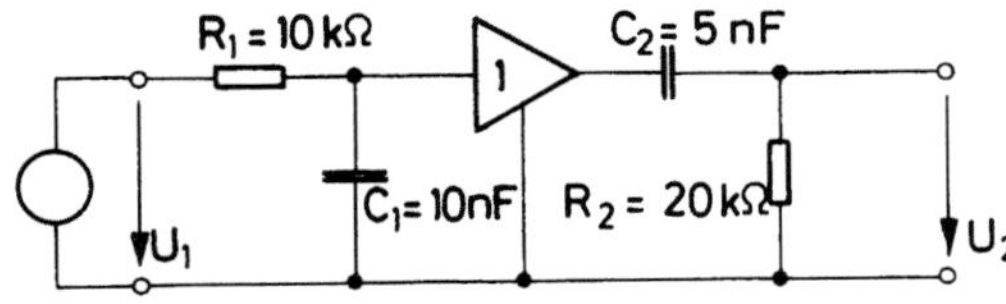

Bild 1.13. Netzwerk aus einem RC-Glied, einem Trennverstärker mit der Spannungsverstärkung 1 und einem CR-Glied

Mit Hilfe der Substitutionen $s = s' s_n$, $R_x = r_x R_n$ und $C_x = c_x C_n$ erhält man die normierte Funktion

$$H'(s') = \frac{s' s_n^2 \, \dfrac{1}{c_1 r_1}}{s'^2 s_n^2 + s' s_n^2 \left(\dfrac{1}{c_1 r_1} + \dfrac{1}{c_2 r_2}\right) + s_n^2 \, \dfrac{1}{c_1 c_2 r_1 r_2}} \cdot \tag{1.75}$$

In dieser Funktion lassen sich aus den Zähler- und Nennerkoeffizienten die Ausdrücke $s_n^2 \cdot R_n^0$ ausklammern und gegenseitig wegkürzen.

Wählt man einen Normierungswiderstand $R_n = 10$ kΩ und eine Normierungsfrequenz $s_n = 10^4$ rad/sec, so ergibt sich daraus eine Normierungskapazität

$$C_n = \frac{1}{s_n R_n} = 10 \text{ nF} \quad . \tag{1.76}$$

Mit diesen Normierungsgrößen haben die vier passiven Elemente in Bild 1.13 die normierten Werte $r_1 = 1$, $c_1 = 1$, $r_2 = 2$ und $c_2 = 1/2$. Setzt man diese Werte in (1.75) ein, so erhält man die normierte Spannungsübertragungsfunktion

$$H'(s') = \frac{s'}{s'^2 + 2s' + 1} = \frac{s'}{(s' + 1)(s' + 1)} \quad . \tag{1.77}$$

Sie ist durch eine Nullstelle im Ursprung und einen doppelten Pol auf der negativ-reellen Achse der s-Ebene gekennzeichnet.

In den bisherigen Betrachtungen wurde vorausgesetzt, daß die in (1.71 - 72) genannten Beziehungen zwischen den Normierungsgrößen im gesamten Netzwerk gelten. Sind jedoch verschiedene Teile der Schaltung voneinander entkoppelt, so daß die Impedanzen zwischen beliebigen Punkten des einen Teiles von den Impedanzwerten der übrigen Teile nicht abhängen, so kann für jedes Teil eine separate Widerstandsnormierung vorgenommen werden. Die Frequenznormierung muß aber allen Teilen gemeinsam sein. Die Möglichkeit ist besonders für die aktiven Filter in Stufentechnik wichtig, siehe Kapitel 9. Hier kann man jeder Filterstufe ihr eigenes Widerstandsniveau geben und als Folge dessen die Anzahl der Widerstände und Kondensatoren mit vorgebbaren glatten Zahlenwerten vergrößern.

Beispiel 1.4

Das Netzwerk in Bild 1.13 besteht aus zwei (passiven) Teilen, die durch einen Trennverstärker entkoppelt sind. Beide Teile können daher unabhängig voneinander widerstandsnormiert und damit ihre Widerstandsniveaus verändert werden. Das könnte beispielsweise dazu ausgenutzt werden, bei unveränderter Spannungsübertragungsfunktion gleich große und vorgebbare Kapazitäten in beiden Teilen zu verwenden: Dazu geht man von der normierten Schaltung im Beispiel 1.3 mit den Bauelementewerten $r_1 = 1$, $c_1 = 1$, $r_2 = 2$ und $c_2 = 1/2$ aus. Die Normierung im linken Teil der Schaltung soll mit $R_{n1} = 10$ kΩ und $s_n = 10^4$ rad/sec beibehalten werden. Daraus ergibt sich wie bisher $R_1 = 10$ kΩ und $C_1 = 10$ nF.

Soll die Kapazität C_2 ebenfalls den Wert 10 nF haben, so muß die Normierungskapazität C_{n2} im rechten Teil der Schaltung den Wert

$$C_{n2} = \frac{C_2}{c_2} = \frac{10 \text{ nF}}{0,5} = \frac{1}{s_n R_{n2}} \tag{1.78}$$

haben. Da die Normierungsfrequenz s_n unverändert 10^4 rad/sec betragen muß, ist $R_{n2}=5$ kΩ zu wählen. Daraus ergibt sich der Widerstand

$$R_2 = r_2 \cdot R_{n2} = 10 \text{ k}\Omega \quad . \tag{1.79}$$

Verändert man das Netzwerk in Bild 1.13 dahingehend, daß man $C_2=10$ nF und $R_2=10$ kΩ setzt, so bleiben sowohl die unnormierte Spannungsübertragungsfunktion in (1.74) als auch die normierte Funktion in (1.77) unverändert.

1.5 Netzwerktransformationen

Netzwerktransformationen dienen zum Auffinden neuer Netzwerke mit bestimmten Netzwerkfunktionen aus gegebenen Netzwerken mit bekannten Netzwerkfunktionen. Dazu werden sowohl die Netzwerkfunktionen als auch die Netzwerke nach bestimmten Regeln verändert. Durch die Transformationen erspart man sich häufig die Suche von Netzwerkfunktionen mit vorgegebenen Eigenschaften (Approximationsaufgabe) und die Realisierung des zugehörigen Netzwerkes (Syntheseaufgabe). Die bekanntesten Transformationen sind die zunächst beschriebenen *Frequenztransformationen*.

Bei der *Tiefpaß-Hochpaß-Transformation* (*TP-HP-Transformation*) wird in der frequenznormierten Netzwerkfunktion die Frequenzvariable s durch 1/s ersetzt. Die Pole und Nullstellen der Netzwerkfunktion werden dadurch am Einheitskreis der s-Ebene gespiegelt. Die Eigenschaften der transformierten Netzwerkfunktion bei hohen Frequenzen sind gleich den Eigenschaften der ursprünglichen Funktion bei tiefen Frequenzen und umgekehrt. Aus einer Netzwerkfunktion mit Tiefpaßverhalten wird eine mit Hochpaßverhalten, aus einer Hochpaßfunktion wird eine Tiefpaßfunktion.

Parallel dazu werden im zugehörigen Netzwerk alle Elemente mit frequenzabhängigen Impedanzen durch neue Elemente ersetzt. In den Ausdrücken der ursprünglichen Impedanzen wird jeweils die Frequenzvariable s durch 1/s ersetzt bzw. die alte Variable s_T gleich dem Reziprokwert $1/s_H$ der neuen Variablen gesetzt. Der Zusammenhang zwischen einer Tiefpaßimpedanz $z_T(s_T)$ und einer Hochpaßimpedanz $z_H(s_H)$ lautet daher

$$z_T(s_T) = z_T(1/s_H) = z_H(s_H) \tag{1.80a}$$

mit

$$s_H = 1/s_T \quad . \tag{1.80b}$$

Die Elemente verändern dadurch ihre Art. Aus einer normierten Tiefpaßinduktivität l_T wird eine normierte Hochpaßkapazität:

$$z_T(s_T) = s_T l_T = \frac{1}{s_H} l_T = \frac{1}{s_H c_H} = z_H(s_H) \tag{1.81a}$$

mit

$$c_H = 1/l_T \quad . \tag{1.81b}$$

Umgekehrt wird aus einer normierten Tiefpaßkapazität c_T eine normierte Hochpaßinduktivität

$$z_T(s_T) = \frac{1}{s_T c_T} = s_H \frac{1}{c_T} = s_H l_H = z_H(s_H) \tag{1.82a}$$

mit

$$l_H = 1/c_T \quad . \tag{1.82b}$$

Die Gleichungen (1.80 - 82) stellen gleichzeitig die Vorschriften für eine HP-TP-Transformation dar, mit denen in völlig analoger Weise aus einem normierten Hochpaßnetzwerk ein Tiefpaßnetzwerk gewonnen wird.

Beispiel 1.5

Bild 1.14a zeigt das Netzwerk aus Bild 1.13 in normierter Form. Durch eine TP-HP-Transformation erhält man das Netzwerk in Bild 1.14b. Aus dem Eingangs-RC-Tiefpaß

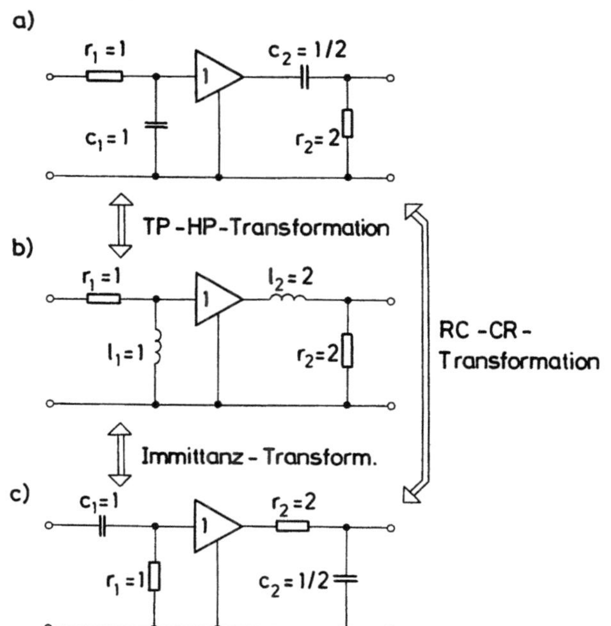

Bild 1.14. Verschiedene Netzwerktransformationen an einem RC-Netzwerk

bestehend aus den Elementen r_1 und c_1 wird ein RL-Hochpaß aus r_1 und l_1. Aus dem Ausgangs-CR-Hochpaß wird ein LR-Tiefpaß. Die Spannungsübertragungsfunktion der Schaltung in Bild 1.14b erhält man aus (1.77), indem man die Variable s' durch 1/s' ersetzt:

$$H'(s') = \frac{1/s'}{(1/s' + 1)(1/s' + 1)} = \frac{s'}{(s' + 1)(s' + 1)} \tag{1.83}$$

24

Die vorliegende Übertragungsfunktion bleibt bei der TP-HP-Transformation unverändert. Aus dem Tiefpaßanteil der Funktion wird ein Hochpaßanteil, aus dem Hochpaßanteil ein Tiefpaßanteil. In ihrer Gesamtwirkung stellen beide Netzwerke einen geometrisch-symmetrischen Bandpaß dar, dessen Netzwerkfunktion gegenüber der TP-HP-Transformation invariant ist.

Neben der TP-HP-Transformation ist noch die *Tiefpaß-Bandpaß-Transformation (TP-BP-Transformation)* wichtig. Sie erfolgt durch die Substitution

$$s_T = (s_B + 1/s_B)/b \qquad (1.84)$$

Die Wirkung der TP-BP-Transformation wird in Bild 1.15 anhand eines Dämpfungsverlaufes veranschaulicht.

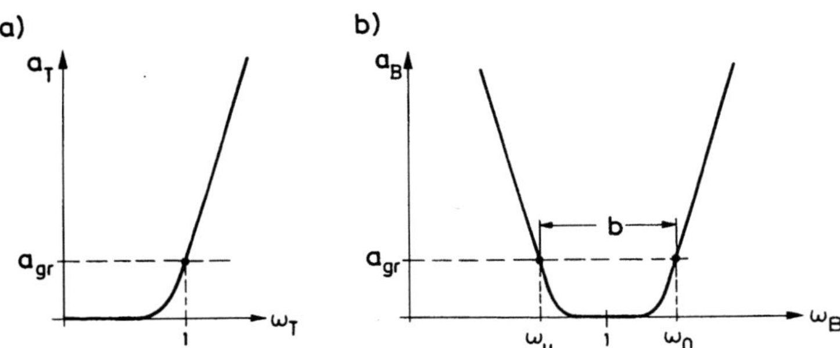

Bild 1.15. Zur TP-BP-Transformation: a) Dämpfungsverlauf eines Tiefpasses, b) Dämpfungsverlauf des zugehörigen Bandpasses

Jeder Frequenz ω_T sind jeweils zwei Frequenzen ω_{B1} und ω_{B2} zugeordnet, bei denen der Bandpaß gleiche Eigenschaften wie der Tiefpaß bei der Frequenz ω_T hat. Diese beiden Frequenzen liegen wegen (1.84) *geometrisch-symmetrisch* zur Mittenfrequenz $\omega=1$, d.h. es gilt

$$\sqrt{\omega_{B1} \cdot \omega_{B2}} = 1 \quad . \qquad (1.85)$$

Spezielle Frequenzen sind die Grenzfrequenzen. Ist der Tiefpaß so normiert, daß die Grenzfrequenz $\omega_{gr}=1$ ist, so gilt für die Grenzfrequenzen ω_u und ω_0 des Bandpasses

$$\omega_0 - \omega_u = b \quad , \qquad (1.86)$$

wobei b als *relative Bandbreite* des Bandpasses bezeichnet wird.

Zur Transformation des Tiefpaßnetzwerkes in ein Bandpaßnetzwerk müssen wieder die Elemente mit frequenzabhängigen Impedanzen durch andere ersetzt werden. Der Zusammenhang zwischen einer Tiefpaßimpedanz $z_T(s_T)$ und einer Bandpaßimpedanz $z_B(s_B)$

lautet mit (1.84)

$$z_T(s_T) = z_T(\{s_B + 1/s_B\}/b) = z_B(s_B) \quad . \tag{1.87}$$

Aus einer normierten Induktivität l_T im Tiefpaß wird die Reihenschaltung einer Induktivität l_B und einer Kapazität c_B im Bandpaß:

$$z_T(s_T) = s_T l_T = s_B \frac{l_T}{b} + \frac{1}{s_B} \frac{l_T}{b} =$$

$$= s_B l_B + \frac{1}{s_B c_B} = z_B(s_B) \tag{1.88a}$$

mit

$$l_B = l_T/b \quad , \quad c_B = b/l_T \quad . \tag{1.88b}$$

Aus einer Kapazität c_T wird die Parallelschaltung einer Induktivität l_B und einer Kapazität c_B:

$$y_T(s_T) = s_T c_T = s_B \frac{c_T}{b} + \frac{1}{s_B} \frac{c_T}{b} =$$

$$= s_B c_B + \frac{1}{s_B l_B} = y_B(s_B) \tag{1.89a}$$

mit

$$c_B = c_T/b \quad , \quad l_E = b/c_T \quad . \tag{1.89b}$$

Bei der Realisierung von Bandpässen in Stufentechnik (siehe Kapitel 9) besteht häufig die Aufgabe, aus einem Tiefpaß-Polplan die Pole und Nullstellen des Bandpasses zu berechnen. Aus reellen Tiefpaßpolen oder -nullstellen $s_T = \sigma_T$ erhält man durch Auflösen von (1.84) nach s_B die Bandpaßpole bzw. -nullstellen:

$$s_B = \frac{\sigma_T b}{2} \pm \sqrt{\left(\frac{\sigma_T b}{2}\right)^2 - 1} \quad . \tag{1.90}$$

Aus einem Tiefpaßpol werden also zwei Bandpaßpole. Der Radikand in (1.90) zeigt, daß die Bandpaßpole für $\sigma_T b < 2$ komplexe Werte annehmen. Eine Tiefpaßnullstelle im Unendlichen führt zu einer Nullstelle im Ursprung und einer Nullstelle im Unendlichen. Das ergibt sich aus (1.90), indem man den Grenzübergang $\sigma_T \to \infty$ durchführt:

$$\left. \begin{array}{l} s_{B1} \to 0 \\[2em] s_{B2} \to \infty \end{array} \right\} \quad \text{für} \quad \sigma_T \to \infty \quad . \tag{1.91}$$

Für komplexe Tiefpaßpole und -nullstellen $s_T = \sigma_T \pm j\omega_T$ lautet (1.84)

$$\sigma_T \pm j\omega_T = \frac{1}{b}(\sigma_B \pm j\omega_B + \frac{1}{\sigma_B \pm j\omega_B}) \quad . \tag{1.92}$$

Gl.(1.92) liefert zwei konjugiert komplexe Pol- bzw. Nullstellenpaare mit folgenden Komponenten:

$$\left.\begin{aligned}
\sigma_{B1} &= \sigma_T b/2 - \beta \quad , \quad \omega_{B1} = \omega_T b/2 + \alpha \quad , \\
\sigma_{B2} &= \sigma_T b/2 + \beta \quad , \quad \omega_{B2} = \omega_T b/2 - \alpha \quad .
\end{aligned}\right\} \tag{1.93a}$$

Darin bedeuten

$$\left.\begin{aligned}
\alpha &= [u/2 + (v^2 + u^2)^{1/2}/2]^{1/2} \quad , \quad \beta = v/(2\alpha) \quad , \\
u &= 1 + b^2(\omega_T^2 - \sigma_T^2)/4 \quad , \quad v = - b^2\sigma_T\omega_T/2 \quad .
\end{aligned}\right\} \tag{1.93b}$$

Es läßt sich zeigen, daß die beiden durch die TP-BP-Transformation erhaltenen Pol- bzw. Nullstellenpaare den gleichen Gütefaktor Q_∞ bzw. Q_0 besitzen.

Zu den wichtigen Frequenztransformationen gehören neben der TP-HP- und der TP-BP-Transformation noch die Tiefpaß-Bandsperre-Transformation (TP-BS-Transformation). Sie erfolgt durch eine Hintereinanderausführung der TP-HP- und der TP-BP-Transformation, also durch die Substitution

$$s_T = \frac{b}{(s_S + 1/s_S)} \quad . \tag{1.94}$$

Mit den Frequenztransformationen wird eine gezielte Änderung der Netzwerkfunktionen erreicht. Dagegen soll mit den im folgenden genannten Transformationen das Netzwerk modifiziert werden, ohne daß sich die Netzwerkfunktion ändert. Sie sollen als *Immittanztransformationen* bezeichnet werden.

Multipliziert man die Admittanz aller Elemente eines Netzwerkes mit der Frequenzvariablen s, so werden auch die Zweitoradmittanzen $Y_{11}(s)$ bis $Y_{22}(s)$ in (1.3) mit s multipliziert [1.3]. Alle an solch einem Netzwerk definierten Admittanzen und Transadmittanzen werden mit s multipliziert. Für die Leerlaufspannungsübertragungsfunktion gilt mit (1.9) und Tabelle 1.1

$$\left.\frac{U_2}{U_1}\right|_{I_2 \equiv 0} = \frac{1}{A_{11}(s)} = - \frac{Y_{21}(s)}{Y_{22}(s)} \quad . \tag{1.95}$$

Werden sowohl $Y_{21}(s)$ als auch $Y_{22}(s)$ mit der Variablen s multipliziert, so läßt sich die Variable s in (1.95) wieder herauskürzen. Die Spannungsübertragungsfunktion bleibt daher gegenüber der genannten Transformation invariant. Die Elemente des Netzwerkes ändern jedoch ihre Art. Durch die Multiplikation der jeweiligen Admittanz mit s wird aus einer Induktivität ein Widerstand und aus einem Widerstand wird eine Kapazität.

Beispiel 1.6

Werden alle Admittanzen der normierten Schaltung in Bild 1.14b mit s multipliziert, so erhält man die Schaltung in Bild 1.14c. Durch diese Admittanztransformation wird die Spannungsübertragungsfunktion nicht verändert. Somit haben alle drei Schaltungen in Bild 1.14 die in (1.77) genannte Übertragungsfunktion. Ein Vergleich zwischen den Schaltungen in Bild 1.14b und c zeigt, daß durch die Admittanztransformation eine Realisierung der Übertragungsfunktion ohne Induktivitäten ermöglicht wird.

In analoger Weise kann eine Impedanztransformation durchgeführt werden. Dazu werden die Impedanzen aller Elemente mit s multipliziert und dadurch auch die Zweitorimpedanzen $Z_{11}(s)$ bis $Z_{22}(s)$ in (1.2). Da sich die Leerlaufspannungsübertragungsfunktion mit Hilfe von (1.9) und Tabelle 1.1 als

$$\frac{U_2}{U_1}\bigg|_{I_2 \equiv 0} = \frac{1}{A_{11}(s)} = \frac{Z_{21}(s)}{Z_{11}(s)} \tag{1.96}$$

schreiben läßt, bleibt sie auch gegenüber der Impedanztransformation invariant. Im Netzwerk werden aus Kapazitäten Widerstände und aus Widerständen Induktivitäten.

Beispiel 1.7

Die Impedanztransformation stellt die inverse Admittanztransformation dar. Unterwirft man daher die Schaltung in Bild 1.14c einer Impedanztransformation, so erhält man wieder die Schaltung in Bild 1.14b.

Ebenso wie die Leerlaufspannungsübertragungsfunktionen bleiben auch die Kurzschlußstromübertragungsfunktionen gegenüber der Immittanztransformation invariant, was sich leicht mit (1.10) und Tabelle 1.1 verdeutlichen läßt. Eine Erweiterung der Immittanztransformation und ihre Hauptanwendung ist in Kapitel 8 beschrieben.

Wendet man auf ein RC-Netzwerk zuerst die TP-HP-Transformation und dann die Admittanz-Transformation an, so gelangt man zum RC-CR-transformierten Netzwerk. Mit der Impedanz-Transformation und der darauf folgenden TP-HP-Transformation gelangt man zum gleichen Resultat. Die RC-CR-Transformation kann auf direktem Weg durchgeführt werden, indem jeder Widerstand vom Wert r_x durch eine Kapazität vom Wert $c_x = 1/r_x$ ersetzt wird und jede Kapazität vom Wert c_y durch einen Widerstand vom Wert $r_y = 1/c_y$ [1.4].

Die am ursprünglichen RC-Netzwerk definierten Admittanzen oder Transadmittanzen $Y_{ij}(s)$ erhalten durch die RC-CR-Transformation die Form

$$Y_{ij}^{T}(s) = s \cdot Y_{ij}(1/s) \quad . \tag{1.97}$$

Das Argument s wird durch 1/s ersetzt (wie bei der TP-HP-Transformation). Außerdem wird die Admittanz mit s multipliziert (wie bei der Admittanz-Transformation).

Impedanzen oder Transimpedanzen $Z_{ij}(s)$ erhalten durch die RC-CR-Transformation die Form

$$Z_{ij}^{T}(s) = 1/s \cdot Z_{ij}(1/s) \quad . \tag{1.98}$$

Zunächst wird die Impedanz mit s multipliziert (wie bei der Impedanz-Transformation) und dann im gesamten Ausdruck die Variable s durch 1/s ersetzt (wie bei der TP-HP-Transformation.

Unter Berücksichtigung von (1.95 - 98) ergibt sich für die am ursprünglichen RC-Netzwerk definierten Spannungs- oder Stromübertragungsfunktionen H(s) am RC-CR-transformierten Netzwerk die Beziehung

$$H^{T}(s) = H(1/s) \quad . \tag{1.99}$$

Die RC-CR-Transformation stellt also eine spezielle TP-HP-Transformation dar, bei der durch eine zusätzliche Immittanz-Transformation (was sich auf Spannungs- und Stromübertragungsfunktionen nicht auswirkt) dafür gesorgt wird, daß aus einem RC-Netzwerk wieder ein RC-Netzwerk entsteht.

Die RC-CR-Transformation läßt sich auf Netzwerke erweitern, die neben Widerständen und Kondensatoren noch gesteuerte Quellen enthalten [1.5]. Dazu werden Steuerwiderstände r_x von stromgesteuerten Spannungsquellen durch Steuerkapazitäten vom Wert $c_x=1/r_x$ ersetzt und Steuerleitwerte g_y von spannungsgesteuerten Stromquellen durch Steuerkapazitäten vom Wert $c_y=g_y$ (siehe auch Kapitel 4). Spannungsgesteuerte Spannungsquellen und stromgesteuerte Stromquellen bleiben unverändert. Da sich sämtliche aktiven Netzwerkelemente durch gesteuerte Quellen darstellen lassen [1.6], gilt somit die RC-CR-Transformation für alle RC-aktiven Netzwerke, d.h. Netzwerke, die außer Widerständen und Kondensatoren noch aktive Elemente enthalten.

1.6 Zusammenfassung

Das Übertragungsverhalten von elektrischen Netzwerken wird durch Netzwerkfunktionen beschrieben, die im Frequenzbereich als Quotient von Antwort zu Erregung (Ausgangsgröße zu Eingangsgröße) des Netzwerkes definiert sind und die jeweils für bestimmte festgelegte Beschaltungen des Eingangs- und Ausgangstores gelten. Unbeschaltete Zweitore werden durch Zweitormatrizen beschrieben, deren vier Elemente spezielle Netzwerkfunktionen sind.
Die behandelten Netzwerkfunktionen sind gebrochen rationale Funktionen der Frequenzvariablen s, die üblicherweise in Polynom- oder in Produktdarstellung geschrieben werden. Aus den Polen der Netzwerkfunktion, die mit den Eigenfrequenzen des abgeschlossenen Netzwerkes identisch sind, kann man Rückschlüsse auf die

Stabilität des Netzwerkes ziehen. Aus dem Betrag und dem Winkel der Netzwerkfunktion für $s=j\omega$ werden die häufig verwendeten Dämpfungs- und Phasenfunktionen abgeleitet. Im Falle von reellen Polen und Nullstellen lassen sich diese beiden Funktionen durch einfache Bodediagramme abschätzen.

Netzwerkfunktionen zweiten Grades werden durch höchstens fünf Parameter beschrieben. Im Falle von komplexen Polen und Nullstellen haben deren Betrag und Gütefaktor eine anschauliche Bedeutung. Von besonderem Interesse sind einige immer wieder auftretende Standardfunktionen. Es sind dies die Tiefpaß-, Bandpaß-, Hochpaß-, Sperrfilter- und Allpaßfunktion zweiten Grades.

Durch Normierung werden die Parameter der Netzwerkfunktion und die Bauelementeparameter dimensionslos gemacht und ihre Zahlenwerte in gut überschaubare Grössenordnungen gebracht. Dazu werden für Ausdrücke der Dimension Widerstand und der Dimension Zeit je eine geeignete Bezugsgröße gewählt.

Netzwerktransformationen sind ein geeignetes Hilfsmittel, um aus bekannten Netzwerken und Funktionen neue Netzwerke und Funktionen mit bestimmten erwünschten Eigenschaften abzuleiten. Die wichtigsten sind die Frequenztransformationen wie Tiefpaß-Hochpaß-, Tiefpaß-Bandpaß- und Tiefpaß-Bandsperre-Transformationen, die Immittanztransformationen und die RC-CR-Transformation.

2. Empfindlichkeiten von linearen Netzwerken

Die *Empfindlichkeiten* von linearen Netzwerken liefern weitere wichtige Informationen über das Netzwerk. Während die Netzwerkfunktion das Übertragungsverhalten, also das Verhältnis zwischen den Eingangs- und Ausgangsgrößen des Netzwerks, beschreibt, stellen die Empfindlichkeiten den Zusammenhang zwischen Änderungen von Bauelementeparametern und den dadurch verursachten Änderungen des Übertragungsverhaltens her.

Die Empfindlichkeiten ermöglichen es, praktische Gesichtspunkte in die Netzwerkberechnung und den Netzwerkentwurf einzubeziehen. Abweichungen der Bauelementeparameter von ihren Nominalwerten aufgrund von Fertigungsstreuungen, Temperatureinfluß oder Alterung und der Einfluß dieser Abweichungen auf die Netzwerkeigenschaften können formelmäßig erfaßt werden. Neben den resultierenden Fehlern der Netzwerkeigenschaften interessiert man sich häufig auch für die Empfindlichkeiten als solche, da sie die Fehlerfortpflanzung im Netzwerk beschreiben und somit ein wichtiges technisches Gütekriterium für das Netzwerk darstellen.

2.1 Definitionen und Rechenregeln

Bei der Beschreibung der *Fehlerfortpflanzung* mit Hilfe von Empfindlichkeiten wird der im allgemeinen nichtlineare Zusammenhang zwischen den Netzwerkeigenschaften und den Netzwerkelementen im Kleinen linearisiert. Eine Netzwerkfunktion H möge von einem einzelnen Netzwerkelement X nach irgendeiner Funktion abhängen:

$$H = f(X) \; . \tag{2.1}$$

Eine Bauelementeänderung ΔX möge einen Fehler ΔH zur Folge haben:

$$H + \Delta H = f(X + \Delta X)$$
$$= f(X) + \frac{\Delta X}{1!} \frac{\partial H}{\partial X} + \frac{(\Delta X)^2}{2!} \frac{\partial^2 H}{\partial X^2} + \dots \tag{2.2}$$

Bricht man die Taylorentwicklung in (2.2) nach dem linearen Glied in ΔX ab, so folgt mit (2.1) aus (2.2)

$$\Delta H / \Delta X = \partial H / \partial X \; . \tag{2.3}$$

Die in praktischen Netzwerken auftretenden Fehler ΔH und ΔX sind im allgemeinen von Null verschiedene meßbare Größen. Setzt man voraus, daß diese Fehler so klein sind, daß der lineare Term in der Taylorentwicklung in (2.2) gegenüber den höheren Termen dominiert, so läßt sich der Differenzenquotient $\Delta H/\Delta X$ näherungsweise durch den leichter zu berechnenden Differentialquotienten $\partial H/\partial X$ bestimmen. Diese Voraussetzung und diese Näherungsbetrachtung liegt der Rechnung mit Empfindlichkeiten zugrunde. Man definiert die *vollrelative Empfindlichkeit* als

$$\hat{S}_X^H = \frac{\partial H/H}{\partial X/X} \quad . \tag{2.4a}$$

Wegen $\partial \ln H/\partial H = 1/H$ und $\partial \ln X/\partial X = 1/X$ kann (2.4a) auch folgendermaßen geschrieben werden:

$$\hat{S}_X^H = \frac{\partial \ln H}{\partial \ln X} \quad . \tag{2.4b}$$

Damit gilt für die jeweils auf ihren Nominalwert bezogenen infinitesimalen Fehler exakt

$$\frac{dH}{H} = \hat{S}_X^H \cdot \frac{dX}{X} \tag{2.5}$$

und für die inkrementalen Fehler näherungsweise

$$\frac{\Delta H}{H} \approx \hat{S}_X^H \cdot \frac{\Delta X}{X} \quad . \tag{2.6}$$

Neben der vollrelativen Empfindlichkeit nach (2.4) ist noch die *halbrelative Empfindlichkeit*

$$S_X^H = \frac{\partial H}{\partial X/X} = H \cdot \hat{S}_X^H \tag{2.7}$$

gebräuchlich.

Je nach Betrachtung der verschiedenen Netzwerkeigenschaften lassen sich verschiedene Empfindlichkeiten angeben. Die vollrelative Empfindlichkeit der Netzwerkfunktion H(s) gegenüber einem Bauelement X wurde (allerdings in reziproker Schreibweise) erstmals von BODE [2.1] angegeben:

$$\hat{S}_X^{H(s)} = \frac{\partial H(s)/H(s)}{\partial X/X} = \frac{\partial \ln H(s)}{\partial \ln X} \quad . \tag{2.8}$$

Diese Empfindlichkeit ist genauso wie die Netzwerkfunktion eine Funktion der Frequenzvariablen s. Sie wird im folgenden kurz mit *Übertragungsempfindlichkeit* bezeichnet.

Zur Berechnung von Dämpfungs- und Phasenänderungen bedient man sich der halbrelativen *Dämpfungsempfindlichkeit*

$$S_X^{a(\omega)} = \frac{\partial a(\omega)}{\partial X/X} \qquad\qquad (2.9)$$

und der halbrelativen *Phasenempfindlichkeit*

$$S_X^{b(\omega)} = \frac{\partial b(\omega)}{\partial X/X} \quad . \qquad\qquad (2.10)$$

Beide Empfindlichkeiten sind Funktionen der Kreisfrequenz ω.

Neben Empfindlichkeiten von Funktionen werden Empfindlichkeiten von Parametern der Netzwerkfunktion betrachtet. Für die in (1.13) angegebenen Koeffizienten a_i und b_j des Zähler- und Nennerpolynoms sind vollrelative Empfindlichkeiten üblich:

$$\hat{S}_X^{a_i} = \frac{\partial a_i/a_i}{\partial X/X} \quad , \qquad \hat{S}_X^{b_j} = \frac{\partial b_j/b_j}{\partial X/X} \quad . \qquad\qquad (2.11)$$

Die Empfindlichkeiten der Pole $s_{\infty\nu}$ und Nullstellen $s_{0\mu}$ werden meist halbrelativ angegeben:

$$S_X^{s_{\infty\nu}} = \frac{\partial s_{\infty\nu}}{\partial X/X} \quad , \qquad S_X^{s_{0\mu}} = \frac{\partial s_{0\mu}}{\partial X/X} \quad , \qquad\qquad (2.12)$$

und die der Polparameter $|s_\infty|$ und Q_∞ vollrelativ:

$$\hat{S}_X^{|s_\infty|} = \frac{\partial |s_\infty|/|s_\infty|}{\partial X/X} \quad , \qquad \hat{S}_X^{Q_\infty} = \frac{\partial Q_\infty/Q_\infty}{\partial X/X} \quad . \qquad\qquad (2.13)$$

Die in (2.11 - 13) definierten Empfindlichkeiten sind genauso wie die jeweils betrachteten Parameter reelle oder komplexe Zahlen.

Im Zusammenhang mit Netzwerken treten einige Typen von Funktionen H(X) sehr häufig auf. Diese Funktionen sind in Tabelle 2.1 mit den zugehörigen vollrelativen Empfindlichkeiten zusammengestellt. Die Ergebnisse lassen sich leicht durch direkte Auswertung von (2.4) nachprüfen. Die in Tabelle 2.1 zusammengestellten Korrespondenzen können als Rechenregeln für Empfindlichkeitsberechnungen verwendet werden.

Tabelle 2.1. Häufig auftretende Funktionen und ihre vollrelativen Empfindlichkeiten

Funktion H(X)	vollrelative Empfindlichkeit $\hat{S}_X^H$	
$H(X) = k \cdot X^n$	$\hat{S}_X^H = n$	(2.14)
$H(X) = \sqrt{X}$	$\hat{S}_X^H = 1/2$	(2.15)
$H(X) = 1/X$	$\hat{S}_X^H = -1$	(2.16)

<u>Tabelle 2.1</u> (Fortsetzung)

Funktion	vollrelative Empfindlichkeit	
$H(X) = H[h_1(X),\ h_2(X),\ h_3(X)\ \ldots]$		
	$\hat{S}^H_X = \hat{S}^H_{h_1}\hat{S}^{h_1}_X + \hat{S}^H_{h_2}\hat{S}^{h_2}_X + \hat{S}^H_{h_3}\hat{S}^{h_3}_X + \ldots$	(2.17)
$H(X) = h_1(X) + h_2(X) + h_3(X) + \ldots$		
	$\hat{S}^H_X = \frac{1}{H}[h_1\hat{S}^{h_1}_X + h_2\hat{S}^{h_2}_X + h_3\hat{S}^{h_3}_X + \ldots]$	(2.18)
$H(X) = h(X) + k$	$\hat{S}^H_X = \frac{h}{H}\ \hat{S}^h_X$	(2.19)
$H(X) = k[h(X)]^n$	$\hat{S}^H_X = n \cdot \hat{S}^h_X$	(2.20)
$H(X) = h_1(X)h_2(X)h_3(X)\ \ldots$	$\hat{S}^H_X = \hat{S}^{h_1}_X + \hat{S}^{h_2}_X + \hat{S}^{h_3}_X + \ldots$	(2.21)
$H(X) = h_1(X)/h_2(X)$	$\hat{S}^H_X = \hat{S}^{h_1}_X - \hat{S}^{h_2}_X$	(2.22)
$|H(X)|$	$\hat{S}^{|H|}_X = \mathrm{Re}\{\hat{S}^H_X\}$	(2.23)
$\mathrm{arc}\ H(X)$	$\hat{S}^{\mathrm{arc}\ H}_X = \mathrm{Im}\{\hat{S}^H_X\}/\mathrm{arc}\ H$	(2.24)
$H^*(X)$	$\hat{S}^{H*}_X = (\hat{S}^H_X)^*$	(2.25)
$\exp H(X)$	$\hat{S}^{\exp H}_X = H \cdot \hat{S}^H_X$	(2.26)
$\ln H(X)$	$\hat{S}^{\ln H}_X = \frac{1}{\ln H} \cdot \hat{S}^H_X$	(2.27)
$H(X)$	$\hat{S}^H_{1/X} = -\ \hat{S}^H_X$	(2.28)
$H(X)$	$\hat{S}^H_{X^n} = \frac{1}{n}\ \hat{S}^H_X$	(2.29)
$H(X)$	$\hat{S}^H_{kX} = \hat{S}^H_X$	(2.30)

Beispiele für die Berechnung von Empfindlichkeiten mit den in (2.14 - 30) angegebenen Rechenregeln sind in den folgenden Abschnitten zu finden.

2.2 Übertragungsempfindlichkeiten

Ausgangspunkt bei der Berechnung der *Übertragungsempfindlichkeit* ist die *bilineare Zerlegung* der Netzwerkfunktion. Es läßt sich zeigen [2.1], daß die Abhängigkeit einer Netzwerkfunktion H(s) von einem Bauelementeparameter X in bilinearer Form geschrieben werden kann:

$$H(s,X) = \frac{N(s,X)}{D(s,X)} = \frac{N_1(s) + X\,N_2(s)}{D_1(s) + X\,D_2(s)} \quad . \tag{2.31}$$

Die Teilpolynome $N_1(s)$, $N_2(s)$, $D_1(s)$ und $D_2(s)$ enthalten den Parameter X nicht mehr. Der Parameter X kann ein Widerstand, eine Induktivität oder eine Kapazität sein, aber auch der Steuerkoeffizient einer gesteuerten Quelle oder einer der Konversions- oder Inversionsfaktoren von Konvertern oder Invertern (siehe Kapitel 4 und 7). Bei nichtelektronisch realisierten Konvertern oder Invertern kann der Parameter X auch in quadrierter Form auftreten. Das gilt beispielsweise für das Übersetzungsverhältnis eines gewickelten Übertragers. Bei den hier behandelten elektronischen Realisierungen kann jedoch stets davon ausgegangen werden, daß die bilineare Zerlegung für alle Bauelementeparameter gilt.

Beispiel 2.1

Die Leerlaufspannungsübertragungsfunktion des normierten Netzwerkes in Bild 2.1 lautet

$$H(s) = \left.\frac{U_2}{U_1}\right|_{I_2=0} = \frac{r}{s^2 lcr + sl + r} \tag{2.32}$$

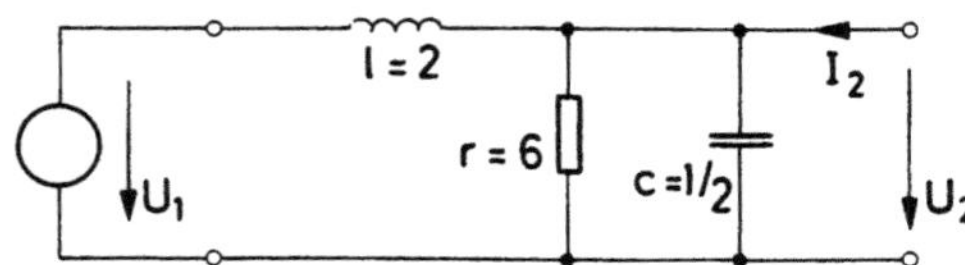

Bild 2.1. RCL-Tiefpaßschaltung zweiter Ordnung

Die jeweiligen bilinearen Darstellungen der Übertragungsfunktion in r, l und c sind

$$H(s) = \frac{[0] + r[1]}{[sl] + r[s^2 lc + 1]}$$

$$= \frac{[r] + l[0]}{[r] + l[s^2 rc + s]} \tag{2.33}$$

$$= \frac{[r] + c[0]}{[sl + r] + c[s^2 lr]} \quad .$$

Die gesuchte Empfindlichkeit der Netzwerkfunktion ergibt sich durch Anwendung von (2.22) auf (2.31) zu

$$\hat{S}_X^{H(s)} = \hat{S}_X^{N(s,X)} - \hat{S}_X^{D(s,X)} \quad . \tag{2.34}$$

Für die Empfindlichkeit des Zählerpolynoms $N(s,X)=N_1(s)+X\,N_2(s)$ gilt mit (2.19)

$$\hat{S}_X^{N(s,X)} = \frac{X\,N_2(s)}{N(s)}\,\hat{S}_X^{XN_2(s)} \quad . \tag{2.35}$$

Da $N_2(s)$ nicht von X abhängt, erhält man mit Hilfe von (2.14) für $n=1$ und $k=N_2(s)$

$$\hat{S}_X^{XN_2(s)} = 1 \quad . \tag{2.36}$$

Gl.(2.35 - 36) gilt für das Nennerpolynom $D(s,X)$ entsprechend. Durch Einsetzen von (2.35 - 36) in (2.34) erhält man schließlich die gesuchte Übertragungsempfindlichkeit:

$$\hat{S}_X^{H(s)} = \frac{X\,N_2(s)}{N(s)} - \frac{X\,D_2(s)}{D(s)} \quad . \tag{2.37}$$

In (2.37) treten unter anderem Differenzen von gleichen Termen auf, was insbesondere bei einer numerischen Auswertung Schwierigkeiten bereiten könnte. Man vermeidet diese Terme durch die folgende Umformung:

$$\hat{S}_X^{H(s)} = \frac{(N - N_1)(D_1 + X\,D_2) - (D - D_1)(N_1 + X\,N_2)}{N \cdot D} \quad ,$$

$$\hat{S}_X^{H(s)} = \frac{X[D_1(s)N_2(s) - N_1(s)D_2(s)]}{N(s)D(s)} \quad . \tag{2.38}$$

Beispiel 2.2

Die Teilpolynome der bilinearen Zerlegung der Übertragungsfunktion H(s) in (2.32) gegenüber dem Widerstand r lauten:

$$N_1(s) = 0 \quad , \quad N_2(s) = 1 \quad , \tag{2.39}$$
$$D_1(s) = sl \quad , \quad D_2(s) = s^2 lc + 1 \quad .$$

Setzt man die Teilpolynome in (2.38) ein, so erhält man die Übertragungsempfindlichkeit gegenüber dem Widerstand r:

$$\hat{S}_r^{H(s)} = \frac{sl}{s^2 lcr + sl + r} \quad . \tag{2.40}$$

In gleicher Weise erhält man aus den bilinearen Zerlegungen die Empfindlichkeiten gegenüber der Induktivität l

$$\hat{S}^{H(s)}_{l} = -\,\frac{s^2 lcr + sl}{s^2 lcr + sl + r} \tag{2.41}$$

und gegenüber der Kapazität c

$$\hat{S}^{H(s)}_{c} = -\,\frac{s^2 lcr}{s^2 lcr + sl + r}\;. \tag{2.42}$$

Geht man statt von der bilinearen Zerlegung von der Produktdarstellung

$$H(s) = K\,\frac{\displaystyle\prod_{\mu=1}^{m}(s - s_{0\mu})}{\displaystyle\prod_{\nu=1}^{n}(s - s_{\infty\nu})} \tag{2.43}$$

der Netzwerkfunktion aus, so erhält man eine andere wichtige Form der Übertragungsempfindlichkeit. Unter Zuhilfenahme von (2.21 - 22) folgt aus (2.43)

$$\hat{S}^{H(s)}_{X} = \hat{S}^{K}_{X} + \sum_{\mu=1}^{m} \hat{S}^{s-s_{0\mu}}_{X} - \sum_{\nu=1}^{n} \hat{S}^{s-s_{\infty\nu}}_{X}\;. \tag{2.44}$$

In den Linearfaktoren $s-s_{0\mu}$ hängen allein die Nullstellen $s_{0\mu}$ von dem Parameter X ab. Daher ergibt sich mit (2.19)

$$\hat{S}^{s-s_{0\mu}}_{X} = \frac{-s_{0\mu}}{s - s_{0\mu}}\,\hat{S}^{-s_{0\mu}}_{X} \tag{2.45}$$

beziehungsweise mit (2.7)

$$\hat{S}^{s-s_{0\mu}}_{X} = \frac{-s_{0\mu}}{s - s_{0\mu}} \cdot \frac{S^{-s_{0\mu}}_{X}}{-s_{0\mu}} = \frac{-s\,S^{s_{0\mu}}_{X}}{s - s_{0\mu}}\;. \tag{2.46}$$

Gl.(2.46) gilt für die Linearterme $s-s_{\infty\nu}$ entsprechend. Setzt man (2.46) in (2.44) ein, so ergibt sich

$$\hat{S}^{H(s)}_{X} = \hat{S}^{K}_{X} - \sum_{\mu=1}^{m} \frac{s\,S^{s_{0\mu}}_{X}}{s - s_{0\mu}} + \sum_{\nu=1}^{n} \frac{s\,S^{s_{\infty\nu}}_{X}}{s - s_{\infty\nu}}\;. \tag{2.47}$$

Gleichung (2.47) stellt die *Partialbruchentwicklung der Übertragungsempfindlichkeit* dar. Aus (2.38) ist ersichtlich, daß das Nennerpolynom der Übertragungsempfindlichkeit aus dem Produkt von Zähler- und Nennerpolynom der Netzwerkfunktion besteht. In der Entwicklung in (2.47) treten daher Partialbrüche sowohl mit den Polen als auch mit den Nullstellen der Netzwerkfunktion auf. Die Residuen der Partialbrüche sind die jeweiligen halbrelativen *Pol- und Nullstellenempfindlichkeiten*. Sind letztere bekannt, so kann daraus mit (2.47) die Übertragungsempfindlichkeit berechnet werden. Umgekehrt kann beispielsweise mit (2.38) die Übertragungsempfindlichkeit ermittelt werden und daraus durch eine Partialbruchentwicklung nach (2.47) die Pol- und Nullstellenempfindlichkeiten.

Beispiel 2.3

Die Übertragungsfunktion H(s) in (2.32) lautet in Produktdarstellung

$$H(s) = K \cdot \frac{1}{(s - s_{\infty 1})(s - s_{\infty 2})} \tag{2.48a}$$

mit

$$K = s_{\infty 1} \cdot s_{\infty 2} = |s_{\infty 1,2}|^2 = \frac{1}{lc} = 1 \tag{2.48b}$$

und

$$s_{\infty 1,2} = -\frac{1}{2rc} \pm j \sqrt{\frac{1}{lc} - \left(\frac{1}{2rc}\right)^2} = \sigma_\infty \pm j\omega_\infty = -\frac{1}{6} \pm j\frac{1}{6}\sqrt{35} \tag{2.48c}$$

Die in Beispiel 2.2 errechnete Übertragungsempfindlichkeit gegenüber der Induktivität lautet mit den in Bild 2.1 angegebenen Zahlenwerten

$$\hat{S}_l^{H(s)} = -1 + \frac{r}{s^2 lcr + sl + r} = -1 + \frac{1}{s^2 + s/3 + 1} \tag{2.49a}$$

und in Partialbruchschreibweise

$$\hat{S}_l^{H(s)} = -1 + \frac{-3j/\sqrt{35}}{s - \sigma_\infty - j\omega_\infty} + \frac{3j/\sqrt{35}}{s - \sigma_\infty + j\omega_\infty} \; . \tag{2.49b}$$

Ein Vergleich dieser Partialbruchentwicklung mit (2.47) zeigt, daß die vollrelative Empfindlichkeit des konstanten Faktors K gegenüber der Induktivität l

$$\hat{S}_l^K = -1 \tag{2.50}$$

ist, und daß die halbrelativen Polempfindlichkeiten

$$S_l^{s_{\infty 1}} = (S_l^{s_{\infty 2}})^* = -3j/\sqrt{35} \approx -j/2 \tag{2.51}$$

betragen. Poländerungen aufgrund von Induktivitätsänderungen errechnen sich daraus zu

$$\Delta s_\infty \approx -\frac{j}{2}\frac{\Delta l}{l} \; .$$

Eine Induktivitätserhöhung um 1% hat eine Imaginärteilverkleinerung des Poles von $\sqrt{35}/6 \approx 0,986$ um etwa 0,005 auf 0,981 zur Folge.

In Tabelle 2.2 sind noch einmal die wichtigsten Beziehungen für die Übertragungsempfindlichkeiten zusammengestellt.

Tabelle 2.2. Übertragungsempfindlichkeiten

Bilineare Zerlegung:

$$H(s,X) = \frac{N(s,X)}{D(s,X)} = \frac{N_1(s) + X\,N_2(s)}{D_1(s) + X\,D_2(s)} \qquad (2.31)$$

Übertragungsempfindlichkeit aus bilinearer Zerlegung:

$$\hat{S}_X^H = \frac{X\,N_2(s)}{N(s)} - \frac{X\,D_2(s)}{D(s)} \qquad (2.37)$$

$$\hat{S}_X^H = \frac{X[D_1(s)N_2(s) - N_1(s)D_2(s)]}{N(s)D(s)} \qquad (2.38)$$

Partialbruchzerlegung der Übertragungsempfindlichkeit:

$$\hat{S}_X^H = \hat{S}_X^K - \sum_{\mu=1}^{m} \frac{S_X^{S_{0\mu}}}{s - s_{0\mu}} + \sum_{\nu=1}^{n} \frac{S_X^{S_{\infty\nu}}}{s - s_{\infty\nu}} \qquad (2.47)$$

2.3 Parameterempfindlichkeiten

2.3.1 Koeffizientenempfindlichkeiten

Die vollrelativen *Koeffizientenempfindlichkeiten* $\hat{S}_X^{a_i}$ und $\hat{S}_X^{b_j}$ werden mit Hilfe der bilinearen Zerlegung berechnet. Wegen der bilinearen Darstellmöglichkeit der Netzwerkfunktion lassen sich alle Koeffizienten als lineare Funktion aller Bauelementeparameter schreiben. Für die Zähler- und Nennerkoeffizienten gilt

$$a_i = a_i' + X\,a_i'' \quad , \qquad b_j = b_j' + X\,b_j'' \quad , \qquad (2.52)$$

wobei die Ausdrücke a_i', a_i'', b_j' und b_j'' den Parameter X nicht mehr enthalten. Mit (2.19) und (2.14) ergibt sich daraus

$$\hat{S}_X^{a_i} = X\,a_i''/a_i \quad , \qquad \hat{S}_X^{b_j} = X\,b_j''/b_j \quad . \qquad (2.53)$$

Beispiel 2.4

Die Nennerkoeffizienten der Spannungsübertragungsfunktion H(s) in Beispiel 2.1 lauten $b_2 = 1cr$, $b_1 = 1$ und $b_0 = r$. Daraus errechnen sich folgende Koeffizientenempfindlichkeiten:

$$\hat{S}_r^{b_2} = 1 \quad , \qquad \hat{S}_r^{b_1} = 0 \quad , \qquad \hat{S}_r^{b_0} = 1 \quad ,$$

$$\hat{S}_l^{b_2} = 1 \quad , \qquad \hat{S}_l^{b_1} = 1 \quad , \qquad \hat{S}_l^{b_0} = 0 \quad , \qquad\qquad (2.54)$$

$$\hat{S}_c^{b_2} = 1 \quad , \qquad \hat{S}_c^{b_1} = 0 \quad , \qquad \hat{S}_c^{b_0} = 0 \quad .$$

2.3.2 Wurzelempfindlichkeiten

Im folgenden wird eine Formel zur Berechnung der *Wurzelempfindlichkeiten* hergeleitet. Ausgehend von einer Änderung dX des Parameters X lautet die lineare Zerlegung des Zählerpolynoms

$$N(s, X + dX) = N_1(s) + X\, N_2(s) + dX\, N_2(s) \quad . \qquad\qquad (2.55)$$

Dividiert man diesen Ausdruck durch $N(s,X) = N_1(s) + X\, N_2(s)$, so folgt daraus

$$1 + \frac{dX}{X} F(s) \quad , \qquad F(s) = \frac{X\, N_2(s)}{N(s,X)} \quad . \qquad\qquad (2.56)$$

Das Zählerpolynom $N(s,X)$ habe eine r-fache Wurzel bei $s = s_{0\mu}$. Damit besitzt die Hilfsfunktion $F(s)$ unter anderem die folgenden Partialbrüche:

$$F(s) = \frac{K_{\mu 1}}{s - s_{0\mu}} + \frac{K_{\mu 2}}{(s - s_{0\mu})^2} + \ldots + \frac{K_{\mu r}}{(s - s_{0\mu})^r} + \ldots \quad . \qquad\qquad (2.57)$$

Das Zählerpolynom in (2.55) und damit auch der Ausdruck in (2.56) nehmen für die veränderte Wurzel $s = s_{0\mu} + ds_{0\mu}$ exakt den Wert Null an. Gl.(2.57) in (2.56) eingesetzt ergibt daher

$$1 + \frac{dX}{X} \left[\frac{K_{\mu 1}}{ds_{0\mu}} + \frac{K_{\mu 2}}{(ds_{0\mu})^2} + \ldots + \frac{K_{\mu r}}{(ds_{0\mu})^r} + \ldots \right] = 0 \quad . \qquad\qquad (2.58)$$

Wegen $ds_{0\mu} \to 0$ dominiert in der eckigen Klammer der Partialbruch mit dem Residuum $K_{\mu r}$. Alle übrigen Partialbrüche können vernachlässigt werden. Gl.(2.58) nach $ds_{0\mu}$ aufgelöst lautet daher

$$ds_{0\mu} = \left(-\frac{dX}{X} K_{\mu r} \right)^{1/r} \quad . \qquad\qquad (2.59)$$

40

Unter der Annahme einer einfachen Wurzel (r=1) errechnet sich das Residuum $K_{\mu r}$ mit Hilfe von (2.56 - 57) zu

$$K_{\mu r} = \left. \frac{X\, N_2(s)(s - s_{0\mu})}{N(s)} \right|_{s=s_{0\mu}} \quad , \quad r = 1 \quad . \tag{2.60}$$

Aus (2.59 - 60) folgt nun die gesuchte *Nullstellenempfindlichkeit*

$$S_X^{s_{0\mu}} = - \left. \frac{X\, N_2(s)(s - s_{0\mu})}{N(s)} \right|_{s=s_{0\mu}} \quad . \tag{2.61}$$

Liegt $N(s)$ nicht in Produktdarstellung vor, so läßt sich der Linearfaktor $(s-s_{0\mu})$ in (2.61) schlecht herauskürzen. Daher wird das Ergebnis in (2.61) noch auf eine andere Form gebracht. Aus der Produktdarstellung

$$N(s) = a_m \prod_{\mu=1}^{m} (s - s_{0\mu})$$

folgt nach der erweiterten Produktregel der Differentialrechnung die Ableitung

$$N'(s) = \frac{\partial N(s)}{\partial s} = \sum_{j=1}^{m} a_m \prod_{i=1}^{j-1} (s - s_{0i}) \cdot \prod_{i=j+1}^{m} (s - s_{0i}) \tag{2.62}$$

und damit

$$N'(s_{0\mu}) = a_m \prod_{i=1}^{\mu-1} (s_{0\mu} - s_{0i}) \cdot \prod_{i=\mu+1}^{m} (s_{0\mu} - s_{0i})$$

$$= \left. \frac{N(s)}{s - s_{0\mu}} \right|_{s=s_{0\mu}} \quad . \tag{2.63}$$

Gl.(2.63) in (2.61) eingesetzt ergibt eine zweite Formel zur Berechnung der Nullstellenempfindlichkeit:

$$S_X^{s_{0\mu}} = - \frac{X\, N_2(s_{0\mu})}{N'(s_{0\mu})} \tag{2.64a}$$

mit

$$N'(s) = \partial N(s)/\partial s \quad . \tag{2.64b}$$

Die Formeln für Berechnung der *Polempfindlichkeit* lauten entsprechend. In (2.61) und (2.64) sind lediglich der Buchstabe N durch D und die Indizes 0μ durch $\infty\nu$ zu ersetzen.

Beispiel 2.5

Aus der Übertragungsfunktion H(s) in (2.32) liest man das Nennerpolynom

$$D(s) = s^2 lcr + sl + r = 6s^2 + 2s + 6 \tag{2.65}$$

ab. Seine Ableitung D'(s) lautet

$$D'(s) = 12s + 2 \quad . \tag{2.66}$$

Aus der bilinearen Zerlegung in l erhält man

$$D_2(s) = s^2 rc + s = 3s^2 + s \quad . \tag{2.67}$$

Mit x=l=2 folgt aus (2.64) die halbrelative Polempfindlichkeit gegenüber der Induktivität l:

$$S_l^{s_{\infty 1}} = - \frac{3s_{\infty 1}^2 + s_{\infty 1}}{6s_{\infty 1} + 1} \quad . \tag{2.68}$$

Mit $s_{\infty 1} = -1/6 + j\,35/6$ (siehe Beispiel 2.3) ergibt sich daraus

$$S_l^{s_{\infty 1}} = -3j/\sqrt{35} \quad . \tag{2.69}$$

Dieser Wert stimmt erwartungsgemäß mit dem durch Partialbruchentwicklung der Übertragungsempfindlichkeit ermittelten Ergebnis in (2.51) überein.

Ist X nicht ein Bauelementeparameter, sondern ein Koeffizient, beispielsweise ein Koeffizient a_i des Zählerpolynoms, so gilt folgende spezielle Zählerzerlegung:

$$N(s) = N_1(s) + a_i s^i \quad . \tag{2.70}$$

Mit $X = a_i$ und $N_2(s) = s^i$ folgt aus (2.64) die halbrelative Nullstellenempfindlichkeit gegenüber den Zählerkoeffizienten a_i:

$$S_{a_i}^{s_{0\mu}} = - \frac{a_i s_{0\mu}^i}{N'(s_{0\mu})} \quad . \tag{2.71}$$

Beispiel 2.6

Die Spannungsübertragungsfunktion H(s) in (2.32) hat die Nennerkoeffizienten $b_2=6$, $b_1=2$ und $b_0=6$. Mit (2.71) ergeben sich folgende Polempfindlichkeiten:

$$S_{b_2}^{s_{\infty 1}} = - \frac{6s_{\infty 1}^2}{12s_{\infty 1} + 2} \quad , \quad S_{b_1}^{s_{\infty 1}} = - \frac{2s_{\infty 1}}{12s_{\infty 1} + 2} \quad , \quad S_{b_0}^{s_{\infty 1}} = - \frac{6}{12s_{\infty 1} + 2} \quad . \tag{2.72}$$

Damit und mit den in Beispiel 2.4 ermittelten Koeffizientenempfindlichkeiten lassen sich die Polempfindlichkeiten gegenüber den Bauelementen ausdrücken. Die Zählerkoeffizienten dienen dabei als mittelbare Funktionen zwischen den Nullstellen und den Bauelementeparametern. Für die Polempfindlichkeit gegenüber der Induktivität l erhält man mit Hilfe von (2.17)

$$S_l^{s_{\infty 1}} = S_{b_2}^{s_{\infty 1}} \hat{S}_l^{b_2} + S_{b_1}^{s_{\infty 1}} \hat{S}_l^{b_1} + S_{b_0}^{s_{\infty 1}} \hat{S}_l^{b_0}$$

$$= -\frac{6s_{\infty 1}^2 + 2s_{\infty 1}}{12s_{\infty 1} + 2} = -3j/\sqrt{35} \quad ,$$

$$(2.73)$$

was erwartungsgemäß mit dem Ergebnis in Beispiel 2.5 übereinstimmt.

Bei der Herleitung der Wurzelempfindlichkeit in (2.61) werden einfache Wurzeln vorausgesetzt. Im Falle von r-fachen Wurzeln mit r > 1 hat die Wurzeländerung nach (2.59) mehrere verschiedene Werte. Eine r-fache Wurzel zerfällt in r einfache Wurzeln, die in gleichen Winkelabständen auf einem Kreis mit dem Radius $|ds_{0\mu}|$ um die ursprüngliche r-fache Wurzel herum liegen, siehe Bild 2.2. Dividiert man

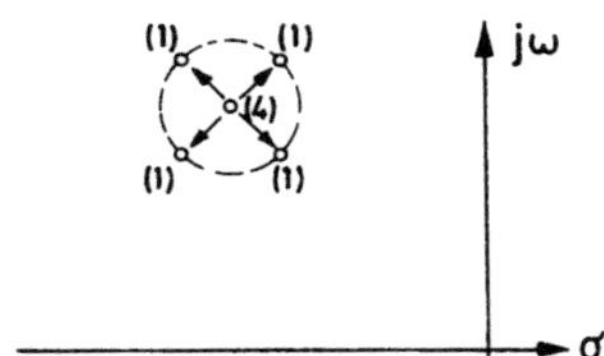

Bild 2.2. Beispiel für eine vierfache Wurzel, die bei einer Parameteränderung dX in vier einfache Wurzeln zerfällt

beide Seiten von (2.59) durch dX, so wächst der Differentialquotient $ds_{0\mu}/dX$ für r > 1 mit dX → 0 über alle Grenzen. Die Empfindlichkeiten von mehrfachen Wurzeln sind daher stets unendlich groß. Die übrigen Empfindlichkeiten wie Übertragungsempfindlichkeiten, Dämpfungsempfindlichkeiten etc. bleiben im Falle von mehrfachen Wurzeln in der Regel jedoch endlich groß.

2.3.3 Betrags- und Güteempfindlichkeiten

Häufig rechnet man nicht mit den Polen und Nullstellen selbst, sondern mit ihren Komponenten, so zum Beispiel mit ihren Beträgen und Gütefaktoren. Die zugehörigen Empfindlichkeiten lassen sich direkt aus den Pol- und Nullstellenempfindlichkeiten ableiten. Aus dem Nullstellenbetrag $|s_0|$ nach (1.52a)

$$|s_0| = (\sigma_0^2 + \omega_0^2)^{1/2}$$

folgt mit (2.14 - 15) und (2.19)

$$\hat{S}_X^{|s_0|} = \frac{1}{2}\left[\frac{2\sigma_0^2}{|s_0|^2}\,\hat{S}_X^{\sigma_0} + \frac{2\omega_0^2}{|s_0|^2}\,\hat{S}_X^{\omega_0}\right] = (\sigma_0\,S_X^{\sigma_0} + \omega_0\,S_X^{\omega_0})/|s_0|^2 \quad . \qquad (2.74)$$

Da $S_X^{\sigma_0}$ der Realteil und $\hat{S}_X^{\omega_0}$ der Imaginärteil der halbrelativen Nullstellenempfindlichkeit ist, läßt sich (2.74) wie folgt schreiben:

$$\hat{S}_X^{|s_0|} = (\sigma_0\,\text{Re}\{S_X^{s_0}\} + \omega_0\,\text{Im}\{S_X^{s_0}\})/|s_0|^2 \quad . \qquad (2.75)$$

Aus der Nullstellengüte Q_0 nach (1.53a)

$$Q_0 = \frac{|s_0|}{-2\sigma_0}$$

errechnet sich die vollrelative Güteempfindlichkeit mit (2.14) und (2.22) zu

$$\begin{aligned}
\hat{S}_X^{Q_0} &= \hat{S}_X^{|s_0|} - \hat{S}_X^{\sigma_0} \quad , \\
\hat{S}_X^{Q_0} &= \hat{S}_X^{|s_0|} - \text{Re}\{S_X^{s_0}\}/\sigma_0 \quad .
\end{aligned} \qquad (2.76)$$

Beispiel 2.7

Die Polparameter in Beispiel 2.3 lauten

$$\sigma_\infty = -1/6 \quad , \quad \omega_{\infty 1} = \sqrt{35}/6 \quad , \quad |s_\infty| = 1 \quad , \quad Q_\infty = 3 \quad .$$

In Beispiel 2.5 wurde die halbrelative Polempfindlichkeit zu

$$S_l^{s_{\infty 1}} = -3j/\sqrt{35}$$

ermittelt. Mit diesen Ergebnissen erhält man aus (2.75) die vollrelative Empfindlichkeit des Polbetrages gegenüber der Induktivität l

$$\hat{S}_l^{|s_\infty|} = [-\tfrac{1}{6}\cdot 0 - \sqrt{35}/6 \cdot 3/\sqrt{35}]/1 = -1/2 \qquad (2.77)$$

und aus (2.76) die vollrelative Empfindlichkeit der Polgüte

$$\hat{S}_l^{Q_\infty} = \hat{S}_l^{|s_\infty|} - 0 = -1/2 \quad . \qquad (2.78)$$

Liegt die Netzwerkfunktion als Produkt von Funktionen zweiter Ordnung vor, so lassen sich die Betrags- und Güteempfindlichkeiten besser direkt über die Koeffizientenempfindlichkeiten ermitteln. Ausgehend von einem Polynom

44

$$N(s) = a_2 s^2 + a_1 s + a_0$$

lauten der Nullstellenbetrag

$$|s_0| = \sqrt{a_0/a_2} \tag{2.79}$$

und die Nullstellengüte

$$Q_0 = \frac{\sqrt{a_0 a_2}}{a_1} \quad , \tag{2.80}$$

siehe (1.46), (1.52b) und (1.53c). Aus (2.79) folgt mit (2.14 - 15)

$$\hat{S}_{a_0}^{|s_0|} = \frac{1}{2} \quad , \quad \hat{S}_{a_1}^{|s_0|} = 0 \quad , \quad \hat{S}_{a_2}^{|s_0|} = -\frac{1}{2} \quad , \tag{2.81}$$

und aus (2.80)

$$\hat{S}_{a_0}^{Q_0} = \frac{1}{2} \quad , \quad \hat{S}_{a_1}^{Q_0} = -1 \quad , \quad \hat{S}_{a_2}^{Q_0} = \frac{1}{2} \quad . \tag{2.82}$$

Beispiel 2.8

Mit Hilfe der in Beispiel 2.4 errechneten Koeffizientenempfindlichkeiten erhält
man gemäß (2.17) für die Empfindlichkeit des Polbetrages $|s_\infty|$ gegenüber der In-
duktivität l

$$\hat{S}_{l}^{|s_\infty|} = \sum_{j=0}^{2} \hat{S}_{b_j}^{|s_\infty|} \cdot \hat{S}_{l}^{b_j} = 1/2 \cdot 0 + 0 \cdot 1 - 1/2 \cdot 1 = -1/2 \tag{2.83a}$$

und für die Empfindlichkeit der Polgüte Q_∞ gegenüber der Induktivität l

$$\hat{S}_{l}^{Q_\infty} = \sum_{j=0}^{2} \hat{S}_{b_j}^{Q_\infty} \cdot \hat{S}_{l}^{b_j} = 1/2 \cdot 0 - 1 \cdot 1 + 1/2 \cdot 1 = -1/2 \quad . \tag{2.83b}$$

Ferner erhält man aus den Koeffizientenempfindlichkeiten gegenüber dem Widerstand
r und der Kapazität c die folgenden Betrags- und Güteempfindlichkeiten:

$$\hat{S}_{r}^{|s_\infty|} = 0 \quad , \quad \hat{S}_{r}^{Q_\infty} = 1 \quad , \tag{2.84}$$

$$\hat{S}_{c}^{|s_\infty|} = -1/2 \quad , \quad \hat{S}_{c}^{Q_\infty} = 1/2 \quad . \tag{2.85}$$

In Tabelle 2.3 sind noch einmal die wichtigsten Parameterempfindlichkeiten zusammengestellt.

<u>Tabelle 2.3.</u> Parameterempfindlichkeiten

Vollrelative Empfindlichkeit von Koeffizienten a_i gegenüber Bauelementen X:

$$\hat{S}_X^{a_i} = X\,a_i''/a_i \quad , \qquad a_i = a_i' + X\,a_i'' \tag{2.53}$$

Halbrelative Empfindlichkeit von Wurzeln $s_{0\mu}$ gegenüber Bauelementen X:

$$S_X^{s_{0\mu}} = -\left.\frac{X\,N_2(s)\cdot(s-s_0)}{N(s)}\right|_{s=s_{0\mu}} \quad , \quad N(s) = N_1(s) + X\,N_2(s) \tag{2.61}$$

$$S_X^{s_{0\mu}} = -\left.\frac{X\,N_2(s)}{N'(s)}\right|_{s=s_{0\mu}} \quad , \qquad N'(s) = \partial N(s)/\partial s \tag{2.64}$$

Halbrelative Empfindlichkeiten von Wurzeln $s_{0\mu}$ gegenüber Koeffizienten a_i:

$$S_{a_i}^{s_{0\mu}} = -\left.\frac{a_i s^i}{N'(s)}\right|_{s=s_{0\mu}} \quad , \qquad N'(s) = \partial N(s)/\partial s \tag{2.71}$$

Vollrelative Empfindlichkeiten von Wurzelbetrag $|s_0|$ und Wurzelgüte Q_0 aus halbrelativen Wurzelempfindlichkeiten:

$$\hat{S}_X^{|s_0|} = (\sigma_0\,\mathrm{Re}\{S_X^{s_0}\} + \omega_0\,\mathrm{Im}\{S_X^{s_0}\})/|s_0|^2 \tag{2.74}$$

$$\hat{S}_X^{Q_0} = S_X^{|s_0|} - \mathrm{Re}\{S_X^{s_0}\}/\sigma_0 \tag{2.76}$$

Vollrelative Betrags- und Güteempfindlichkeiten gegenüber den Koeffizienten von Polynomen zweiten Grades:

$$\hat{S}_{a_0}^{|s_0|} = \frac{1}{2} \quad , \quad \hat{S}_{a_1}^{|s_0|} = 0 \quad , \quad \hat{S}_{a_2}^{|s_0|} = -\frac{1}{2} \tag{2.81}$$

$$\hat{S}_{a_0}^{Q_0} = \frac{1}{2} \quad , \quad \hat{S}_{a_1}^{Q_0} = -1 \quad , \quad \hat{S}_{a_2}^{Q_0} = \frac{1}{2} \tag{2.82}$$

46

2.4 Dämpfungs- und Phasenempfindlichkeiten

Die Dämpfungs- und Phasenempfindlichkeiten lassen sich aus der Übertragungsempfindlichkeit

$$\hat{S}_X^{H}(j\omega) = \frac{\partial \ln H(j\omega)}{\partial \ln X} \tag{2.86}$$

ableiten. Mit

$$\ln H(j\omega) = \ln|H(j\omega)| + j \ \text{arc} \ H(j\omega) = -a(\omega) - j \ b(\omega)$$

folgt aus (2.86)

$$\hat{S}_X^{H}(j\omega) = -S_X^{a(\omega)} - j \ S_X^{b(\omega)} \quad . \tag{2.87}$$

Die halbrelative Dämpfungsempfindlichkeit $S_X^{a(\omega)}$ ist der negative Realteil und die halbrelative Phasenempfindlichkeit $S_X^{b(\omega)}$ ist der negative Imaginärteil der vollrelativen Übertragungsempfindlichkeit. Mit (2.87) werden Dämpfungsänderungen in Neper ermittelt:

$$\frac{\Delta a(\omega)}{\text{Np}} \approx S_X^{a(\omega)} \cdot \frac{\Delta X}{X} \quad . \tag{2.88a}$$

Soll die Dämpfungsänderung in dB angegeben werden, so ist die Dämpfungsempfindlichkeit aus (2.87) mit dem Faktor 20 lg e $\approx$ 8,686 zu multiplizieren:

$$\frac{\Delta a(\omega)}{\text{dB}} \approx 20 \ \text{lg e} \cdot S_X^{a(\omega)} \frac{\Delta X}{X} \quad . \tag{2.88b}$$

Entsprechend werden mit der Phasenempfindlichkeit in (2.87) Phasenänderungen in Radiant ermittelt. Soll die Phasenänderung in Grad angegeben werden, so ist noch mit dem Faktor $180^{\circ}/\pi \approx 57,30^{\circ}$ zu multiplizieren:

$$\Delta b(\omega) \approx \frac{180^{\circ}}{\pi} \cdot S_X^{b(\omega)} \cdot \frac{\Delta X}{X} \quad . \tag{2.89}$$

Liegt die Netzwerkfunktion $H(j\omega)$ als Produkt von Teilfunktionen zweiter Ordnung $H_{\nu}(j\omega)$ vor,

$$H(j\omega) = \prod_{\nu=1}^{p} H_{\nu}(j\omega) \quad , \tag{2.90}$$

so läßt sich die Gesamtdämpfungs- und Phasenempfindlichkeit als Summe der Dämpfungs- und Phasenempfindlichkeiten aller Teilfunktionen schreiben. Durch Logarithmieren beider Gleichungsseiten von (2.90) ergibt sich

$$\ln H(j\omega) = \sum_{\nu=1}^{p} \ln|H_{\nu}(j\omega)| + j \sum_{\nu=1}^{p} \text{arc} \ H_{\nu}(j\omega) \quad , \tag{2.91}$$

woraus unmittelbar

$$S_X^{a(\omega)} = \sum_{\nu=1}^{p} S_X^{a_\nu(\omega)} \tag{2.92}$$

und

$$S_X^{b(\omega)} = \sum_{\nu=1}^{p} S_X^{b_\nu(\omega)} \tag{2.93}$$

folgt. Darin sind $a_\nu(\omega)$ die Dämpfung und $b_\nu(\omega)$ die Phase der ν-ten Teilfunktion.

Die Dämpfungs- und Phasenempfindlichkeiten der Teilfunktionen lassen sich wiederum mittelbar über die Empfindlichkeiten der Funktionsparameter berechnen. Das wird im folgenden zunächst für die Tiefpaßfunktion 2. Ordnung hergeleitet.

Die Tiefpaßfunktion $H_{TP}(s)$ in (1.57a) wird durch die drei Parameter H_0, $|s_\infty|=s_n$ und $Q_\infty=1/d_\infty$ beschrieben. Die Dämpfungs- und Phasenempfindlichkeit wird in zwei Schritten ausgerechnet: Im ersten Schritt werden die Empfindlichkeiten gegenüber den Funktionsparametern H_0, $|s_\infty|$ und Q_∞ berechnet. Diese Empfindlichkeiten haben für alle Tiefpaßfunktionen die gleiche Form und brauchen daher nur einmal berechnet zu werden, siehe Tabelle 2.4. Im zweiten Schritt werden die Empfindlichkeiten der Funktionsparameter (z.B. über die Koeffizientenempfindlichkeiten) gegenüber den Bauelementen berechnet. Sie hängen von der Topologie und von der Dimensionierung des Tiefpaßnetzwerkes ab. Insgesamt ergibt sich mit (2.17)

$$S_X^{a(\omega)} = S_{H_0}^{a(\omega)} \hat{S}_X^{H_0} + S_{|s_\infty|}^{a(\omega)} \hat{S}_X^{|s_\infty|} + S_{Q_\infty}^{a(\omega)} \hat{S}_X^{Q_\infty} \tag{2.94}$$

und

$$S_X^{b(\omega)} = S_{H_0}^{b(\omega)} \hat{S}_X^{H_0} + S_{|s_\infty|}^{b(\omega)} \hat{S}_X^{|s_\infty|} + S_{Q_\infty}^{b(\omega)} \hat{S}_X^{Q_\infty} \ . \tag{2.95}$$

Da H_0 ein reeller Proportionalitätsfaktor der Tiefpaßfunktion ist, dessen Vorzeichen sich bei kleinen Änderungen der Bauelementeparameter nicht ändern soll, gilt mit (2.87) stets:

$$S_{H_0}^{a(\omega)} = -1 \ , \qquad S_{H_0}^{b(\omega)} = 0 \ . \tag{2.96}$$

Da der Frequenzparameter $|s_\infty|$ sowohl in linearer als auch in quadratischer Abhängigkeit vorkommt, läßt sich die Übertragungsempfindlichkeit gegenüber $|s_\infty|$ nicht aus einer bilinearen Zerlegung errechnen. Die Tiefpaßfunktion

$$H_{TP}(s,|s_\infty|) = \frac{N_{TP}(s)}{D(s)} = \frac{H_0|s_\infty|^2}{s^2 + |s_\infty|d_\infty s + |s_\infty|^2} \tag{2.97}$$

wird daher direkt nach $|s_\infty|$ differenziert:

$$\frac{\partial\, H_{TP}}{\partial |s_\infty|} = \frac{H_0 |s_\infty| (2s^2 + |s_\infty| d_\infty s)}{[D(s)]^2} \quad .$$

Daraus folgt per Definition

$$\hat{S}^{H_{TP}}_{|s_\infty|} = \frac{2s^2 + |s_\infty| d_\infty s}{s^2 + |s_\infty| d_\infty s + |s_\infty|^2} \quad . \tag{2.98}$$

Setzt man in (2.98) $s=j\omega$, so erhält man nach einer Realteil- und Imaginärteilzerlegung gemäß (2.87)

$$S^{a_{TP}(\omega)}_{|s_\infty|} = -\frac{2\omega^4 + \omega^2 |s_\infty|^2 (d_\infty^2 - 2)}{\omega^4 + \omega^2 |s_\infty|^2 (d_\infty^2 - 2) + |s_\infty|^4} \tag{2.99}$$

und

$$S^{b_{TP}(\omega)}_{|s_\infty|} = -\frac{\omega^3 |s_\infty| d_\infty + \omega |s_\infty|^3 d_\infty}{\omega^4 + \omega^2 |s_\infty|^2 (d_\infty^2 - 2) + |s_\infty|^4} \quad . \tag{2.100}$$

Die Dämpfungs- und Phasenempfindlichkeiten gegenüber dem Gütefaktor $Q_\infty = 1/d_\infty$ können mit Hilfe einer bilinearen Zerlegung der Tiefpaßfunktion in Q_∞ errechnet werden. Die Ergebnisse sind in Tabelle 2.4 zusammengefaßt.

Beispiel 2.9

Aus Beispiel 2.3 geht hervor, daß die Konstante H_0 wegen $K = H_0 \cdot |s_{\infty 1,2}|^2 = |s_{\infty 1,2}|^2$ unabhängig von allen Bauelementeparametern den Wert 1 hat. Daher gilt

$$\hat{S}^{H_0}_x \equiv 0 \quad , \qquad x = l,c,r \quad . \tag{2.101}$$

Mit den Empfindlichkeiten von Polbetrag und Polgüte in (2.83) ergibt sich aus (2.94) für die Dämpfungsempfindlichkeit gegenüber der Induktivität l

$$S^{a_{TP}(\omega)}_l = -\frac{1}{2} S^{a_{TP}(\omega)}_{|s_\infty|} - \frac{1}{2} S^{a_{TP}(\omega)}_{Q_\infty} = \frac{\omega^4 + \omega^2 |s_\infty|^2 (d_\infty^2 - 1)}{\omega^4 + \omega^2 |s_\infty|^2 (d_\infty^2 - 2) + |s_\infty|^4} \quad . \tag{2.102}$$

Als Phasenempfindlichkeit gegenüber der Induktivität l ergibt sich

$$S^{b_{TP}(\omega)}_l = -\frac{1}{2} S^{b_{TP}(\omega)}_{|s_\infty|} - \frac{1}{2} S^{b_{TP}(\omega)}_{Q_\infty} = \frac{\omega |s_\infty|^3 d_\infty}{\omega^4 + \omega^2 |s_\infty|^2 (d_\infty^2 - 2) + |s_\infty|^4} \quad . \tag{2.103}$$

Setzt man die Parameterwerte $|s_\infty|=1$ und $d_\infty=1/3$ ein, und nimmt man beispielsweise eine Induktivitätsvergrößerung von $\Delta l/l = 1\%$ an, so lassen sich die daraus ergebenden

Dämpfungs- und Phasenänderungen mit (2.88b) und (2.89) wie folgt abschätzen:

$$\Delta a_{TP}(\omega) = 8{,}636 \text{ dB} \cdot \frac{\omega^4 - \omega^2 8/9}{\omega^4 - \omega^2 17/9 + 1} \cdot 1\% \quad ,$$

$$\Delta b_{TP}(\omega) = 57{,}30^\circ \cdot \frac{\omega/3}{\omega^4 - \omega^2 17/9 + 1} \cdot 1\% \quad .$$

(2.104)

Diese Ergebnisse sind in Bild 2.3 in je einem Diagramm aufgetragen.

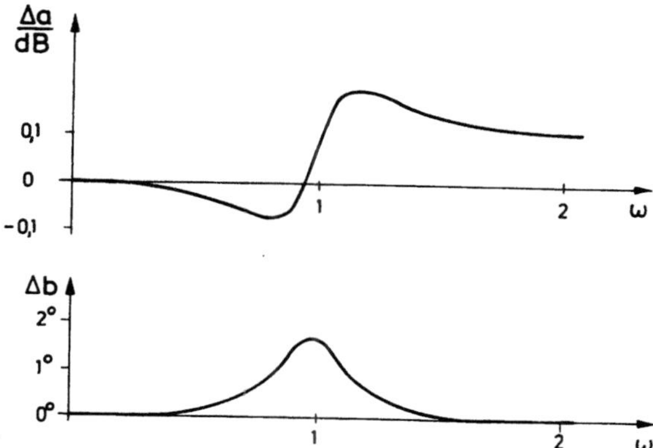

Bild 2.3. Dämpfungs- und Phasenänderung der Tiefpaßschaltung in Bild 2.1 aufgrund einer Vergrößerung der Induktivität l um 1%

Bei der beschriebenen Empfindlichkeitsberechnung über mittelbare Funktionsparameter muß die folgende wichtige Voraussetzung erfüllt sein: Taucht ein Funktionsparameter an mehreren Stellen in der Netzwerkfunktion auf, so muß er an jeder der Stellen exakt die gleiche Funktion der Bauelementeparameter darstellen. Anderslautende Ausdrücke, die lediglich den gleichen Zahlenwert haben und aus diesem Grunde mit dem gleichen Symbol bezeichnet werden, müssen als getrennte Parameter behandelt werden. In der Tiefpaßfunktion in (2.97) taucht beispielsweise der Parameter $|s_\infty|$ an drei verschiedenen Stellen auf. Gl.(2.99 - 100) sind nur dann anwendbar, wenn eine vorgelegte Tiefpaßfunktion in symbolischer Schreibweise auf die Form von (2.97) gebracht werden kann. In der Tiefpaßfunktion von Beispiel 2.1 ist das möglich, und somit ist die Rechnung von Beispiel 2.9 gerechtfertigt: Der Parameter $|s_\infty|$ steht an allen drei Stellen als Abkürzung für den Ausdruck $(1/lc)^{1/2}$.

Die Dämpfungs- und Phasenempfindlichkeiten der Bandpaß- und Hochpaßfunktion lassen sich in völlig analoger Weise berechnen. Für die Bandpaßfunktion aus (1.59a)

$$H_{BP}(s) = \frac{H_0 |s_\infty| s}{s^2 + d_\infty |s_\infty| s + |s_\infty|^2}$$

(2.105)

und für die Hochpaßfunktion aus (1.63a)

$$H_{HP}(s) = \frac{H_0 s^2}{s^2 + d_\infty |s_\infty| s + |s_\infty|^2} \qquad (2.106)$$

sind die Dämpfungs- und Phasenempfindlichkeiten ebenfalls in Tabelle 2.4 aufgeführt.

Tabelle 2.4. Dämpfungs- und Phasenempfindlichkeiten der Tiefpaßfunktion (Index TP), der Bandpaßfunktion (Index BP) und der Hochpaßfunktion (Index HP) zweiter Ordnung gegenüber den Funktionsparametern H_0, $|s_\infty|$ und Q_∞

y	$S_y^{a_{TP}(\omega)}$	$S_y^{b_{TP}(\omega)}$
$y = H_0$	-1	0
$y = |s_\infty|$	$-\dfrac{2\omega^4 + \omega^2 |s_\infty|^2 (d_\infty^2 - 2)}{\omega^4 + \omega^2 |s_\infty|^2 (d_\infty^2 - 2) + |s_\infty|^4}$	$-\dfrac{\omega^3 |s_\infty| d_\infty + \omega |s_\infty|^3 d_\infty}{\omega^4 + \omega^2 |s_\infty|^2 (d_\infty^2 - 2) + |s_\infty|^4}$
$y = Q_\infty$ $= \dfrac{1}{d_\infty}$	$-\dfrac{\omega^2 d_\infty^2 |s_\infty|^2}{\omega^4 + \omega^2 |s_\infty|^2 (d_\infty^2 - 2) + |s_\infty|^4}$	$\dfrac{\omega^3 |s_\infty| d_\infty - \omega |s_\infty|^3 d_\infty}{\omega^4 + \omega^2 |s_\infty|^2 (d_\infty^2 - 2) + |s_\infty|^4}$

y	$S_y^{a_{BP}(\omega)}$	$S_y^{b_{BP}(\omega)}$
$y = H_0$	-1	0
$y = |s_\infty|$	$\dfrac{|s_\infty|^4 - \omega^4}{\omega^4 + \omega^2 |s_\infty|^2 (d_\infty^2 - 2) + |s_\infty|^4}$	$-\dfrac{\omega^3 |s_\infty| d_\infty + \omega |s_\infty|^3 d_\infty}{\omega^4 + \omega^2 |s_\infty|^2 (d_\infty^2 - 2) + |s_\infty|^4}$
$y = Q_\infty$ $= \dfrac{1}{d_\infty}$	$-\dfrac{\omega^2 d_\infty^2 |s_\infty|^2}{\omega^4 + \omega^2 |s_\infty|^2 (d_\infty^2 - 2) + |s_\infty|^4}$	$\dfrac{\omega^3 |s_\infty| d_\infty - \omega |s_\infty|^3 d_\infty}{\omega^4 + \omega^2 |s_\infty|^2 (d_\infty^2 - 2) + |s_\infty|^4}$

y	$S_y^{a_{HP}(\omega)}$	$S_y^{b_{HP}(\omega)}$
$y = H_0$	-1	0
$y = |s_\infty|$	$\dfrac{\omega^2 |s_\infty|^2 (d_\infty^2 - 2) + 2|s_\infty|^4}{\omega^4 + \omega^2 |s_\infty|^2 (d_\infty^2 - 2) + |s_\infty|^4}$	$-\dfrac{\omega^3 |s_\infty| d_\infty + \omega |s_\infty|^3 d_\infty}{\omega^4 + \omega^2 |s_\infty|^2 (d_\infty^2 - 2) + |s_\infty|^4}$
$y = Q_\infty$ $= \dfrac{1}{d_\infty}$	$-\dfrac{\omega^2 d_\infty^2 |s_\infty|^2}{\omega^4 + \omega^2 |s_\infty|^2 (d_\infty^2 - 2) + |s_\infty|^4}$	$\dfrac{\omega^3 |s_\infty| d_\infty - \omega |s_\infty|^3 d_\infty}{\omega^4 + \omega^2 |s_\infty|^2 (d_\infty^2 - 2) + |s_\infty|^4}$

2.5 Multiparameterempfindlichkeiten

In den vorangegangenen Abschnitten wurden die Empfindlichkeiten jeweils gegenüber einem einzigen Bauelement X_i betrachtet. Im allgemeinen tragen jedoch alle Bauelemente zu dem Fehler der Übertragungseigenschaften bei. Der Gesamtfehler berechnet sich unter der Voraussetzung von (2.3) aus der linearen Überlagerung aller Einzelfehler. Wird die Anzahl der Bauelemente mit n_x bezeichnet, so ergibt sich der Gesamtfehler der Netzwerkfunktion zu

$$\frac{\Delta H(s)}{H(s)} \approx \sum_{i=1}^{n_x} \hat{S}_{X_i}^{H(s)} \cdot \frac{\Delta X_i}{X_i} \;. \tag{2.107}$$

Die einzelnen Fehlerbeträge können so gerichtet sein, daß sie sich teilweise oder völlig gegenseitig kompensieren. Von besonderem Interesse ist der Sonderfall, daß sich die Fehler aufgrund von Bauelementeänderungen allein durch Änderungen des Normierungswiderstandes oder der Normierungsfrequenz beschreiben lassen. In diesem Falle bleibt die Netzwerkfunktion im wesentlichen unverändert. Aus beiden Sonderfällen, Änderung des Normierungswiderstandes und Änderung der Normierungsfrequenz, lassen sich zwei wichtige Beziehungen für die Empfindlichkeiten eines Netzwerkes ableiten.

Der erste Fall beruht auf der Tatsache, daß eine Netzwerkfunktion eine *homogene Funktion* aller Bauelementeimpedanzen ist. Werden alle Bauelementeimpedanzen mit einem skalaren Faktor α multipliziert, so ändert sich die Netzwerkfunktion lediglich um einen Vorfaktor α^k

$$H(\alpha L_i, \; \alpha R_i, \; \alpha/C_i) = \alpha^k H(L_i, \; R_i, \; 1/C_i) \tag{2.108a}$$

mit

$$k = \begin{cases} 1 & \text{wenn } H(s) \text{ eine (Trans)impedanz ist,} \\ 0 & \text{wenn } H(s) \text{ eine Spannungs- oder} \\ & \text{Stromübertragungsfunktion ist,} \\ -1 & \text{wenn } H(s) \text{ eine (Trans)admittanz ist.} \end{cases} \tag{2.108b}$$

Diese Eigenschaft wird auch bei der Widerstandsnormierung ausgenutzt. In (2.108) wird angenommen, daß das Netzwerk aus Widerständen R_i, Induktivitäten L_i und Kapazitäten C_i besteht. Später wird durch Hinzunahme von sogenannten Nullatoren und Noratoren gezeigt, daß alle hier hergeleiteten Beziehungen auch für aktive Netzwerke gelten.

52

Differenziert man beide Seiten von (2.108a) nach α

$$\sum_{i=1}^{n_l} \frac{\partial H}{\partial \alpha L_i} \frac{\partial \alpha L_i}{\partial \alpha} + \sum_{i=1}^{n_r} \frac{\partial H}{\partial \alpha R_i} \frac{\partial \alpha R_i}{\partial \alpha} + \sum_{i=1}^{n_c} \frac{\partial H}{\partial \alpha/C_i} \frac{\partial \alpha/C_i}{\partial \alpha} = k\alpha^{k-1}H \quad , \tag{2.109}$$

und setzt man $\alpha=1$, so erhält man

$$\sum_{i=1}^{n_l} \frac{\partial H}{\partial L_i} L_i + \sum_{i=1}^{n_r} \frac{\partial H}{\partial R_i} R_i + \sum_{i=1}^{n_c} \frac{\partial H}{\partial 1/C_i} \frac{1}{C_i} = kH \quad , \tag{2.110}$$

wobei n_l die Anzahl der Induktivitäten, n_r die Anzahl der Widerstände und n_c die Anzahl der Kapazitäten ist. Gl.(2.110) ist als *Eulerscher Satz* bekannt [2.2]. Dividiert man beide Seiten von (2.110) durch H, so erhält man die folgende wichtige Beziehung für die Übertragungsempfindlichkeiten

$$\sum_{i=1}^{n_l} \hat{S}_{L_i}^{H(s)} + \sum_{i=1}^{n_r} \hat{S}_{R_i}^{H(s)} - \sum_{i=1}^{n_c} \hat{S}_{C_i}^{H(s)} = k \quad . \tag{2.111}$$

Werden die Impedanzen aller Bauelemente um den gleichen Faktor $\alpha \approx 1$ verändert

$$\frac{\Delta L_i}{L_i} = \frac{\Delta R_i}{R_i} = -\frac{\Delta C_i}{C_i} = \frac{\Delta X_i}{X_i} = \alpha - 1 \quad , \tag{2.112}$$

so ergibt sich mit (2.107) und (2.111) daraus eine Änderung der Netzwerkfunktion von

$$\frac{\Delta H(s)}{H(s)} = \frac{\Delta X_i}{X_i} \cdot k \quad . \tag{2.113}$$

Gl.(2.112) beschreibt eine Änderung des Normierungswiderstandes um den Faktor α. Sie wirkt sich auf die Netzwerkfunktion lediglich im Falle einer Impedanz- oder Admittanzfunktion durch die Widerstandsnormierung der Netzwerkfunktion selbst aus.

Werden alle Induktivitäten und Kapazitäten des Netzwerkes mit dem gleichen Faktor α multipliziert, so läßt sich das als Multiplikation der Frequenzvariablen s mit dem Faktor α schreiben

$$H(\alpha L_i, \alpha C_i, s) = H(L_i, C_i, \alpha s) \quad . \tag{2.114}$$

Differenziert man wieder beide Seiten nach α

$$\sum_{i=1}^{n_l} \frac{\partial H}{\partial \alpha L_i} \frac{\partial \alpha L_i}{\partial \alpha} + \sum_{i=1}^{n_c} \frac{\partial H}{\partial \alpha C_i} \frac{\partial \alpha C_i}{\partial \alpha} = \frac{\partial H}{\partial \alpha s} \frac{\partial \alpha s}{\partial \alpha} \quad , \tag{2.115}$$

und setzt man $\alpha=1$

$$\sum_{i=1}^{n_1} \frac{\partial H}{\partial L_i} L_i + \sum_{i=1}^{n_C} \frac{\partial H}{\partial C_i} C_i = \frac{\partial H}{\partial s/s} \quad , \tag{2.116}$$

so folgt daraus durch Division beider Seiten mit $H(s)$ die zweite wichtige Beziehung für die Empfindlichkeiten

$$\sum_{i=1}^{n_1} \hat{S}_{L_i}^{H(s)} + \sum_{i=1}^{n_C} \hat{S}_{C_i}^{H(s)} = \frac{d \ln H(s)}{d \ln s} \quad . \tag{2.117}$$

Durch Real- und Imaginärteilzerlegung auf beiden Seiten erhält man nach (2.87) Aussagen über die Dämpfungs- und Phasenempfindlichkeiten

$$\sum_{i=1}^{n_1} S_{L_i}^{a(\omega)} + \sum_{i=1}^{n_C} S_{C_i}^{a(\omega)} = \frac{d\,a(\omega)}{d \ln \omega} = \omega \frac{d\,a(\omega)}{d\omega} \quad , \tag{2.118}$$

$$\sum_{i=1}^{n_1} S_{L_i}^{b(\omega)} + \sum_{i=1}^{n_C} S_{C_i}^{b(\omega)} = \frac{d\,b(\omega)}{d \ln \omega} = \omega\,\tau_{gr} \quad . \tag{2.119}$$

Die Summe der Dämpfungsempfindlichkeiten gegenüber den frequenzabhängigen Bauelementen ist dort am größten, wo sich die Dämpfung über der logarithmisch aufgetragenen Frequenz am stärksten ändert. Das liegt bei Filternetzwerken in der Nähe der Grenzfrequenz im Übergang vom Durchlaßbereich in den Sperrbereich. Entsprechend ist die Summe der Phasenempfindlichkeiten dort am größten, wo die Gruppenlaufzeit τ_{gr} am größten ist, bei Filternetzwerken ebenfalls in der Nähe der Grenzfrequenz.

Beispiel 2.10

Die RCL-Tiefpaßschaltung in Bild 2.1 besitzt die folgende Dämpfungsfunktion:

$$a(\omega) = \frac{1}{2} \ln (\omega^4 - \omega^2 17/9 + 1) \quad . \tag{2.120}$$

Die Dämpfungsempfindlichkeit gegenüber der Induktivität l wurde in Beispiel 2.9 zu

$$S_l^{a(\omega)} = \frac{\omega^4 + \omega^2 |s_\infty|^2 (d_\infty^2 - 1)}{\omega^4 + \omega^2 |s_\infty|^2 (d_\infty^2 - 2) + |s_\infty|^4} = \frac{\omega^4 - \omega^2 8/9}{\omega^4 - \omega^2 17/9 + 1} \tag{2.121}$$

54

errechnet. Da das Netzwerk außer der Induktivität l als frequenzabhängige Bauelemente nur noch die Kapazität c besitzt, folgt aus (2.118)

$$S_c^{a(\omega)} = \frac{d\ a(\omega)}{d\omega} - S_l^{a(\omega)} \quad . \tag{2.122}$$

Die Ableitung der Dämpfungsfunktion in (2.120) nach ω ergibt

$$\frac{d\ a(\omega)}{d\omega} = \frac{2\omega^3 - \omega 17/9}{\omega^4 - \omega^2 17/9 + 1} \quad . \tag{2.123}$$

Durch Einsetzen von (2.121) und (2.123) in (2.122) erhält man die Dämpfungsempfindlichkeit gegenüber der Kapazität c:

$$S_c^{a(\omega)} = \frac{\omega^4 - \omega^2}{\omega^4 - \omega^2 17/9 + 1} \quad . \tag{2.124}$$

Das gleiche Ergebnis erhält man mit Hilfe von (2.94), Tabelle 2.4 und den in (2.85)
aufgeführten Parameterempfindlichkeiten gegenüber der Kapazität c.

Bei der Realisierung von integrierten RC-Netzwerken, etwa in Dünnfilmtechnik,
versucht man, die Temperatur-Koeffizienten der Widerstände und Kondensatoren so
aufeinander abzustimmen, daß sich die Fehler aufgrund von Temperaturänderung möglichst gut kompensieren. Die sich daraus ergebenden Konsequenzen lassen sich mit
den in (2.111) und (2.117) genannten Beziehungen abschätzen. Der Gesamtfehler der
Netzwerkfunktion ergibt sich zu

$$\frac{\Delta H(s)}{H(s)} \approx \sum_{i=1}^{n_r} \hat{S}_{R_i}^{H(s)} \cdot \frac{\Delta R_i}{R_i} + \sum_{i=1}^{n_c} \hat{S}_{C_i}^{H(s)} \frac{\Delta C_i}{C_i} \quad . \tag{2.125}$$

Die Fehler $\Delta R_i / R_i$ und $\Delta C_i / C_i$ können in dem genannten Zusammenhang als Erwartungs-
werte in einem spezifizierten Temperaturintervall aufgefaßt werden. Sorgt man
durch technologische Maßnahmen dafür, daß alle Widerstände und alle Kondensatoren
jeweils den gleichen Temperaturkoeffizienten haben, so läßt sich bei gegebener
Temperaturänderung (2.125) vereinfacht schreiben:

$$\frac{\Delta H(s)}{H(s)} \approx \frac{\Delta R}{R} \sum_{i=1}^{n_r} \hat{S}_{R_i}^{H(s)} + \frac{\Delta C}{C} \sum_{i=1}^{n_c} \hat{S}_{C_i}^{H(s)} \quad . \tag{2.126}$$

Für ein RC-Netzwerk lautet (2.117)

$$\sum_{i=1}^{n_c} \hat{S}_{C_i}^{H(s)} = \frac{d\ \ln H(s)}{d\ \ln s} \quad . \tag{2.127}$$

Gl.(2.127) in (2.111) eingesetzt ergibt für ein RC-Netzwerk

$$\sum_{i=1}^{n_r} \hat{S}_{R_i}^{H(s)} = \frac{d \ln H(s)}{d \ln s} + k \quad . \tag{2.128}$$

Aus (2.126-128) folgt

$$\frac{\Delta H(s)}{H(s)} \approx (\frac{\Delta R}{R} + \frac{\Delta C}{C}) \frac{d \ln H(s)}{d \ln s} + k \frac{\Delta R}{R} \quad . \tag{2.129}$$

Gl.(2.129) nach Real- und Imaginärteil getrennt betrachtet lautet

$$\Delta a(\omega) \approx - (\frac{\Delta R}{R} + \frac{\Delta C}{C}) \frac{d\ a(\omega)}{d\omega} \cdot \omega - k \frac{\Delta R}{R} \tag{2.130}$$

und

$$\Delta b(\omega) \approx - (\frac{\Delta R}{R} + \frac{\Delta C}{C}) \tau_{gr} \cdot \omega \quad . \tag{2.131}$$

Sieht man von dem Skalierungsfehler k·ΔR/R bei Impedanz- und Admittanzfunktionen ab, so lassen sich die Dämpfungs- und Phasenfehler in dem Maße klein halten, wie es gelingt, die im Mittel auftretenden relativen Widerstandsfehler gegen die der Kapazitäten zu kompensieren. Dazu müssen die Temperaturkoeffizienten der Widerstände dem Betrage nach gleich denen der Kapazitäten sein und umgekehrtes Vorzeichen aufweisen. Die Beziehungen in (2.130 - 131) zeigen ferner, daß Restfehler aufgrund unvollständiger Kompensation auch dort wieder am größten sind, wo die Dämpfungsänderung und die Gruppenlaufzeit am größten sind. Diese Fehler sind unabhängig von der Anzahl und Größe der Widerstände und Kondensatoren. Sie hängen allein vom Kompensationsgrad und von der nominellen Netzwerkfunktion ab.

Um verschiedene Netzwerke bezüglich ihrer Empfindlichkeiten vergleichen zu können oder um ein Netzwerk bezüglich seiner Empfindlichkeiten optimieren zu können, ist es nötig, die verschiedenen Einzelempfindlichkeiten zu einer einzigen Zahl, einem Empfindlichkeitsmaß, zusammenzufassen. Die einfache Addition aller Einzelempfindlichkeiten ist wegen der in (2.111) und (2.117) dargestellten Zusammenhänge nicht sinnvoll. Dagegen beschreibt die Summe der Empfindlichkeitsbeträge schon besser das globale Empfindlichkeitsverhalten eines Netzwerks. Am gebräuchlichsten sind Summen von quadrierten Empfindlichkeiten. So lassen sich beispielsweise Parameterempfindlichkeiten in folgender Weise zu einem Empfindlichkeitsmaß S zusammenfassen [2.3]:

$$\hat{S} = \sqrt{\frac{1}{n_x} \sum_{i=1}^{n_x} \sum_{\nu=1}^{n_a} (\hat{S}_{X_i}^{a_\nu})^2} \quad , \tag{2.132}$$

wobei alle n_x Bauelementeparameter X_i und alle n_a Funktionsparameter a_ν eingeschlossen sind. Als Funktionsparameter a_ν können die Koeffizienten oder die Pole und Nullstellen der Netzwerkfunktion betrachtet werden.

Im Falle von Funktionsempfindlichkeiten, beispielsweise von Dämpfungsempfindlichkeiten, werden in einem interessierenden Frequenzbereich von ω_1 bis ω_2 Integrale über die quadrierten Empfindlichkeiten gebildet [2.3]:

$$S = \sqrt{\frac{1}{n_x} \sum_{i=1}^{n_x} \int_{\omega_1}^{\omega_2} (S_{X_i}^{a(\omega)})^2 \, d\omega} \quad . \tag{2.133}$$

In (2.132 - 133) werden allein die Empfindlichkeiten zu einem Maß zusammengefügt. Sind die zu erwartenden Fehler der Bauelementeparameter bekannt, so lassen sich daraus Fehlermaße für die Netzwerkfunktionen oder ihre Parameter errechnen. Faßt man die Bauelementefehler als Zufallsvariable auf, so erhält man für die Netzwerkfunktion ein Fehlermaß F durch den folgenden Erwartungswert [2.4]:

$$F = E \left\{ \int_{\omega_1}^{\omega_2} \left| \frac{\Delta H(j\omega)}{H(j\omega)} \right|^2 d\omega \right\} \quad . \tag{2.134}$$

Ein anderes sinnvolles Fehlermaß ist die Fehlerwahrscheinlichkeit [2.5] der Netzwerkfunktion, d.h. die Wahrscheinlichkeit dafür, daß die Netzwerkfunktion außerhalb spezifizierter Toleranzen liegt. Hierzu wird mit den statistischen Parametern der Bauelemente und mit Hilfe der Übertragungsempfindlichkeiten die Wahrscheinlichkeitsverteilung der Netzwerkfunktion ermittelt und damit die Fehlerwahrscheinlichkeit abgeschätzt.

In der Tabelle 2.5 sind noch einmal die wichtigsten Beziehungen für Multiparameterempfindlichkeiten zusammengefaßt.

Tabelle 2.5. Multiparameterempfindlichkeiten

Empfindlichkeitsinvarianten:

$$\sum_{i=1}^{n_l} \hat{S}_{L_i}^{H(s)} + \sum_{i=1}^{n_r} \hat{S}_{R_i}^{H(s)} - \sum_{i=1}^{n_c} \hat{S}_{C_i}^{H(s)} = k \quad , \qquad k = -1, 0, 1 \tag{2.111}$$

$$\sum_{i=1}^{n_l} \hat{S}_{L_i}^{H(s)} + \sum_{i=1}^{n_c} \hat{S}_{C_i}^{H(s)} = \frac{d \ln H(s)}{d \ln s} \tag{2.117}$$

Tabelle 2.5 (Fortsetzung)

Dämpfungs- und Phasenänderungen von RC-Netzwerken mit gleichen relativen Widerstands- und Kapazitätsänderungen:

$$\Delta a(\omega) \approx -(\frac{\Delta R}{R} + \frac{\Delta C}{C}) \frac{d\,a(\omega)}{d\omega}\,\omega - k\,\frac{\Delta R}{R} \qquad (2.130)$$

$$\Delta b(\omega) \approx -(\frac{\Delta R}{R} + \frac{\Delta C}{C})\,\tau_{gr}\omega \qquad (2.131)$$

Empfindlichkeitsmaße:

$$\hat{S} = \sqrt{\frac{1}{n_X} \sum_{i=1}^{n_X} \sum_{\nu=1}^{n_a} (\hat{S}_{X_i}^{a_\nu})^2} \quad , \qquad (2.132)$$

$$S = \sqrt{\frac{1}{n_X} \sum_{i=1}^{n_X} \int_{\omega_1}^{\omega_2} (S_{X_i}^{a(\omega)})^2\,d\omega} \qquad (2.133)$$

mit X_i = Bauelemente, a_ν = Parameter, $a(\omega)$ = Funktionen

---

2.6 Zusammenfassung

Die Empfindlichkeiten von linearen Netzwerken beschreiben den Zusammenhang zwischen den Änderungen von Bauelementeparametern und den dadurch verursachten Änderungen des Übertragungsverhaltens. Bei der Rechnung mit Empfindlichkeiten wird vorausgesetzt, daß Differenzenquotienten aus Übertragungsfehlern und Bauelementefehlern näherungsweise gleich den entsprechenden Differentialquotienten sind.

Die vollrelative Empfindlichkeit der Netzwerkfunktion, kurz Übertragungsempfindlichkeit genannt, kann aus der bilinearen Darstellung der Netzwerkfunktion ohne Differentiation berechnet werden. Die Residuen in der Partialbruchdarstellung der Übertragungsempfindlichkeit sind identisch mit den halbrelativen Pol- und Nullstellenempfindlichkeiten.

Die vollrelativen Koeffizientenempfindlichkeiten sowie die halbrelativen Pol- und Nullstellenempfindlichkeiten können auf direktem Wege aus der bilinearen Darstellung der Netzwerkfunktion berechnet werden. Aus den Pol- und Nullstellenempfindlichkeiten können die vollrelativen Güte- und Betragsempfindlichkeiten abgeleitet werden. Darüberhinaus können sowohl die Pol- und Nullstellen- als auch die Güte- und Betragsempfindlichkeiten mit Hilfe der Koeffizientenempfindlichkeiten ermittelt werden. Im Falle von mehrfachen Polen werden die Polempfindlichkeiten unendlich groß. Ein r-facher Pol zerfällt bei einer Bauelementeänderung in r einfache Pole. Das gleiche gilt für die Nullstellen.

Die halbrelativen Dämpfungs- und Phasenempfindlichkeiten sind gleich dem negativen Real- und Imaginärteil der Übertragungsempfindlichkeit. Liegt die Netzwerkfunktion als Produkt von Netzwerkfunktionen zweiter Ordnung vor, so können die Dämpfungs- und Phasenempfindlichkeiten für jede Teilfunktion getrennt berechnet und dann addiert werden. Die Berechnung der Dämpfungs- und Phasenempfindlichkeiten erfolgt bei Netzwerkfunktionen zweiter Ordnung zweckmäßigerweise über die Güte- und Betragsempfindlichkeiten.

Zwischen den Übertragungsempfindlichkeiten gegenüber den verschiedenen Bauelementen des Netzwerks bestehen bestimmte Beziehungen, die sich aus der Widerstands- und Frequenznormierung ergeben: Die Summe der Empfindlichkeiten ist unabhängig von den Einzelempfindlichkeiten und unabhängig von der Anzahl und Größe der Bauelemente. Sie ist allein durch die Netzwerkfunktion gegeben. Das globale Empfindlichkeitsverhalten läßt sich daher nicht mit der Summe der Empfindlichkeiten beschreiben. Vielmehr werden als Empfindlichkeitsmaße Summen von Empfindlichkeitsbeträgen oder Summen von quadrierten Empfindlichkeiten betrachtet.

3. Analyse von Netzwerken mit Operationsverstärkern

Die bekannten Analyseverfahren wie Knoten-, Schnittmengen-, Schleifen- oder Maschenanalyse lassen sich nicht unmittelbar auf Netzwerke mit Operationsverstärkern anwenden. Es bedarf einiger Vorbetrachtungen, um das Netzwerkelement Operationsverstärker in die das Netzwerk beschreibenden Gleichungen einzubeziehen. Andererseits können die besonderen Eigenschaften von Operationsverstärkern dazu genutzt werden, das Aufstellen dieser Gleichungen zu vereinfachen. Im folgenden wird eine verallgemeinerte Knotenanalyse betrachtet, bei der die Operationsverstärker in Form von sogenannten Nulloren in die Admittanzmatrizen eingefügt werden. Diese Methode ist sehr formal und besonders für die Analyse komplizierter Schaltungen und für die rechnerunterstützte Analyse geeignet. Einfache Schaltungen dagegen können meist durch Plausibilitätsbetrachtungen schneller analysiert werden, siehe beispielsweise Abschnitt 4.1.

3.1 Ideale Operationsverstärker und Nulloren

Operationsverstärker waren ursprünglich Schaltungsanordnungen in der Analogrechentechnik. Inzwischen sind sie in integrierter Schaltungstechnik als eigenständige aktive Bauelemente in der gesamten analogen Elektronik eingeführt. Sie lassen sich als ideale Spannungsdifferenzverstärker mit einem gegen Unendlich gehenden Verstärkungsfaktor auffassen. Die Eingangsadmittanz und die Ausgangsimpedanz haben den Wert Null. Bild 3.1 zeigt das Symbol und das Ersatzschaltbild des *idealen Operationsverstärkers*. Da der Operationsverstärker ein aktives Bauelement ist,

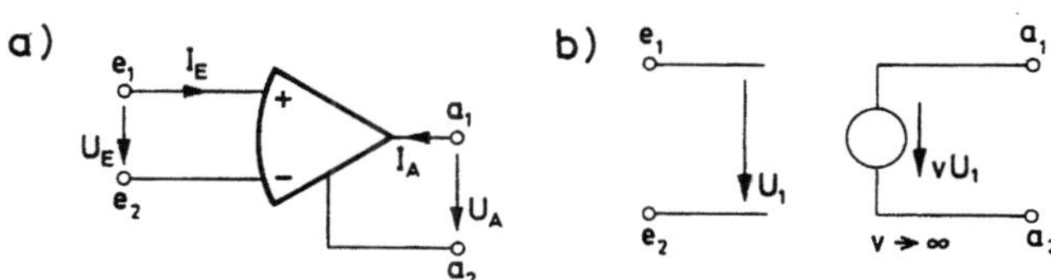

<u>Bild 3.1.</u> Idealer Operationsverstärker: a) Symbol, b) Ersatzschaltbild mit
$v = +|v| \to \infty$

benötigt er eine Spannungsversorgung. Die zugehörigen Klemmen werden in der Regel jedoch nicht in das Symbol eingezeichnet. Die Ausgangsbezugsklemme a_2 ist bei den meisten Operationsverstärkern nicht vorhanden. Vielmehr bezieht man die Ausgangsspannung U_A der Klemme a_1 auf den Masseknoten der externen Beschaltung. Der Stromkreis wird über die (meist symmetrische) Versorgungsspannung geschlossen. Man läßt daher beim Symbol des Operationsverstärkers die Ausgangsbezugsklemme a_2 oft weg.

Die Elemente der Kettenmatrix des idealen Operationsverstärkers haben allesamt den Wert Null:

$$\begin{bmatrix} U_E \\ I_E \end{bmatrix} = \begin{bmatrix} 0 & 0 \\ 0 & 0 \end{bmatrix} \cdot \begin{bmatrix} U_A \\ -I_A \end{bmatrix} \quad . \tag{3.1}$$

Wegen der unendlich hohen Verstärkung ist die Eingangsspannung U_E für endliche Ausgangsspannungen U_A stets Null. Da der Zusammenhang zwischen der Ausgangsspannung U_A und dem Ausgangsstrom I_A allein durch die ausgangsseitige Beschaltung gegeben ist, müssen die beiden Elemente A_{11} und A_{12} der Kettenmatrix verschwinden. Das gleiche gilt sinngemäß für die Elemente A_{21} und A_{22}, die wegen des definitionsgemäß verschwindenden Eingangsstromes I_E den Wert Null haben müssen.

Wegen der speziellen Kettenmatrix lassen sich die elektrischen Größen am Eingangstor unabhängig von denen am Ausgangstor betrachten. Für beide Tore lassen sich Zweipolelemente angeben, die die Spannungen und Ströme beschreiben. Am Eingangstor sind die Spannung U_E und der Strom I_E stets Null. Ein Zweipol mit diesen Eigenschaften wird *Nullator* genannt, siehe Bild 3.2a. Er stellt gewissermaßen gleichzeitig einen Kurzschluß und einen Leerlauf dar.

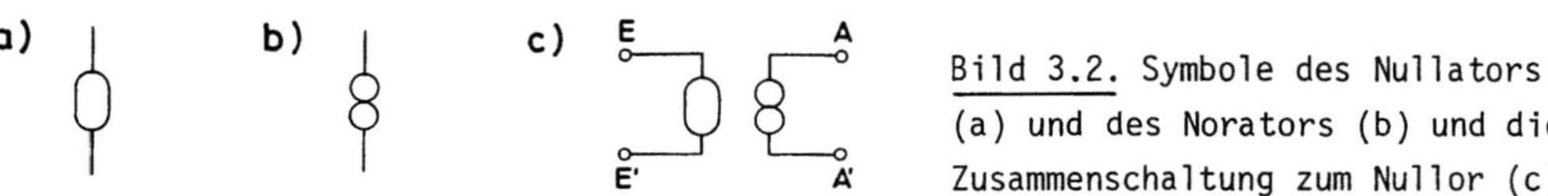

Bild 3.2. Symbole des Nullators (a) und des Norators (b) und die Zusammenschaltung zum Nullor (c)

Das Ausgangstor besteht aus einer Quelle, bei der Strom und Spannung unabhängig voneinander beliebige Werte annehmen können. Ein solcher Zweipol wird *Norator* genannt. Sein Symbol zeigt Bild 3.2b. Er stellt gewissermaßen gleichzeitig eine Spannungs- und eine Stromquelle dar.

Beide Elemente, Nullator sowie Norator, sind für sich physikalisch nicht realisierbar. Treten sie jedoch paarweise auf, so lassen sie sich im Grenzfall als Zusammenschaltung zu einem *Nullor* realisieren (Bild 3.2c), beispielsweise mit einem Operationsverstärker. Aber auch andere gesteuerte Quellen nehmen im Grenzfall, wenn der Steuerfaktor unendlich groß wird, die Eigenschaften eines Nullors an.

Bei der Beschreibung mit einem Nullator und einem Norator trennt man sich von
der Vorstellung, daß der Operationsverstärker eine gesteuerte Quelle ist. Statt-
dessen nimmt man an, daß die Spannungen und Ströme an beiden Toren allein durch
das umgebende Netzwerk bestimmt werden: Die Spannung und der Strom des Norators
stellen sich so ein, daß die Spannung und der Strom des Nullators gleichzeitig
Null werden.

Besitzt ein Netzwerk n Nullatoren und n Noratoren, so gibt es n! verschiedene
Möglichkeiten, diese zu Nulloren zusammenzufassen. Zu einem Netzwerk mit n Operationsverstärkern lassen sich daher stets n! - 1 äquivalente Netzwerke angeben,
die zwar in der Schaltungstopologie verschieden, aber für den Fall idealer Operationsverstärker in allen elektrischen Eigenschaften gleich sind.

Es läßt sich zeigen [3.1], daß alle aktiven Elemente ein Nullator-Norator-
Ersatzbild besitzen. Gekoppelte Elemente, wie beispielsweise Übertrager, lassen
sich durch gesteuerte Quellen darstellen [1.1], und diese wiederum durch Nullatoren und Noratoren, siehe Bild 3.3. Somit können sämtliche aktiven Netzwerke[1]
ersatzweise mit Zweipolelementen dargestellt werden: mit Widerständen, Kapazitäten, Induktivitäten, Nullatoren und Noratoren. Die in Bild 3.3 gezeigten Nullator-
Norator-Ersatzbilder für gesteuerte Quellen geben gleichzeitig Aufschluß über die
Realisierung von gesteuerten Quellen mit Hilfe von Operationsverstärkern und Widerständen, siehe auch Kapitel 4.

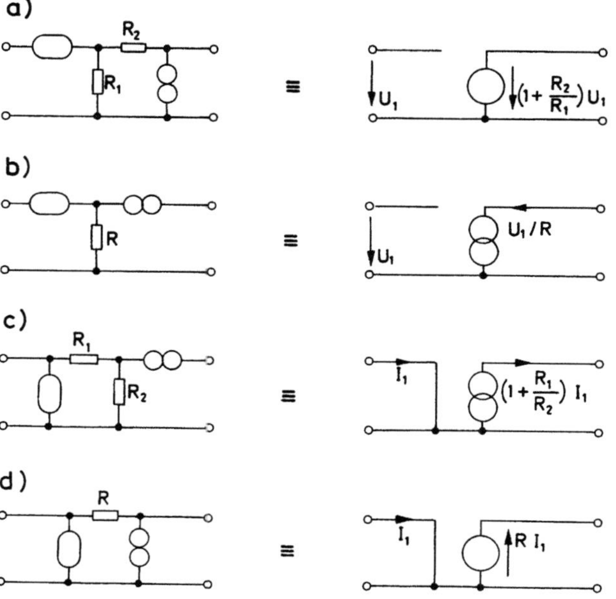

Bild 3.3. Nullator-Norator-
Ersatzbilder der spannungsgesteuerten Spannungsquelle
(a), der spannungsgesteuerten
Stromquelle (b), der stromgesteuerten Stromquelle (c)
und der stromgesteuerten
Spannungsquelle (d)

---

[1] Im Rahmen dieses Buches sollen unter "aktiven Netzwerken" Netzwerke mit aktiven
Elementen verstanden werden.

3.2 Netzwerkanalyse mit unbestimmter Admittanzmatrix

Der vorliegende Abschnitt beschäftigt sich zunächst mit dem Aufstellen der *unbestimmten Admittanzmatrix* von Netzwerken aus nur passiven Bauelementen. Als nächstes werden dann aktive Elemente in Form von Nullatoren und Noratoren hinzugenommen. Im Abschn. 3.3 wird gezeigt, wie aus der unbestimmten Admittanzmatrix eine Knotenadmittanzmatrix und daraus wiederum alle Netzwerkfunktionen abgeleitet werden können.

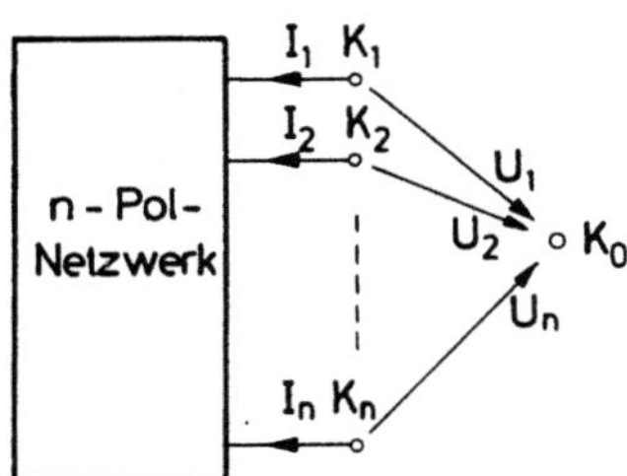

Bild 3.4. Klemmenspannungen und -ströme am n-Pol-Netzwerk

Bild 3.4 zeigt ein Netzwerk, bei dem n Knoten als Klemmen K_1 bis K_n nach außen geführt sind. Die Klemmenspannungen U_1 bis U_n sind auf einen isolierten Bezugsknoten K_0 bezogen. Der Vektor I der Klemmenströme I_1 bis I_n ist über die unbestimmte Admittanzmatrix Y mit dem Vektor U der Klemmenspannungen verknüpft [3.2]:

$$I = Y \cdot U + I^0 \quad . \tag{3.2}$$

I^0 ist der Vektor der Klemmenströme für den Fall, daß alle Klemmenspannungen den Wert Null haben (Kurzschluß aller Klemmen K_0 bis K_n). Im folgenden wird angenommen, daß das Netzwerk intern keine unabhängigen Quellen besitzt, der Vektor I^0 also verschwindet:

$$I^0 \equiv 0 \quad . \tag{3.3}$$

Es läßt sich zeigen [3.1], daß in jeder Zeile und in jeder Spalte der unbestimmten Admittanzmatrix Y die Summe aller Zeilenelemente bzw. die Summe aller Spaltenelemente den Wert Null hat. Die Matrix ist daher singulär, ihre Determinante hat den Wert Null. Es existieren jedoch von Null verschiedene Adjunkten, sofern sich zwischen den Netzwerkklemmen keine Kurzschlüsse befinden und alle Klemmen über das Netzwerk zusammenhängen (keine isolierten Teilnetzwerke) [3.2]. Wegen der *Nullsummeneigenschaft* der unbestimmten Admittanzmatrix sind alle Adjunkten erster Ordnung gleich [3.3].

Werden zwei n-Pol-Netzwerke, die durch die Gleichungen

$$I' = Y' \cdot U' \tag{3.4a}$$

und

$$I'' = Y'' \cdot U'' \tag{3.4b}$$

beschrieben werden, an allen gleichnamigen Klemmen verbunden (Parallelschaltung), so gilt für den Spannungsvektor U und für den Stromvektor I des neuen n-Pol-Netzwerkes

$$U = U' = U'' \quad , \tag{3.5}$$

$$I = I' + I'' \tag{3.6}$$

und mit (3.4)

$$I = (Y' + Y'')U \quad . \tag{3.7}$$

Die Parallelschaltung von n-Polen bewirkt eine Addition der entsprechenden unbestimmten Admittanzmatrizen. Daraus leitet sich ein einfaches Verfahren zum Aufstellen der unbestimmten Admittanzmatrix ab. Das zu analysierende Netzwerk möge aus n_x untereinander nicht verkoppelten Zweipolelementen bestehen. Zuerst wird jedem Zweipolelement ein Teilnetzwerk zugeordnet, das aus dem Originalnetzwerk durch Weglassen aller übrigen Zweipolelemente entsteht. Da das Originalnetzwerk gleich der Parallelschaltung aller n_x Teilnetzwerke ist, werden nach der Analyse der Teilnetzwerke deren vollständige Admittanzmatrizen gemäß (3.7) addiert.

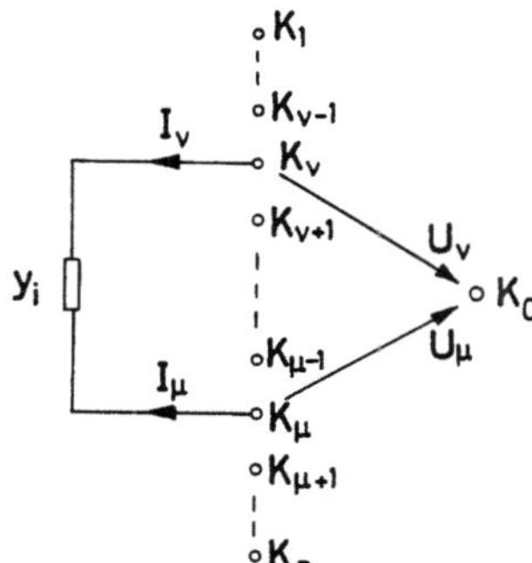

Bild 3.5. Teilnetzwerk aus einem Zweipolelement mit der Admittanz y_i

Bild 3.5 zeigt ein Teilnetzwerk mit dem Element y_i. Die beiden Klemmenströme I_v und I_μ lauten

$$I_v = y_i(U_v - U_\mu) \quad , \tag{3.8a}$$

$$I_\mu = y_i(U_\mu - U_v) \quad . \tag{3.8b}$$

Alle übrigen Klemmenströme haben den Wert Null. Die unbestimmte Admittanzmatrix Y_i des Teilnetzwerks in Bild 3.5 lautet daher

$$Y_i = \begin{bmatrix} \ddots & & & \\ & y_i & \cdots & -y_i & \\ & \vdots & \ddots & \vdots & \\ & -y_i & \cdots & y_i & \\ & & & & \ddots \end{bmatrix} \begin{array}{l} \leftarrow \text{Position } \nu \\ \\ \leftarrow \text{Position } \mu \end{array} \qquad . \tag{3.9}$$

$$\begin{array}{cc} \uparrow & \uparrow \\ \text{Position } \nu & \text{Position } \mu \end{array}$$

Die Matrix Y_i ist mit Nullen zu einer n×n-Matrix aufzufüllen. Die vier von Null verschiedenen Elemente liegen auf den Eckpunkten eines Quadrates, dessen Hauptdiagonale mit der Hauptdiagonale von Y_i zusammenfällt. Auf den beiden Hauptdiagonalpositionen steht die Admittanz y_i des Zweipolelementes mit positivem Vorzeichen, auf den beiden anderen Positionen mit negativem Vorzeichen.

Die Gesamtadmittanzmatrix Y ergibt sich aus der Summe aller Teiladmittanzmatrizen Y_i:

$$Y = \sum_{i=1}^{n_x} Y_i \quad . \tag{3.10}$$

Sie läßt sich durch eine Addition der symmetrischen Quadrate aller n_x Elemente aufstellen.

Beispiel 3.1

Bild 3.6 zeigt ein Netzwerk, dessen sieben Knoten mit K_1 bis K_7 bezeichnet sind.

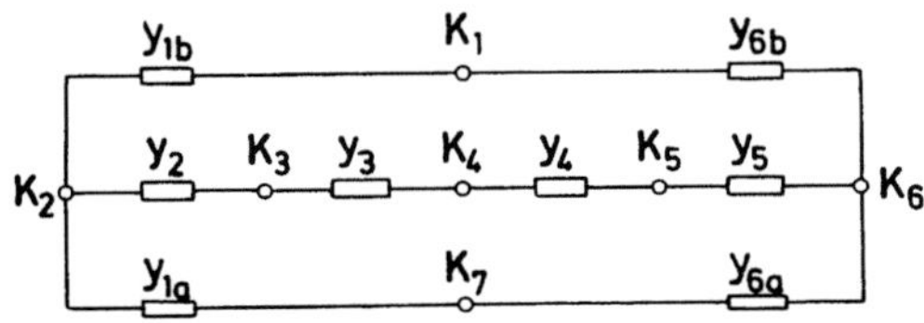

Bild 3.6. Netzwerk mit sieben Knoten und acht Zweipolelementen

Die unbestimmte Admittanzmatrix wird durch Eintragen aller acht Zweipolelemente in die Eckpunkte der entsprechenden symmetrischen Quadrate aufgestellt. Das Element y_{1a} liegt zwischen den Knoten K_2 und K_7. Es wird daher in der unbestimmten Admittanzmatrix Y auf den Positionen Y_{22} und Y_{77} mit positiven Vorzeichen und auf den Positionen Y_{27} und Y_{72} mit negativen Vorzeichen eingetragen. Insgesamt ergibt sich die folgende Matrix:

$$Y = \begin{array}{cccccccc}
 & K_1 & K_2 & K_3 & K_4 & K_5 & K_6 & K_7 \\
 & \downarrow & \downarrow & \downarrow & \downarrow & \downarrow & \downarrow & \downarrow \\
\end{array}$$

$$Y = \begin{bmatrix}
y_{1b}+y_{6b} & -y_{1b} & 0 & 0 & 0 & -y_{6b} & 0 \\
-y_{1b} & y_{1a}+y_{1b}+y_2 & -y_2 & 0 & 0 & 0 & -y_{1a} \\
0 & -y_2 & y_2+y_3 & -y_3 & 0 & 0 & 0 \\
0 & 0 & -y_3 & y_3+y_4 & -y_4 & 0 & 0 \\
0 & 0 & 0 & -y_4 & y_4+y_5 & -y_5 & 0 \\
-y_{6b} & 0 & 0 & 0 & -y_5 & y_5+y_{6a}+y_{6b} & -y_{6a} \\
0 & -y_{1a} & 0 & 0 & 0 & -y_{6a} & y_{6a}+y_{1a}
\end{bmatrix}
\begin{array}{l}
\leftarrow K_1 \\
\leftarrow K_2 \\
\leftarrow K_3 \\
\leftarrow K_4 \\
\leftarrow K_5 \\
\leftarrow K_6 \\
\leftarrow K_7
\end{array}$$

Als nächstes wird die Frage untersucht, wie sich die unbestimmte Admittanzmatrix verändert, wenn in das Netzwerk zusätzlich Nullatoren und Noratoren eingebaut werden. Es wird zunächst angenommen, daß das Netzwerk einen einzigen Nullor besitzt. Dieses Nullator-Norator-Paar wird als äußere Beschaltung aufgefaßt, siehe Bild 3.7. Der Nullator sorgt dafür, daß die Klemmenspannungen U_i und U_j identisch werden, ohne daß eine zusätzliche Einströmung in diese Knoten erfolgt. Das Gleichungssystem läßt sich kürzer schreiben, wenn man für U_i und U_j eine gemeinsame Variable einführt. Dazu werden in der unbestimmten Admittanzmatrix die Spalten i und j zusammengefaßt (Spalte i zu Spalte j addiert und Spalte i weggelassen).

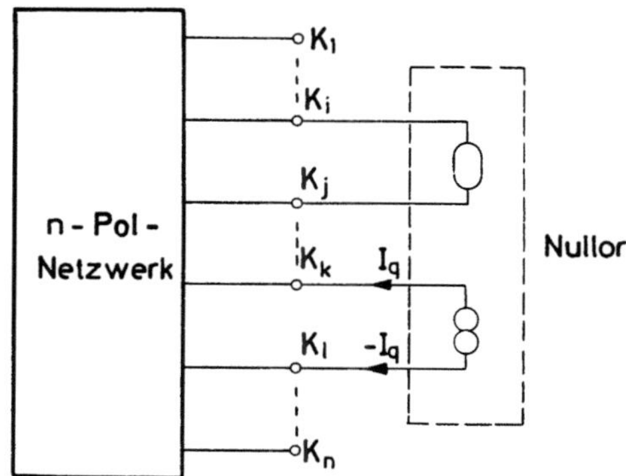

Bild 3.7. N-Pol-Netzwerk mit einem Nullor als äußerer Beschaltung

Die Zahl der Zeilen ist jetzt um Eins höher als die Zahl der unabhängigen Klemmenspannungen. Dafür ist eine weitere unbekannte Größe hinzugekommen, nämlich der Strom I_q des Norators in den Knoten K_k bzw. $-I_q$ in den Knoten K_1. Da der Strom I_q keine unabhängige Variable ist (er ist eine vom übrigen Netzwerk abhängige Größe

und stellt sich so ein, daß die Nullatorbedingungen erfüllt sind), wird er durch
Zusammenfassen der Zeilen k und 1 eliminiert (Zeile k zur Zeile 1 addiert und
Zeile k weggelassen).

Die Hinzunahme eines Nullors ist also mit folgenden Operationen äquivalent:
Die zu den Nullatorklemmen korrespondierenden Spalten und die zu den Noratorklemmen korrespondierenden Zeilen der unbestimmten Admittanzmatrix werden zusammengefaßt. Diese Operationen können für jeden Nullor getrennt nacheinander durchgeführt
werden.

Beim Aufstellen der unbestimmten Admittanzmatrix eines Netzwerks, das sowohl
passive Zweipolelemente als auch Nullatoren und Noratoren enthält, werden zunächst
nur die passiven Zweipolelemente berücksichtigt. Danach werden entsprechend den
Nullator- und Noratorklemmen die beschriebenen Spalten- und Zeilenoperationen ausgeführt. Da im allgemeinen nicht gleichnamige Paare von Zeilen und Spalten zusammengefaßt werden, wird durch die Hinzunahme von Nulloren die Symmetrie der unbestimmten Admittanzmatrix gestört. Neben Elementen auf symmetrischen Quadraten treten noch Elemente auf, die auf den Ecken eines Rechtecks liegen.

Beispiel 3.2

Das Netzwerk in Bild 3.8 ist mit Ausnahme der hinzugekommenen Nullatoren Nu_1 und
Nu_2 und Noratoren No_1 und No_2 gleich dem in Bild 3.6.

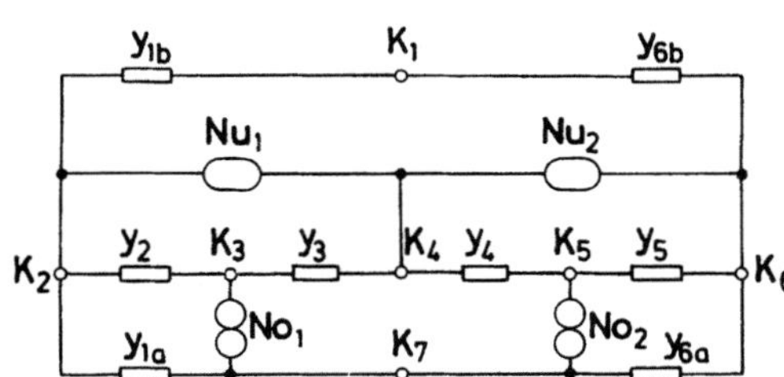

Bild 3.8. Netzwerk mit acht passiven
Zweipolelementen, zwei Nullatoren
und zwei Noratoren

Die unbestimmte Admittanzmatrix des passiven Teils wurde bereits in Beispiel
3.1 ermittelt. Die Hinzunahme des Nullators Nu_1 wird durch die Zusammenfassung
der Spalten 2 und 4 berücksichtigt. Der Nullator Nu_2 hat die Zusammenfassung der
Spalten 4 und 6 zur Folge. Insgesamt werden die Spalten 2, 4 und 6 zusammengefaßt.
Die beiden Noratoren No_1 und No_2 führen zu der Zusammenfassung der Zeilen 3, 5
und 7. Die unbestimmte Admittanzmatrix des Netzwerks in Bild 3.8 hat daher die
folgende Gestalt:

$$
Y = \begin{array}{c}
\\
\\
\\
\\
\\
\end{array}
\begin{bmatrix}
y_{1b}+y_{6b} & 0 & 0 & -y_{1b}-y_{6b} & 0 \\
-y_{1b} & -y_2 & 0 & y_1+y_2 & -y_{1a} \\
0 & -y_3 & -y_4 & y_3+y_4 & 0 \\
-y_{6b} & 0 & -y_5 & y_5+y_6 & -y_{6a} \\
0 & y_2+y_3 & y_4+y_5 & -y_2-y_3-y_4-y_5-y_{1a}-y_{6a} & y_{1a}+y_{6a}
\end{bmatrix}
\begin{array}{l}
\leftarrow K_1 \\
\leftarrow K_2 \\
\leftarrow K_4 \\
\leftarrow K_6 \\
\leftarrow K_3+K_5+K_7
\end{array}
$$

$$
\begin{array}{ccccc}
K_1 & K_3 & K_5 & K_2+K_4+K_6 & K_7
\end{array}
$$

Darin bedeuten $y_1 = y_{1a}+y_{1b}$ und $y_6 = y_{6a}+y_{6b}$.

Aus den ursprünglichen Positionen der Zweipolelemente auf symmetrischen Quadraten und der Zusammenfassung von Zeilen- und Spaltenpaaren von Nulloren folgt im übrigen, daß Zweipolelemente parallel zu Nullatoren oder parallel zu Noratoren in der unbestimmten Admittanzmatrix und damit in der weiteren Analyse nicht mehr auftauchen.

3.3 Berechnung von Netzwerkfunktionen

Im folgenden werden aus der unbestimmten Admittanzmatrix die Elemente der Zweitor-Impedanzmatrix abgeleitet. Daraus lassen sich wiederum alle Netzwerkfunktionen sowie die übrigen Zweitormatrizen berechnen, siehe Abschn. 1.1. Die Rechnung erfolgt am Beispiel der *Transimpedanz*

$$
Z_{21} = \frac{U_A}{I_E}\bigg|_{I_A=0} \tag{3.11}
$$

Die Richtungen von Strom und Spannung sowie die Klemmenbezeichnungen am Eingang und Ausgang des Netzwerks gehen aus Bild 3.9 hervor.

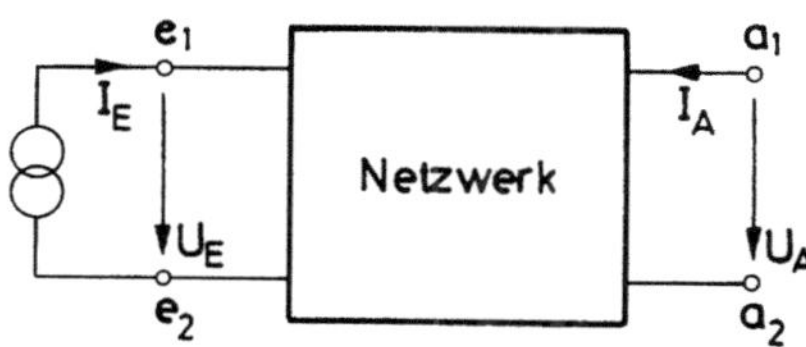

Bild 3.9. Netzwerk mit Stromerregung am Eingangstor (e_1,e_2) und Leerlauf am Ausgangstor (a_1,a_2)

Durch Streichen einer frei wählbaren *Bezugszeile* e_b und einer frei wählbaren *Bezugsspalte* a_b in der unbestimmten Admittanzmatrix erhält man ein linear

68

unabhängiges Gleichungssystem, in dem alle *Knotenspannungen (Klemmenspannungen)* auf den Knoten a_b bezogen sind:

$$Y^{e_b}_{a_b} \cdot \begin{bmatrix} U_1 \\ \vdots \\ \vdots \\ U_{a_1} \\ \vdots \\ U_{a_2} \\ \vdots \\ \vdots \\ U_{n-1} \end{bmatrix} = \begin{bmatrix} 0 \\ \vdots \\ I_E \\ \vdots \\ \vdots \\ -I_E \\ \vdots \\ 0 \end{bmatrix} \begin{array}{l} \\ \leftarrow \text{Position } e_1 \\ \\ \\ \leftarrow \text{Position } e_2 \\ \\ \end{array} \qquad (3.12)$$

Die Matrix $Y^{e_b}_{a_b}$ wird *(reduzierte) Knotenadmittanzmatrix* genannt.

Die Ausgangsspannung U_A läßt sich als Differenz der beiden Knotenspannungen U_{a_1} und U_{a_2} schreiben:

$$U_A = U_{a_1} - U_{a_2} \; , \qquad (3.13)$$

die sich mit Hilfe der *Cramerschen Regel* aus (3.12) berechnen lassen. Für die Knotenspannung U_{a_1} gilt:

$$U_{a_1} = \frac{I_E \cdot A^{e_b e_1}_{a_b a_1} - I_E \cdot A^{e_b e_2}_{a_b a_1}}{\left| Y^{e_b}_{a_b} \right|} \; . \qquad (3.14)$$

Darin ist $\left| Y^{e_b}_{a_b} \right|$ die Determinante der reduzierten Knotenadmittanzmatrix. Sie entsteht aus dem Determinantenschema $|Y|$ der unbestimmten Admittanzmatrix durch Streichen der zum Knoten e_b korrespondierenden Zeile und der zum Knoten a_b korrespondierenden Spalte. Die Zähleradjunkte

$$A^{e_b e_1}_{a_b a_1} = (-1)^{e_1' + a_1'} \left| Y^{e_b e_1}_{a_b a_1} \right| \qquad (3.15)$$

entsteht aus der Determinanten $\left| Y^{e_b}_{a_b} \right|$ durch weiteres Streichen der zum Knoten e_1 korrespondierenden Zeile und der zum Knoten a_1 korrespondierenden Spalte und durch Multiplikation mit einem Vorzeichenfaktor entsprechend der gestrichenen Zeile und Spalte, wobei e_1' die Ordnungszahl der Zeile ist, die zum Knoten e_1 korrespondiert, und a_1' die Ordnungszahl der Spalte, die zum Knoten a_1 korrespondiert. Entsprechendes gilt für die zweite Zähleradjunkte in (3.14). Die Knotenspannung U_{a_2} kann ebenfalls mit (3.14) berechnet werden, indem der Index a_1 durch a_2 ersetzt wird. Gl.(3.13 - 14) in (3.11) eingesetzt ergibt die Transimpedanz

$$Z_{21} = \frac{A^{e_b e_1}_{a_b a_1} - A^{e_b e_2}_{a_b a_1} - A^{e_b e_1}_{a_b a_2} + A^{e_b e_2}_{a_b a_2}}{|Y^{e_b}_{a_b}|} \quad . \tag{3.16}$$

Die vier Adjunkten im Zähler von (3.16) lassen sich zu einer speziellen Adjunkten zusammenfassen: In der Identität

$$A^i_k - A^j_k - A^i_l + A^j_l = A^{i+j}_{k+l} \tag{3.17}$$

ist A^{i+j}_{k+l} eine spezielle Adjunkte, die durch Zusammenfassung der Zeilen i und j (Addition von Zeile i zur Zeile j und Weglassen von Zeile i) und durch Zusammenfassung der Spalten k und l entsteht. Mit Hilfe von (3.17) läßt sich (3.16) folgendermaßen schreiben:

$$Z_{21} = \frac{A^{e_b \quad e_1 + e_2}_{a_b \quad a_1 + a_2}}{|Y^{e_b}_{a_b}|} \quad . \tag{3.18}$$

In (3.18) ist die Wahl der Bezugsknoten noch offen. Durch eine zweckmäßige Wahl der Bezugsknoten kann die Ausrechnung der Transimpedanz erheblich vereinfacht werden. Wählt man für die Zeilen $e_b = e_2$ *(Eingangsbezugsknoten)* und für die Spalten $a_b = a_2$ *(Ausgangsbezugsknoten)*, so gilt

$$Z_{21} = \frac{A^{e_2 e_1}_{a_2 a_1}}{|Y^{e_2}_{a_2}|} \quad . \tag{3.19}$$

Die Zusammenfassung der Zeilen- und Spaltenpaare kann hier entfallen, da die zusammengefaßten Zeilen und Spalten ohnehin gestrichen werden. Durch die Wahl von a_2 als Bezugsknoten für die Knotenspannungen entfällt U_{a_2} in (3.12) und dadurch entfallen zwei Adjunkten im Zähler von (3.16). Durch die Wahl von e_2 als Bezugsknoten für die Einströmungen entfällt die Erregung $-I_E$ in (3.12) und damit eine weitere Adjunkte im Zähler von (3.16). Die übrigbleibende Adjunkte entspricht der Zähleradjunkten in (3.19).

Die Gleichungen (3.18 - 19) sind nicht nur zur Berechnung einer Transimpedanz geeignet, sondern auch zur Berechnung einer Zweipolimpedanz. Dazu ist lediglich das Ausgangstor gleich dem Eingangstor zu setzen.

Beispiel 3.3

In dem in Bild 3.8 gezeigten Netzwerk soll mit den Knoten K_1 und K_7 ein Eingangstor definiert werden, d.h. die Eingangsklemme e_1 soll gleich dem Knoten K_1 und die Eingangsbezugsklemme e_2 soll gleich dem Knoten K_7 sein. Zur Berechnung der Eingangsimpedanz Z_{11} denkt man sich das Ausgangstor an den gleichen Klemmen, d.h. $a_1 = e_1$ und $a_2 = e_2$, definiert.

Ausgangspunkt der Berechnung ist die in Beispiel 3.2 ermittelte unbestimmte Admittanzmatrix. Zur Berechnung der Nennerdeterminante in (3.19) muß die zu e_2 korrespondierende Zeile und die zu $a_2 = e_2$ korrespondierende Spalte gestrichen werden. Da dem Knoten K_7 die 5. Zeile und die 5. Spalte in der unbestimmten Admittanzmatrix entspricht, werden diese gestrichen:

$$\left| Y^{e_2}_{e_2} \right| = \cdot \begin{vmatrix} y_{1b} + y_{6b} & 0 & 0 & -y_{1b} - y_{6b} \\ -y_{1b} & -y_2 & 0 & y_1 + y_2 \\ 0 & -y_3 & -y_4 & y_3 + y_4 \\ -y_{6b} & 0 & -y_5 & y_5 + y_6 \end{vmatrix}$$

$$= (y_{1b} + y_{6b})(y_{1a} y_3 y_5 + y_2 y_4 y_{6a}) \; . \tag{3.20}$$

Die Zähleradjunkte in (3.19) entsteht durch zusätzliches Streichen der zu e_1 korrespondierenden Zeile (1. Zeile) und der zu $a_1 = e_1$ korrespondierenden Spalte (1. Spalte). Ferner muß der Vorzeichenfaktor entsprechend der zuletzt gestrichenen Zeile und Spalte berücksichtigt werden:

$$A^{e_2 e_1}_{e_2 e_1} = (-1)^{1+1} \begin{vmatrix} -y_2 & 0 & y_1 + y_2 \\ -y_3 & -y_4 & y_3 + y_4 \\ 0 & -y_5 & y_5 + y_6 \end{vmatrix}$$

$$= y_1 y_3 y_5 + y_2 y_4 y_6 \; . \tag{3.21}$$

Die Eingangsimpedanz lautet mit (3.20 - 21)

$$Z_{11} = \frac{y_1 y_3 y_5 + y_2 y_4 y_6}{(y_{1b} + y_{6b})(y_{1a} y_3 y_5 + y_2 y_4 y_{6a})} \; . \tag{3.22}$$

Mit Hilfe von (3.19) lassen sich die vier Elemente der Zweitor-Impedanzmatrix berechnen. Daraus wiederum können weitere Netzwerkfunktionen abgeleitet werden.

So gilt beispielsweise für die Leerlaufspannungsübertragungsfunktion $H(s)$ nach (1.96)

$$H(s) = \left.\frac{U_A}{U_E}\right|_{I_A=0} = \frac{Z_{21}}{Z_{11}} \; . \tag{3.23}$$

Beispiel 3.4:

In dem betrachteten Netzwerk nach Bild 3.8 wird außer dem Eingangstor noch ein Ausgangstor zwischen den Knoten K_3 und K_7 eröffnet, so daß die Ausgangsklemme a_1 gleich dem Knoten K_3 und die Ausgangsbezugsklemme a_2 gleich dem Knoten K_7 sind. Die Spannungsübertragungsfunktion lautet dann mit (3.19) und (3.23)

$$H(s) = \frac{Z_{21}}{Z_{11}} = \frac{A_{a_2 a_1}^{e_2 e_1} / |Y_{a_2}^{e_2}|}{A_{e_2 e_1}^{e_2 e_1} / |Y_{e_2}^{e_2}|} \; . \tag{3.24}$$

Da die beiden Bezugsknoten e_2 und a_2 identisch sind, sind die Nennerdeterminanten von Z_{21} und Z_{11} gleich. Die Spannungsübertragungsfunktion ergibt sich daher als Quotient der beiden Zähleradjunkten. Zur Berechnung der Zähleradjunkten von Z_{21} müssen in der unbestimmten Admittanzmatrix neben der 5. Zeile und der 5. Spalte noch die zu e_1 korrespondierende Zeile (1. Zeile) und die zu a_1 (Knoten K_3) korrespondierende Spalte (2. Spalte) gestrichen werden:

$$A_{a_2 a_1}^{e_2 e_1} = (-1)^{1+2} \begin{vmatrix} -y_{1b} & 0 & y_1+y_2 \\ 0 & -y_4 & y_3+y_4 \\ -y_{6b} & -y_5 & y_5+y_6 \end{vmatrix}$$

$$= y_{6b}(y_2 y_4 + y_{1a} y_4) + y_{1b}(y_3 y_5 - y_{6a} y_4) \; . \tag{3.25}$$

Mit der in (3.21) dargestellten Zähleradjunkten von Z_{11} lautet daher die Spannungsübertragungsfunktion

$$H(s) = \frac{y_{6b}(y_2 y_4 + y_{1a} y_4) + y_{1b}(y_3 y_5 - y_{6a} y_4)}{y_1 y_3 y_5 + y_2 y_4 y_6} \; . \tag{3.26}$$

Die zugehörige Realisierung mit Operationsverstärkern zeigt Bild 11.1. Darin sind der Nullator Nu_1 und der Norator No_2 aus Bild 3.8 und der Nullator Nu_2 und der Norator No_1 zu je einem Operationsverstärker zusammengefaßt.

Sollten die beiden Nennerdeterminanten von Z_{21} und Z_{11} in (3.24) nicht identisch sein, so können sie sich nur im Vorzeichen unterscheiden. Wegen der Nullsummeneigenschaft der unbestimmten Admittanzmatrix sind alle ihre Adjunkten gleich [3.3].

Die Spannungsübertragungsfunktion in (3.24) läßt sich daher unabhängig von der
Wahl der Eingangs- und Ausgangsbezugsknoten e_2 und a_2 als

$$H(s) = \frac{U_A}{U_E}\bigg|_{I_A=0} = (-1)^{e_2' + a_2'} \; \frac{A_{a_2 a_1}^{e_2 e_1}}{A_{e_2 e_1}^{e_2 e_1}} \tag{3.27}$$

schreiben, wobei e_2' die Ordnungszahl der Zeile ist, die zum Knoten e_2 korrespondiert, und a_2' die Ordnungszahl der Spalte ist, die zum Knoten a_2 korrespondiert.

3.4 Zusammenfassung

Der ideale Operationsverstärker ist eine spannungsgesteuerte Spannungsquelle mit
einem gegen Unendlich gehenden Verstärkungsfaktor. Da die vier Elemente seiner
Kettenmatrix allesamt den Wert Null haben, können das Eingangstor und das Ausgangstor getrennt voneinander beschrieben werden. Das Eingangstor stellt einen
Nullator dar, bei dem sowohl der Strom als auch die Spannung zwischen den Klemmen
verschwinden. Das Ausgangstor besteht aus einem Norator. Das ist eine Quelle, bei
der Strom und Spannung unabhängig voneinander beliebige Werte annehmen können.
Der Nullator und der Norator sind nur in ihrer Zusammenschaltung als Nullor im
Grenzfall physikalisch realisierbar.

Die unbestimmte Admittanzmatrix beschreibt den Zusammenhang zwischen den n
Klemmenspannungen und den n Klemmenströmen eines n-Pol-Netzwerkes. Bei einem Netzwerk aus passiven, ungekoppelten Zweipolelementen kann diese Matrix dadurch aufgestellt werden, daß nacheinander die Admittanz jedes Zweipolelementes auf vier Positionen in der Matrix eingetragen wird. Die vier Positionen liegen auf den Eckpunkten eines Quadrates symmetrisch zur Hauptdiagonalen der Matrix. Die Hauptdiagonalelemente erhalten positives Vorzeichen, die Nebendiagonalelemente negatives Vorzeichen.

Durch die Hinzunahme von Nullatoren werden in der unbestimmten Admittanzmatrix
die jeweils zu den Nullator-Klemmenpaaren korrespondierenden Spalten zusammengefaßt. Entsprechend bewirkt die Hinzunahme der Noratoren eine Zusammenfassung der
jeweils korrespondierenden Zeilen.

Durch Streichen einer Bezugszeile und einer Bezugsspalte in der unbestimmten
Admittanzmatrix erhält man ein linear unabhängiges Gleichungssystem zur Bestimmung der Knotenspannungen. Aus diesem Gleichungssystem können mit Hilfe der Cramerschen Regel die Elemente der Zweitor-Impedanzmatrix abgeleitet werden, und daraus
wiederum die übrigen Zweitormatrizen und weitere Netzwerkfunktionen. Die Rechnung
wird vereinfacht, wenn als Bezugszeile die dem Eingangsbezugsknoten korrespondierende Zeile und als Bezugsspalte die dem Ausgangsbezugsknoten korrespondierende
Spalte gewählt wird.

Teil II   Praktischer Schaltungsentwurf

4. Verstärkerschaltungen mit Operationsverstärkern

Eine der Hauptanwendungen von Operationsverstärkern sind lineare Verstärkerschaltungen mit reellen Verstärkungsfaktoren. Man unterscheidet zwischen vier verschiedenen Verstärkerarten: Spannungsverstärker, Stromverstärker, Transimpedanzverstärker und Transadmittanzverstärker. Für jede dieser Verstärkerarten werden im folgenden in je einem Abschnitt die wichtigsten Realisierungen mit Operationsverstärkern und Widerständen zusammengestellt. Da zunächst nur die Haupteigenschaften und die wesentliche Funktionsweise dieser Verstärkerschaltungen beschrieben werden sollen, werden die Operationsverstärker als ideal vorausgesetzt.

4.1 Spannungsverstärker

Der *Spannungsverstärker* ist im Idealfall eine *spannungsgesteuerte Spannungsquelle* mit verschwindendem Eingangsleitwert und verschwindendem ausgangsseitigen Innenwiderstand, siehe Bild 4.1.

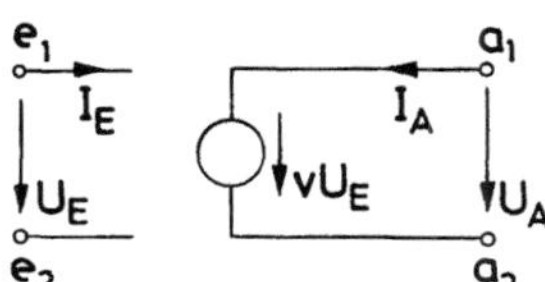

Bild 4.1. Ersatzbild des idealen Spannungsverstärkers

Die Kettenmatrix des Spannungsverstärkers lautet

$$
\begin{bmatrix} U_E \\ I_E \end{bmatrix} = \begin{bmatrix} 1/v & 0 \\ 0 & 0 \end{bmatrix} \cdot \begin{bmatrix} U_A \\ -I_A \end{bmatrix} . \tag{4.1}
$$

Der Spannungsverstärkungsfaktor v ist der Quotient von Ausgangs- und Eingangsspannung bei beliebigem Ausgangsstrom I_A.

Bild 4.2 zeigt eine grundlegende Verstärkerrealisierung mit einem Operationsverstärker und vier Widerständen. Aus ihr lassen sich sowohl Verstärkerschaltungen in Dreipolanordnung (Bezugsklemmen e_2 und a_2 identisch) als auch Verstärker in

74

Vierpolanordnung ableiten. Mit Hilfe der Widerstände R_0 und R_1 wird ein Teil der Ausgangsspannung U_A auf den Eingang des Operationsverstärkers zurückgekoppelt. Aus Gründen der Stabilität muß die rückgekoppelte Spannung auf den mit "-" bezeichneten, invertierenden Eingang geführt werden.

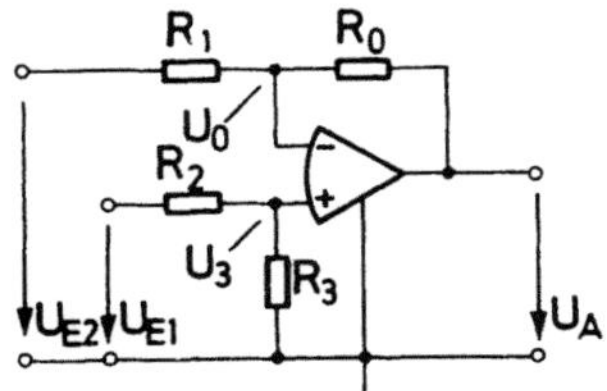

Bild 4.2. Grundlegende Spannungsverstärkerschaltung

Die Schaltung in Bild 4.2 besitzt zwei Eingangstore mit den Spannungen U_{E1} und U_{E2} und ein Ausgangstor mit der Spannung U_A. Der Ausgangsbezugsknoten des Operationsverstärkers ist gleich dem Bezugsknoten (Masse) der gesamten Schaltung. Zur Analyse läßt sich zwar die im Kapitel 3 beschriebene Methode mit Nullatoren und Noratoren anwenden, jedoch kann man eine so einfache Schaltung wie die in Bild 4.2 durch eine Plausibilitätsbetrachtung leichter erklären. Da der Operationsverstärker keinen Eingangsstrom aufnimmt, ergibt sich die (auf Masse bezogene) Spannung U_3 zu

$$U_3 = \frac{R_3}{R_2 + R_3}\, U_{E1} \quad . \tag{4.2}$$

Für die (auf Masse bezogene) Spannung U_0 gilt

$$U_0 = \frac{R_1}{R_0 + R_1}\, U_A + \frac{R_0}{R_1 + R_0}\, U_{E2} \quad . \tag{4.3}$$

Da die Eingangsspannung des Operationsverstärkers gleich Null ist, vergleiche (3.1), muß

$$U_3 = U_0 \tag{4.4}$$

sein. Gl.(4.2 - 3) in (4.4) eingesetzt und nach U_A aufgelöst ergibt schließlich

$$U_A = (1 + \frac{R_0}{R_1})\, \frac{R_3}{R_2 + R_3}\, U_{E1} - \frac{R_0}{R_1}\, U_{E2} \quad . \tag{4.5}$$

Im folgenden wird gezeigt, wie aus der grundlegenden Schaltung einfache Verstärkerschaltungen in Dreipolanordnung abgeleitet werden.

4.1.1 Gleichtaktverstärker

Bild 4.3 zeigt das Symbol des *Gleichtaktverstärkers* in Dreipolanordnung.

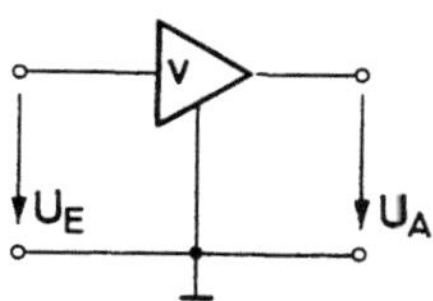

Bild 4.3. Symbol des Gleichtaktverstärkers

Einen Verstärker mit negativem Verstärkungsfaktor $v<0$, einen sogenannten *(Vorzeichen-) invertierenden Verstärker*, erhält man aus Bild 4.2, indem man das Eingangstor mit U_{E1} kurzschließt ($U_{E1}=0$), siehe Bild 4.4. Die Widerstände R_2 und R_3 können durch einen Kurzschluß ersetzt werden, da sie stromlos sind. Der Verstärkungsfaktor ergibt sich mit $U_{E1}=0$ aus (4.5) zu

$$v = \frac{U_A}{U_E} = - \frac{R_0}{R_1} \ . \tag{4.6}$$

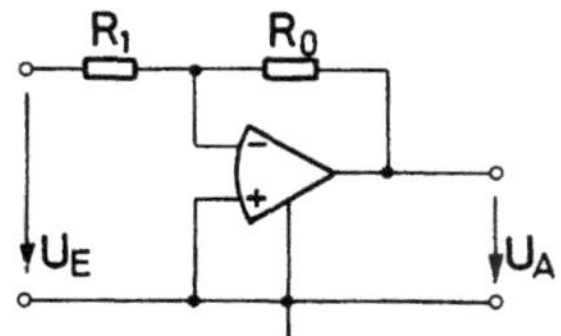

Bild 4.4. Invertierender Verstärker

Der Verstärker ist insofern nicht ideal, als sein Eingangswiderstand nicht unendlich groß ist. Der Eingangswiderstand hat den Wert R_1, da der Knoten zwischen den beiden Widerständen R_1 und R_0 Massepotential hat. Solch ein Knoten, der über einen Nullator mit dem Masseknoten verbunden ist, wird *virtuelle Masse* genannt: Er hat stets das gleiche Potential wie der Masseknoten, jedoch fließt kein Strom von ihm zum Masseknoten.

Für hohe Verstärkungsfaktoren v muß der Eingangswiderstand R_1 sehr klein und/ oder der Rückkopplungswiderstand sehr groß sein. Läßt sich diese Forderung nicht erfüllen, so kann durch ein *Rückkopplungs-T-Glied* Abhilfe geschaffen werden, siehe Bild 4.5. Da in dieser Schaltung die Spannung $U_0=0$ ist (virtuelle Masse), ergibt sich die Spannung U_{A1} aus der Ausgangsspannung U_A durch Spannungsteilung mit den Widerständen R_{02} und der Parallelschaltung aus R_{01} und R_{03}

$$U_{A1} = \frac{R_{01}R_{03}}{R_{01}R_{03} + R_{02}(R_{01} + R_{03})} U_A \ . \tag{4.7}$$

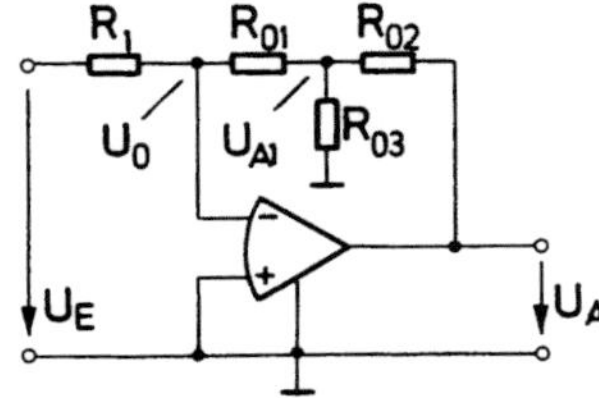

Bild 4.5. Invertierender Verstärker mit einem T-Glied in der Rückkopplung

Der Strom I_0 durch den Widerstand R_{01} in den virtuellen Masseknoten beträgt

$$I_0 = \frac{U_{A1}}{R_{01}} = \frac{U_A}{R_{01} + R_{01}R_{02}/R_{03} + R_{02}} \ . \tag{4.8}$$

In der Schaltung in Bild 4.4 beträgt der Strom I_0 durch den Rückkopplungswiderstand R_0 in den virtuellen Masseknoten

$$I_0 = \frac{U_A}{R_0} \ . \tag{4.9}$$

Wie der Vergleich von (4.8) mit (4.9) zeigt, ist das Rückkopplungs-T-Glied in Bild 4.5 einem äquivalenten Rückkopplungswiderstand R_0 vom Wert

$$R_0 = R_{01} + R_{02} + R_{01}R_{02}/R_{03} \tag{4.10}$$

in seiner Wirkung gleichzusetzen.

Beispiel 4.1

Ein invertierender Verstärker soll einen Verstärkungsfaktor v=-100 und einen Eingangswiderstand von 100 kΩ haben. Aus verschiedenen Gründen sollen die verwendeten Widerstände den Wert 1 MΩ nicht überschreiten.

Der Widerstand R_1 ist damit festgelegt: R_1=100 kΩ. Nach (4.6) ergibt sich damit ein Rückkopplungswiderstand von R_0=10 MΩ, der nicht direkt realisiert werden kann. Wählt man ein Rückkopplungs-T-Glied mit R_{01}=R_{02}=1 MΩ, so erhält man aus (4.10) nach R_{03} aufgelöst

$$R_{03} = \frac{R_{01}R_{02}}{R_0 - R_{01} - R_{02}} = \frac{1}{8} \ M\Omega = 125 \ k\Omega \ .$$

Sieht man in Bild 4.4 statt eines einzigen Eingangswiderstandes mehrere vor, so erhält man einen *summierenden Verstärker* oder *Summierer* nach Bild 4.6. Es läßt sich leicht zeigen, daß die Ausgangsspannung des Summierers

$$U_A = \sum_{i=1}^{n} v_i \, U_{Ei} = - \sum_{i=1}^{n} \frac{R_0}{R_{1i}} \, U_{Ei} \tag{4.11}$$

beträgt.

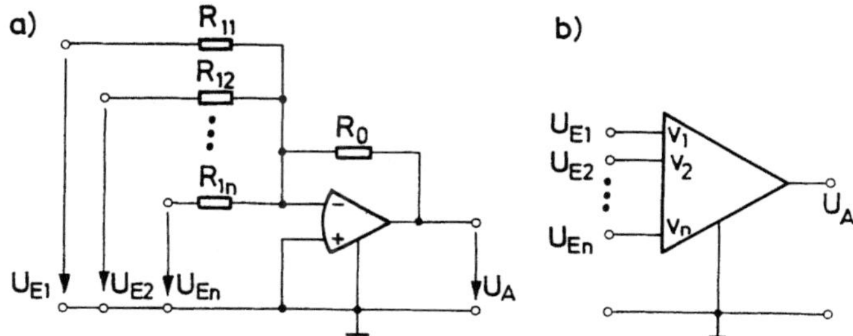

Bild 4.6. Summierer für n Eingangsspannungen U_{E1} bis U_{En} (a) und Symbol des Summierers (b)

Schließt man in der Schaltung nach Bild 4.2 das Tor mit U_{E2} kurz ($U_{E2}=0$), so erhält man einen *nichtinvertierenden Verstärker*, siehe Bild 4.7a. Sein Verstärkungsfaktor ist nach (4.5) als

$$v = \frac{U_A}{U_E} = (1 + \frac{R_0}{R_1}) \frac{R_3}{R_2 + R_3} \tag{4.12}$$

gegeben. Je nach Wahl der Widerstände R_0 bis R_3 können alle positiven Verstärkungsfaktoren erreicht werden. Verzichtet man auf den Eingangsteiler R_2, R_3, so erhält man die gebräuchlichste nichtinvertierende Verstärkerschaltung nach Bild 4.7b. Ihr Verstärkungsfaktor lautet gemäß (4.12) mit $R_3 \to \infty$ und $R_2=0$

$$v = \frac{U_A}{U_E} = 1 + \frac{R_0}{R_1} \; . \tag{4.13}$$

Diese Schaltung kann nur Verstärkungsfaktoren v>1 annehmen. Im Grenzfall $R_1 \to \infty$ und $R_0=0$ ist der Verstärkungsfaktor v=1. Dieser Fall ist in Bild 4.7c dargestellt und wird *Spannungsfolger* genannt. Bild 4.7d zeigt schließlich eine Variante für

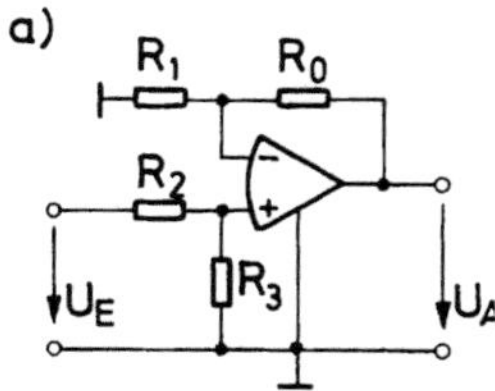

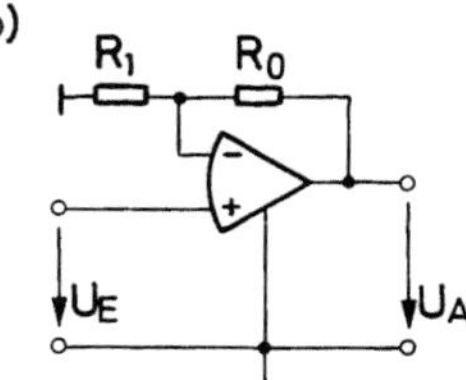

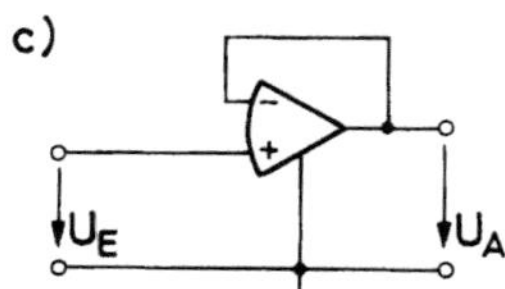

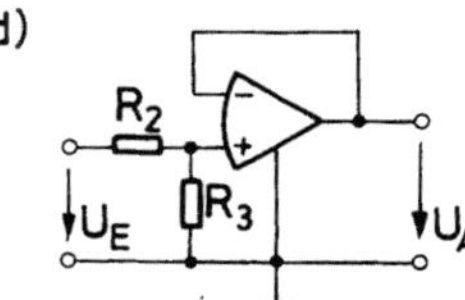

Bild 4.7. Nichtinvertierende Verstärker: a) allgemeine Schaltung, b) für Verstärkungen v>1, c) Spannungsfolger v=1, d) für Verstärkungen v<1

78

Verstärkungsfaktoren v<1. Für R_0=0 und $R_1 \rightarrow \infty$ ergibt sich der Verstärkungsfaktor aus (4.12) zu

$$v = \frac{U_A}{U_E} = \frac{R_3}{R_2 + R_3} \quad . \tag{4.14}$$

Nutzt man beide Eingänge der Schaltung in Bild 4.2 durch Parallelschaltung gleichzeitig aus, so bekommt man einen Verstärker, der je nach Dimensionierung der Widerstände R_0 bis R_3 invertiert oder nicht invertiert. Der Verstärkungsfaktor ist dann gleich der Summe der in (4.6) und (4.12) dargestellten Ausdrücke.

Beispiel 4.2

Die Verstärkerschaltung in Bild 4.8 geht aus Bild 4.2 durch Parallelschalten beider Eingänge (U_{E1}=U_{E2}=U_E) hervor. Der Teiler R_2,R_3 ist als Potentiometer ausgeführt. Setzt man R_1=R_0 und R_3=αR und R_2=(1-α)R, so erhält man mit (4.6) und (4.12) einen Verstärkungsfaktor

$$v = - \frac{R_0}{R_1} + (1 + \frac{R_0}{R_1}) \frac{R_3}{R_2 + R_3} = -1 + 2\alpha \quad . \tag{4.15}$$

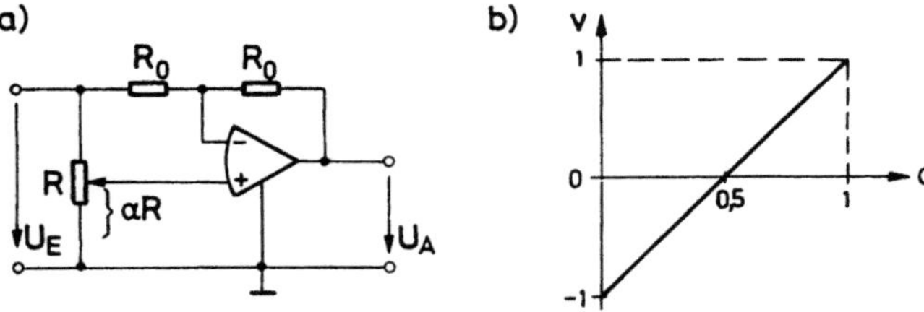

Bild 4.8. Verstärkungsanordnung mit variabler positiver und negativer Verstärkung (a) und zugehöriges Verstärkungsdiagramm (b)

Der Verlauf von v in Abhängigkeit von α ist in Bild 4.8b aufgezeichnet. Mit Hilfe des Potentiometers ist es also möglich, kontinuierlich Verstärkungsfaktoren zwischen v=-1 und v=+1 einzustellen.

4.1.2 Differenzverstärker

Bei einem Verstärker in Vierpolanordnung sind die Eingangsbezugsklemme e_2 und die Ausgangsbezugsklemme a_2 nicht verbunden. Wird solch eine Schaltung als Zweitor

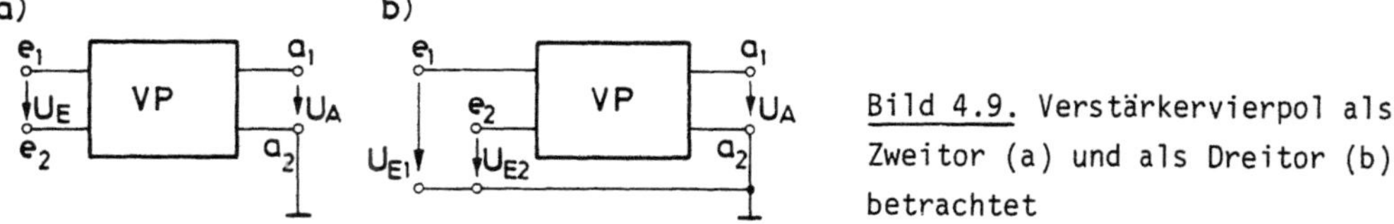

Bild 4.9. Verstärkervierpol als Zweitor (a) und als Dreitor (b) betrachtet

mit geerdeter[1] Ausgangsbezugsklemme betrieben (siehe Bild 4.9a), so ist die Eingangsspannung U_E nicht erdbezogen. Über die Spannung zwischen den Bezugsklemmen e_2 und a_2 wird bei der Zweitorbetrachtung nichts ausgesagt. Bei vielen Verstärkeranordnungen hat diese Spannung jedoch Einfluß auf die Ausgangsspannung U_A. Um das zu erfassen, muß der Vierpol als Dreitor beschrieben werden.

Eine häufig verwendete Anordnung der drei Tore zeigt Bild 4.9b. Alle Torspannungen sind auf den Ausgangsbezugsknoten a_2 bezogen. Die Ausgangsspannung läßt sich als

$$U_A = v_1 U_{E1} + v_2 U_{E2} \qquad (4.16)$$

schreiben. Haben die beiden Verstärkungsfaktoren v_1 und v_2 verschiedenes Vorzeichen, so spricht man von einem *Differenzverstärker*. In diesem Fall betrachtet man meist nicht die Eingangsspannungen U_{E1} und U_{E2} selbst, sondern ihren arithmetischen Mittelwert, die sogenannte *Gleichtakteingangsspannung*

$$U_{Eg} = \frac{U_{E1} + U_{E2}}{2} \qquad (4.17)$$

und ihre Differenz, die sogenannte *Gegentakt- oder Differenzeingangsspannung*

$$U_{Ed} = U_{E1} - U_{E2} \; . \qquad (4.18)$$

In Bild 4.10 ist ein entsprechendes Ersatzbild zu sehen. Die Ausgangsspannung

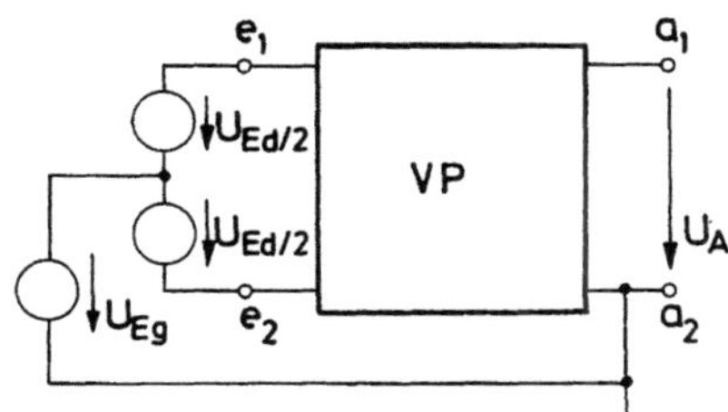

Bild 4.10. Differenzverstärker, ausgesteuert mit einer Gleichtaktspannung U_{Eg} und einer (in zwei gleiche Teile geteilten) Differenzspannung U_{Ed}

---

[1] Mit Masse- oder Erdknoten soll hier der Bezugsknoten der Gesamtschaltung bezeichnet werden, in die der Verstärker eingebettet ist.

lautet damit

$$U_A = v_g U_{Eg} + v_d U_{Ed} \quad . \tag{4.19}$$

Darin wird v_g als *Gleichtakt-* und v_d als *Differenzverstärkung* bezeichnet. Das Verhältnis der beiden Verstärkungen, nämlich die *Gleichtaktunterdrückung*

$$G = |v_d/v_g| \quad , \tag{4.20}$$

ist eine wichtige Größe zur Kennzeichnung eines Differenzverstärkers. Ist die Gleichtaktverstärkung null, die Gleichtaktunterdrückung also unendlich groß, so spricht man von einem *idealen Differenzverstärker*. In diesem Fall ist die Ausgangsspannung U_A unabhängig von der Spannung zwischen den Bezugsklemmen e_2 und a_2.

Die in Bild 4.2 gezeigte Schaltung stellt einen Differenzverstärker dar. Ihr Hauptvorteil gegenüber anderen Schaltungen ist der geringe Aufwand: ein Operationsverstärker und vier Widerstände.

Zur Berechnung der Gleichtaktverstärkung setzt man $U_{Ed}=0$. Damit folgt aus (4.17 - 18)

$$U_{Eg} = U_{E1} = U_{E2} \quad . \tag{4.21}$$

Mit (4.21) ergibt sich der Zusammenhang zwischen der Ausgangsspannung U_A und der Gleichtakteingangsspannung U_{Eg} aus (4.5) zu

$$v_g = \left. \frac{U_A}{U_{Eg}} \right|_{U_{Ed}=0} = \frac{R_1 R_3 - R_0 R_2}{R_1 (R_2 + R_3)} \quad . \tag{4.22}$$

Setzt man $U_{Eg}=0$, so folgt aus (4.17 - 18)

$$U_{E1} = U_{Ed}/2 \quad , \quad U_{E2} = - U_{Ed}/2 \tag{4.23}$$

und damit aus (4.5)

$$v_d = \left. \frac{U_A}{U_{Ed}} \right|_{U_{Eg}=0} = \frac{R_3(R_0 + R_1) + R_0(R_2 + R_3)}{2 R_1 (R_2 + R_3)} \quad . \tag{4.24}$$

Die Gleichtaktunterdrückung errechnet sich mit (4.20), (4.22) und (4.24) zu

$$G = \left| \frac{v_d}{v_g} \right| = \left| \frac{R_3(R_0 + R_1) + R_0(R_2 + R_3)}{2(R_1 R_3 - R_0 R_2)} \right| \quad . \tag{4.25}$$

Die Gleichtaktunterdrückung wird unendlich groß, wenn die vier Widerstände gemäß der Bedingung

$$R_1 R_3 = R_0 R_2 \tag{4.26}$$

aufeinander abgestimmt sind. In diesem Fall beträgt die Differenzverstärkung

$$v_d = \frac{R_0}{R_1} \; , \tag{4.27}$$

was sich durch Einsetzen von (4.26) in (4.24) zeigen läßt.

Nachteil des Differenzverstärkers nach Bild 4.2 ist der endliche und bei hohen Differenzverstärkungsfaktoren kleine Eingangswiderstand. Er beträgt im Falle von $R_1=R_2$ und $R_0=R_3$ für Differenzsignale $2R_1$ und für Gleichtaktsignale $(R_2+R_3)/2$. Um hohe Gleichtaktunterdrückung zu erzielen, muß die Bedingung (4.26) in sehr guter Näherung erfüllt sein. Schwierigkeiten können auftreten, wenn die beiden Eingangsspannungen U_{E1} und U_{E2} aus Quellen mit verschiedenen Innenwiderständen stammen, bzw. wenn sich diese Innenwiderstände unter äußeren Einflüssen verschieden stark ändern.

Beispiel 4.3

Bei einem Differenzverstärker nach Bild 4.2 mögen folgende Bedingungen für die Widerstände R_0 bis R_3 vorliegen:

$$R_0 = R_3 \; , \quad R_2 = (1 + \alpha)R_1 \quad \text{mit} \quad \alpha \ll 1 \; . \tag{4.28}$$

Die Bedingung (4.26) ist also nur näherungsweise erfüllt. Setzt man (4.28) in (4.25) ein, so erhält man eine Gleichtaktunterdrückung

$$G = \left| \frac{v_d + 1 + \alpha/2}{\alpha} \right| \; , \tag{4.29a}$$

$$G \approx \left| (v_d + 1)/\alpha \right| \; , \tag{4.29b}$$

mit $v_d=R_0/R_1$ gemäß (4.27).

Für eine Differenzverstärkung von $v_d=10$ möge beispielsweise eine Dimensionierung $R_0=R_3=10$, $R_1=1$ und $R_2=1,01$ vorliegen. Der Widerstand R_2 weicht um 1% von dem Idealwert für eine unendliche Gleichtaktunterdrückung ab. Mit diesen Werten ergibt sich eine Gleichtaktunterdrückung nach (4.19b) von $G \approx 1100$.

Die meisten der genannten Nachteile lassen sich vermeiden, wenn man dem Differenzverstärker nach Bild 4.2 die in Bild 4.11 gezeigte Verstärkerstufe vorschaltet. Da die Eingangsspannungen der Operationsverstärker den Wert Null haben, liegen an den Klemmen des Widerstandes R_2 die Eingangsspannungen U_{E1} und U_{E2}. Der Strom I durch die Widerstände R_1, R_2 und R_3 lautet daher

$$I = \frac{U_{E1} - U_{E2}}{R_2} \; . \tag{4.30}$$

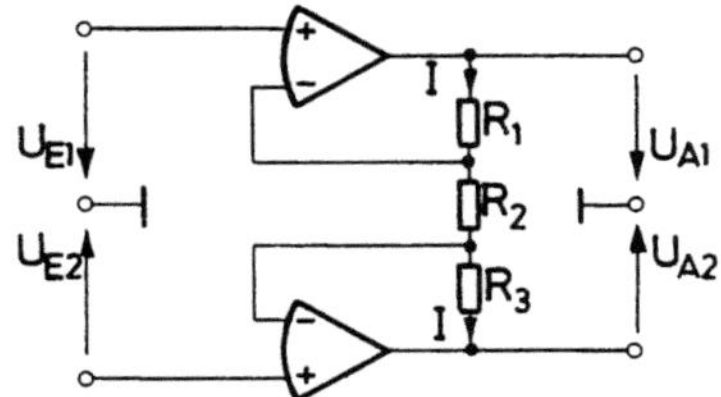

<u>Bild 4.11.</u> Verstärkerstufe mit Differenzeingang
und Differenzausgang

Damit lassen sich die beiden Ausgangsspannungen U_{A1} und U_{A2} ausdrücken

$$U_{A1} = U_{E1} + R_1 I = U_{E1} + \frac{R_1}{R_2} (U_{E1} - U_{E2}) \quad , \tag{4.31a}$$

$$U_{A2} = U_{E2} - R_3 I = U_{E2} - \frac{R_3}{R_2} (U_{E1} - U_{E2}) \quad . \tag{4.31b}$$

Aus (4.31) folgt unmittelbar die Ausgangsdifferenzspannung

$$U_{Ad} = U_{A1} - U_{A2} = \frac{R_1 + R_2 + R_3}{R_2} (U_{E1} - U_{E2}) \quad ,$$

$$= v'_d \cdot (U_{E1} - U_{E2}) = v'_d U_{Ed} \tag{4.32}$$

und die Ausgangsgleichtaktspannung

$$U_{Ag} = \frac{1}{2} (U_{A1} + U_{A2})$$

$$= \frac{1}{2} (U_{E1} + U_{E2}) + \frac{R_1 - R_3}{2R_2} (U_{E1} - U_{E2}) \tag{4.33}$$

$$= v'_g U_{Eg} + v'_{dg} U_{Ed}$$

mit $v'_g = 1$.

Schaltet man der Verstärkerstufe nach Bild 4.11 den Differenzverstärker aus
Bild 4.2 mit einer Gleichtaktverstärkung v_g und einer Differenzverstärkung v_d
nach, so erhält man unter Berücksichtigung von (4.19) für die gesamte Anordnung
eine Gleichtaktunterdrückung von

$$G = \left| \frac{v'_d v_d + v'_{dg} v_g}{v'_g v_g} \right| \quad . \tag{4.34}$$

Setzt man der Einfachheit halber in Bild 4.11 die Widerstände $R_1 = R_3$, so ergibt
sich wegen $v'_{dg} = 0$ eine Gleichtaktunterdrückung von

$$G = \left| v'_d \frac{v_d}{v_g} \right| \quad , \quad R_1 = R_3 \quad . \tag{4.35}$$

Die Gleichtaktverstärkung v_g' der Differenzverstärkerstufe hat also stets den Wert
Eins. Die Differenzverstärkung v_d' läßt sich gemäß (4.32) mit Hilfe der Widerstände
R_1 bis R_3 einstellen. Die Gleichtaktunterdrückung des nachgeschalteten Differenzverstärkers wird um den Faktor v_d' verbessert. Ist allerdings der Differenzverstärkungsfaktor der Gesamtanordnung vorgegeben, so muß berücksichtigt werden, daß
die Gleichtaktunterdrückung und die Differenzverstärkung des nachgeschalteten
Differenzverstärkers miteinander verknüpft sind, siehe (4.29).

Von Vorteil ist ferner die Möglichkeit, mit dem Widerstand R_2 die Differenzverstärkung zu variieren, ohne die Gleichtaktverstärkung zu verändern. Wichtig
ist auch die unendlich hohe Eingangsimpedanz. Die Verstärkerstufe in Bild 4.11
verbessert nicht nur die Gleichtaktunterdrückung, sondern wirkt überdies als
Trennverstärker bzw. Impedanzwandler.

Bild 4.12 zeigt eine Schaltungsalternative mit zwei Operationsverstärkern. Der
linke der beiden Operationsverstärker ist als invertierender Verstärker geschaltet, der rechte als Summierer mit zwei Eingängen. Mit (4.6) und (4.11) läßt sich

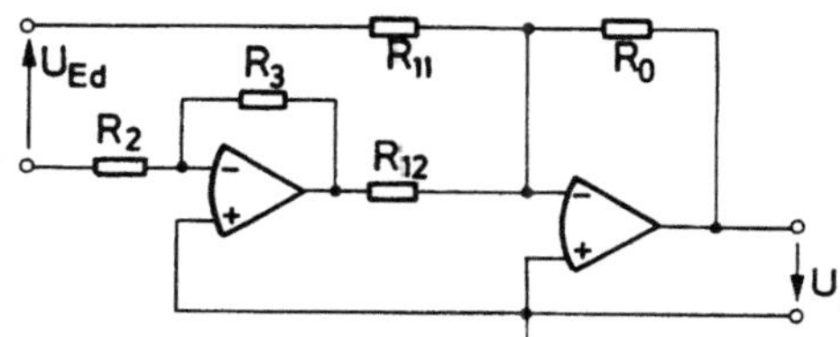

Bild 4.12. Differenzverstärker aus
einem Inverter und einem Summierer

zeigen, daß zur völligen Gleichtaktunterdrückung die Bedingung

$$R_{11}R_3 = R_{12}R_2 \tag{4.36}$$

erfüllt sein muß. Die Differenzverstärkung beträgt dann

$$v_d = \frac{U_A}{U_{Ed}} = \frac{R_0}{R_{11}} \ . \tag{4.37}$$

Nachteilig ist wie bei der Schaltung nach Bild 4.2 der endliche Eingangswiderstand. Im Gegensatz zu dieser ist jedoch die Differenzverstärkung mit Hilfe des
Widerstandes R_0 ohne Änderung der Gleichtaktunterdrückung variierbar. Hauptvorteil
ist die fehlende Gleichtaktaussteuerung an beiden Operationsverstärkern, so daß
sich die Gleichtaktgrößen der Operationsverstärker selbst (siehe Kapitel 5) nicht
bemerkbar machen.

4.2 Transadmittanzverstärker

Der *Transadmittanzverstärker* oder *Spannungs-Strom-Konverter* ist im Idealfall eine
spannungsgesteuerte Stromquelle mit verschwindendem Eingangs- und Ausgangsleitwert,

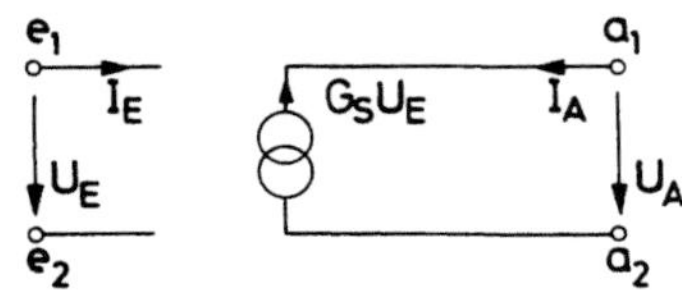

Bild 4.13. Ersatzbild des idealen Transadmittanzverstärkers

siehe Bild 4.13. Die zugehörige Kettenmatrix lautet

$$\begin{bmatrix} U_E \\ I_E \end{bmatrix} = \begin{bmatrix} 0 & 1/G_S \\ 0 & 0 \end{bmatrix} \cdot \begin{bmatrix} U_A \\ -I_A \end{bmatrix} . \qquad (4.38)$$

Die *Steueradmittanz (Steuerleitwert)* G_S ist der Quotient vom (negierten) Ausgangsstrom $-I_A$ zur Eingangsspannung U_E bei beliebiger Ausgangsspannung U_A.

4.2.1 Gleichtaktverstärker

Bild 4.14a zeigt einen Transadmittanzverstärker für eine erdfreie ausgangsseitige
Lastimpedanz Z_L. Der Verstärker ist insofern nicht ideal, als er einen endlichen

a) 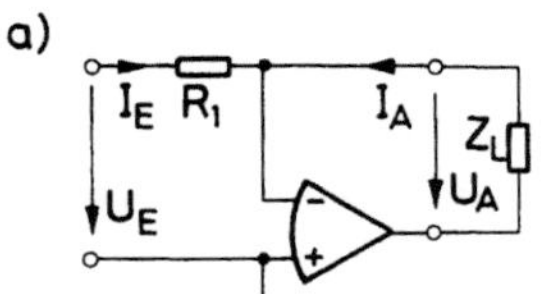   b) 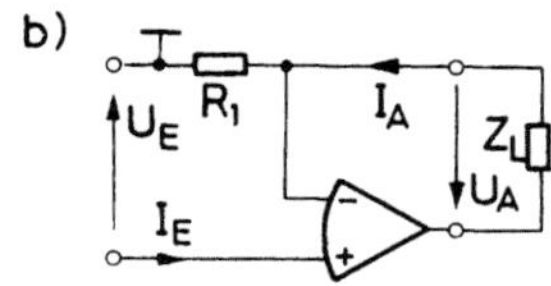

Bild 4.14. Transadmittanzverstärker für eine erdfreie
Last: a) mit endlichem,
b) mit unendlichem Eingangswiderstand

Eingangswiderstand R_1 besitzt. Der Eingangsstrom I_E hat den Wert

$$I_E = U_E/R_1 = -I_A \qquad (4.39)$$

und ist gleich dem negativen Ausgangsstrom $-I_A$, da der Operationsverstärkerein-
gangsstrom gleich Null ist. Der Strom durch die Lastimpedanz Z_L ist also unabhängig vom Wert von Z_L. Ein Vergleich von (4.39) mit (4.38) zeigt, daß die Steueradmittanz durch

$$G_S = 1/R_1 \qquad (4.40)$$

gegeben ist.

Bild 4.14b zeigt die gleiche Verstärkungsanordnung, aber mit einem unendlich
hohen Eingangswiderstand ($I_E=0$). Die Eingangsspannung U_E und der Ausgangsstrom I_A
sind über die Beziehung

$$I_A = U_E/R_1 \qquad (4.41)$$

verknüpft, die Steueradmittanz hat daher den Wert $G_S=-1/R_1$.

Einen Transadmittanzverstärker für eine geerdete Lastimpedanz zeigt Bild 4.15a. Ein Teil dieser Schaltung ist zur Verdeutlichung in Bild 4.15c herausgezeichnet. Im Leerlauffall (I_A=0) sind die Spannung U_1 und der Strom I_E gleich Null. Für die

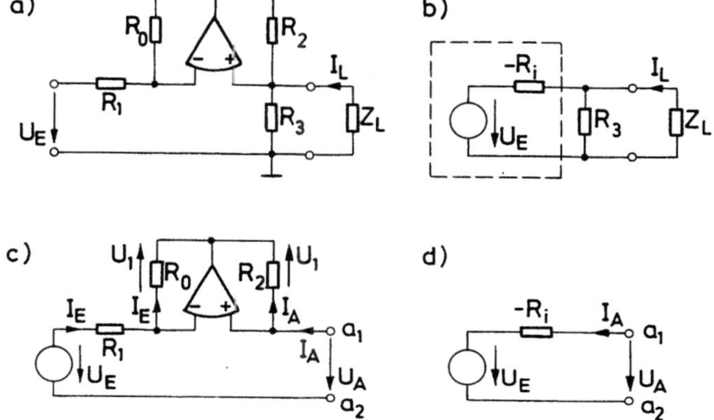

Bild 4.15. Transadmittanzverstärker für eine geerdete Lastimpedanz Z_L: a) Schaltbild, b) Ersatzbild zur Berechnung des Stromes I_L, c) Teilschaltung, d) Ersatzbild zur Teilschaltung

Ausgangsleerlaufspannung gilt daher

$$U_A\big|_{I_A=0} = U_E \ . \tag{4.42}$$

Im Kurzschlußfall (U_A=0) beträgt der Eingangsstrom

$$I_E = U_E/R_1 \ , \tag{4.43}$$

die Spannung U_1 über dem Widerstand R_0 lautet daher

$$U_1 = R_0 \cdot I_E = U_E R_0/R_1 = R_2 I_A \ . \tag{4.44}$$

Der Ausgangskurzschlußstrom ergibt sich aus (4.44) zu

$$I_A\big|_{U_A=0} = \frac{R_0}{R_1 R_2} U_E = \frac{1}{R_i} U_E \ . \tag{4.45}$$

Die Schaltung in Bild 4.15c stellt daher eine Spannungsquelle mit der Leerlaufspannung U_E und mit einem negativen Innenwiderstand $-R_i$ dar, siehe Bild 4.15d. (Der Operationsverstärker stellt zusammen mit den beiden Widerständen R_0 und R_2 einen sogenannten *strominvertierenden Negativ-Impedanz-Konverter* dar. Im Kapitel 7 (siehe Bild 7.5) wird gezeigt, daß ein solches Zweitor die Abschlußimpedanz des

einen Tores am anderen Tor negiert wiedergibt.) Dieser Quelle mit negativem Innenwiderstand ist nach Bild 4.15a ein Widerstand R_3 parallelgeschaltet, so daß sich
insgesamt ein ausgangsseitiger Innenwiderstand von

$$R_A = \frac{-R_3 R_i}{R_3 - R_i} = \frac{R_1 R_2 R_3}{R_1 R_2 - R_0 R_3} \qquad (4.46)$$

ergibt. Unter der Bedingung

$$R_1 R_2 = R_0 R_3 \qquad (4.47)$$

wird dieser Innenwiderstand unendlich groß.

Beispiel 4.4

Die Bedingung (4.47) sei mit $R_0 = R_2$ und $R_1 = (1+\alpha)R_3$ nur näherungsweise erfüllt. Aus
(4.46) ergibt sich

$$R_A = \frac{(1 + \alpha)R_3}{\alpha} \approx R_3/\alpha \quad \text{für} \quad \alpha \ll 1 \; . \qquad (4.48)$$

Unter der Annahme $R_1 = R_3$ und $R_2 = R_0(1+\alpha)$ errechnet sich

$$R_A = \frac{(1 + \alpha)R_3}{\alpha} \approx R_3/\alpha \quad .$$

Das gleiche Ergebnis, nur mit anderem Vorzeichen, erhält man, wenn man R_0 oder R_3
mit einem relativen Fehler α beaufschlagt.

Der Ausgangsstrom I_L in Abhängigkeit von der Eingangsspannung U_E folgt aus
Bild 4.15b zu

$$I_L = \frac{1}{Z_L} \cdot \frac{R_3 Z_L U_E}{R_3 Z_L - R_i(R_3 + Z_L)} = \frac{R_3 U_E}{R_3 R_i + Z_L(R_i - R_3)} \quad .$$

Setzt man gemäß (4.45) und (4.47) $R_i = R_3$, so gilt

$$I_L = U_E/R_i \quad ,$$

Die Steueradmittanz hat dann den Wert

$$G_S = -1/R_i \quad . \qquad (4.49)$$

Eine Berechnung des Eingangswiderstandes der Schaltung nach Bild 4.15a ergibt

$$R_E = R_1 - \frac{R_0}{R_2} \cdot \frac{R_3 Z_L}{R_3 + Z_L} \qquad (4.50)$$

und mit (4.47)

$$R_E = \frac{R_0 R_3}{R_2} \left(1 - \frac{Z_L}{R_3 + Z_L}\right) \ . \tag{4.51}$$

Für ohmsche Lastwiderstände $Z_L = R_L$ nimmt der Eingangswiderstand R_E stets positive Werte an. Für $Z_L \to \infty$ (ausgangsseitiger Leerlauf) ist der Eingangswiderstand null, die Schaltung befindet sich dann an der Stabilitätsgrenze, siehe Kapitel 7.

Zusammenfassend läßt sich für den Transadmittanzverstärker nach Bild 4.15a das in Bild 4.16 gezeigte Ersatzbild mit dem Eingangswiderstand R_E nach (4.50), der Steueradmittanz G_S nach (4.49) und dem ausgangsseitigen Innenwiderstand R_A nach (4.46) angeben.

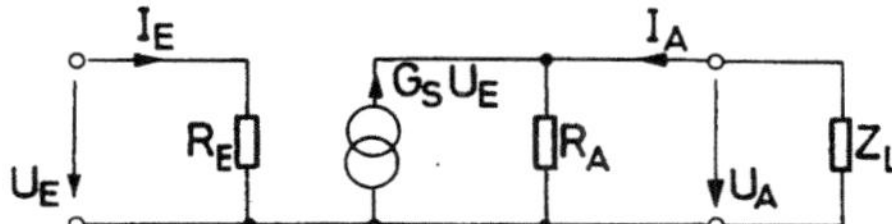

Bild 4.16. Ersatzbild des Transadmittanzverstärkers nach Bild 4.15a

4.2.2 Differenzverstärker

Bild 4.17 zeigt einen Transadmittanzverstärker mit Differenzeingang, der aus der Verstärkerschaltung in Bild 4.11 abgeleitet ist. Dieser Verstärker ist allerdings nur für erdfreie Lastimpedanzen Z_L geeignet.

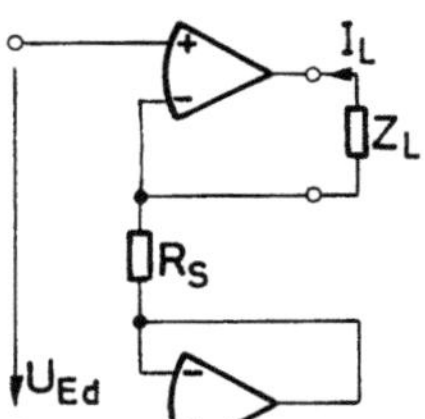

Bild 4.17. Differenzverstärker für erdfreie Lastimpedanzen

Da die Operationsverstärkereingänge stromlos sind, fließt der Laststrom I_L durch den Widerstand R_S. Wegen der verschwindenden Eingangsspannungen der Operationsverstärker liegt am Widerstand R_S die Eingangsdifferenzspannung U_{Ed}, so daß

$$-I_L = U_{Ed}/R_S = G_S U_{Ed} \tag{4.52}$$

gilt. Der Laststrom I_L ist unabhängig von dem Wert der Lastimpedanz Z_L. Er hängt allein von dem Steuerleitwert $G_S = 1/R_S$ und der Eingangsdifferenzspannung U_{Ed} ab.

Fügt man in der Verstärkerschaltung nach Bild 4.15a zwischen dem Widerstand R_3 und dem Masseknoten eine weitere Eingangsspannungsquelle ein, so gelangt man zu

88

der Differenzverstärkerschaltung in Bild 4.18a. Darin sind die vier Widerstände bereits so aufeinander abgestimmt, daß der ausgangsseitige Innenleitwert verschwindet.

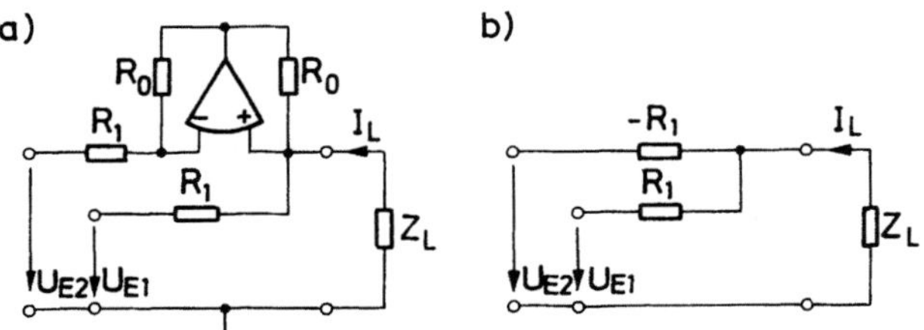

<u>Bild 4.18.</u> Transadmittanzverstärker mit Differenzeingang für erdgebundene Lastimpedanzen Z_L: a) Schaltbild, b) Ersatzbild für die Berechnung des Laststromes I_L

Bild 4.18b zeigt ein Ersatzbild für die Berechnung des Laststromes I_L (siehe auch Bild 4.15c und d). Eine Analyse ergibt

$$-I_L = \frac{1}{R_1} (U_{E1} - U_{E2}) \tag{4.53}$$

und mit der Differenzeingangsspannung U_{Ed} gemäß (4.18)

$$-I_L = G_S U_{Ed} \quad , \tag{4.54a}$$

$$G_S = 1/R_1 \quad . \tag{4.54b}$$

Die vier Widerstände in Bild 4.18a müssen aus zweierlei Gründen aufeinander abgestimmt sein: einmal, um eine hohe Gleichtaktunterdrückung zu erreichen, und zum anderen, um den ausgangsseitigen Innenwiderstand unendlich groß zu machen. Wegen des endlichen Eingangswiderstandes (für Differenzsignale $2R_1$, für Gleichtaktsignale $R_1/2$) müssen etwaige Innenwiderstände der beiden Eingangsspannungsquellen berücksichtigt werden. Abhilfe kann auch hier die in Bild 4.11 gezeigte Verstärkerstufe schaffen: Durch Vorschalten dieser Stufe wird eine eingangsseitige Entkopplung und eine Verbesserung der Gleichtaktunterdrückung erreicht.

4.3 Transimpedanzverstärker

Der *Transimpedanzverstärker* oder *Strom-Spannungs-Konverter* ist im Idealfall eine *stromgesteuerte Spannungsquelle* mit verschwindendem Eingangs- und Ausgangswiderstand, siehe Bild 4.19. Die Kettenmatrix des idealen Transimpedanzverstärkers lautet

$$\begin{bmatrix} U_E \\ I_E \end{bmatrix} = \begin{bmatrix} 0 & 0 \\ 1/R_S & 0 \end{bmatrix} \cdot \begin{bmatrix} U_A \\ -I_A \end{bmatrix} \, , \tag{4.55}$$

wobei R_S als *Steuerimpedanz (Steuerwiderstand)* bezeichnet wird.

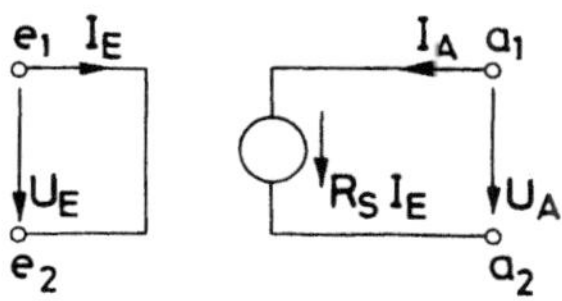

Bild 4.19. Ersatzbild des idealen Transimpedanzverstärkers

Bild 4.20 zeigt eine sehr einfache Realisierung mit einem Operationsverstärker und einem Widerstand. Die Eingangsspannung U_E hat den Wert Null, da die Operationsverstärkereingangsspannung verschwindet. Der steuernde Eingangskurzschlußstrom I_E

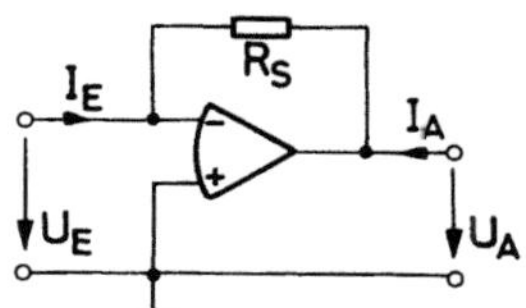

Bild 4.20. Einfache Transimpedanzverstärkerschaltung

fließt voll durch den Rückkopplungswiderstand der Anordnung, so daß die Ausgangsspannung U_A als

$$U_A = -R_S I_E \tag{4.56}$$

gegeben ist. Ein Vergleich mit (4.55) zeigt, daß der Steuerwiderstand gleich dem negierten Rückkopplungswiderstand $-R_S$ ist.

4.4 Stromverstärker

Der ideale *Stromverstärker* ist eine *stromgesteuerte Stromquelle*, dessen Eingangswiderstand und Ausgangsleitwert null sind, siehe Bild 4.21. Die Kettenmatrix des

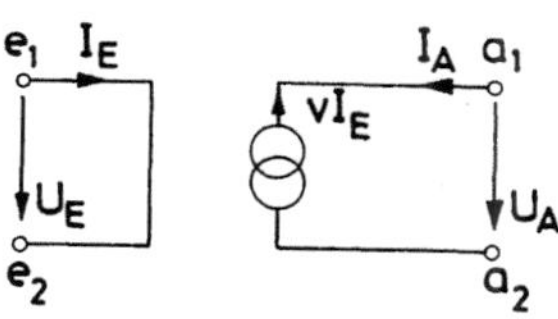

Bild 4.21. Ersatzbild des idealen Stromverstärkers

idealen Stromverstärkers lautet

$$\begin{bmatrix} U_E \\ I_E \end{bmatrix} = \begin{bmatrix} 0 & 0 \\ 0 & 1/v \end{bmatrix} \cdot \begin{bmatrix} U_A \\ -I_A \end{bmatrix} \qquad (4.57)$$

mit v als *Stromverstärkungsfaktor*.

Als Realisierung läßt sich jede Kettenschaltung aus einem Transimpedanz- und einem Transadmittanzverstärker angeben. Bild 4.22 zeigt eine direkte Realisierung, die Ähnlichkeit mit der Schaltung in Bild 4.15a aufweist. Der Eingangsstrom ruft

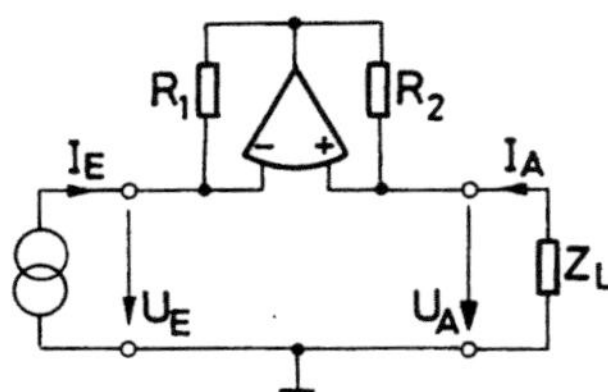

Bild 4.22. Realisierung eines Stromverstärkers

am Widerstand R_1 einen Spannungsabfall von $R_1 I_E$ hervor. Da die Operationsverstärkereingangsspannung null ist, muß an R_2 die gleiche Spannung abfallen: $R_1 I_E = R_2 I_A$. Der Stromverstärkungsfaktor lautet daher

$$v = \frac{-I_A}{I_E} = -\frac{R_1}{R_2} \; . \qquad (4.58)$$

Der ausgangsseitige Innenwiderstand ist unendlich groß, da der Ausgangsstrom I_A nicht vom Wert der Lastimpedanz Z_L abhängt. Der Eingangswiderstand ist im Gegensatz zum idealen Stromverstärker von null verschieden. In den Eingang hinein sieht man eine Impedanz

$$Z_E = \frac{U_E}{I_E} = -\frac{R_1}{R_2} Z_L \; , \qquad (4.59)$$

siehe hierzu auch Kapitel 7.

4.5 Zusammenfassung

Operationsverstärker werden häufig in Verstärkerschaltungen verwendet. Man unterscheidet dabei zwischen Spannungs-, Strom-, Transimpedanz- und Transadmittanzverstärkern. Im Idealfall ist jeder der vier Verstärker durch je einen der vier Elemente der Kettenmatrix gekennzeichnet. Die drei übrigen Elemente der Matrix haben jeweils den Wert Null.

Ausgehend von einer grundlegenden Spannungsverstärkungsschaltung lassen sich
Gleichtaktverstärker mit negativen und positiven Verstärkungsfaktoren angeben.
Sonderfälle davon sind Verstärker mit einem T-Glied in der Rückkopplung und Sum-
mierverstärker mit mehreren Eingängen.

Bei Differenzverstärkern wird in der Regel eine hohe Gleichtaktunterdrückung
gefordert. Realisierungen mit einem einzigen Operationsverstärker haben den Vorteil des geringen Aufwandes, von Nachteil ist jedoch meist der niedrige Eingangswiderstand. Abhilfe kann eine zusätzliche Differenzverstärkerstufe mit zwei Operationsverstärkern schaffen. Durch Vorschalten dieser Stufe wird eine eingangsseitige Entkopplung und eine Verbesserung der Gleichtaktunterdrückung erreicht.

Für Transadmittanzverstärker mit erdfreien Lastimpedanzen gibt es sehr einfache Schaltungslösungen. Im Falle von erdgebundenen Lastimpedanzen müssen die
Widerstände der Schaltung aufeinander abgestimmt werden, um einen unendlich
hohen Ausgangswiderstand zu erzielen. Das gleiche gilt auch für Transadmittanzverstärker mit einem Differenzeingang.

Transimpedanz- und Stromverstärker lassen sich mit einem einzigen Operationsverstärker und einem bzw. zwei Widerständen realisieren. In beiden Schaltungen
kann die Lastimpedanz erdgebunden sein.

5. Parasitäre Eigenschaften von realen Operationsverstärkern

In den bisherigen Betrachtungen wurde der Operationsverstärker als ideal angenommen. Dieses Idealmodell ist für ein erstes prinzipielles Kennenlernen der Operationsverstärkerschaltungen hinreichend geeignet. Zur Beschreibung praktisch realisierter Schaltungen muß das Modell des Operationsverstärkers jedoch erweitert werden. Es treten einige unvermeidbare, störende Eigenschaften hinzu. Zu diesen parasitären Eigenschaften zählen vor allem die endliche, frequenzabhängige Verstärkung, die endlichen Eingangs- und Ausgangswiderstände, die Gleichtaktgrößen, die Offsetgrößen, das Rauschen und einige nichtlineare Effekte wie der begrenzte Hub und die begrenzte Anstiegsgeschwindigkeit der Ausgangsspannung. Der reale Operationsverstärker nähert also die Eigenschaften des idealen Operationsverstärkers nur an und liefert darüberhinaus noch einige Störsignale.

In der Regel sind die verschiedenen parasitären Eigenschaften untereinander entkoppelt und die durch sie verursachten Fehler so klein, daß sie nacheinander getrennt abgeschätzt werden können. In den folgenden Abschnitten werden die verschiedenen nichtidealen Größen beschrieben, quantitativ erfaßt und zum Teil Kompensationsverfahren dazu angegeben. Der weite Bereich der frequenzabhängigen Verstärkung einschließlich Frequenzgangkompensation und Stabilitätsuntersuchung bleibt einem eigenen Kapitel vorbehalten.

5.1 Verstärkung, Eingangs- und Ausgangswiderstände

Die endliche Verstärkung und die endlichen Eingangs- und Ausgangswiderstände lassen sich mit dem in Bild 5.1 gezeigten linearen Modell darstellen [5.1]. Der Eingangswiderstand für Gleichtakteingangssignale ist durch die Parallelschaltung der

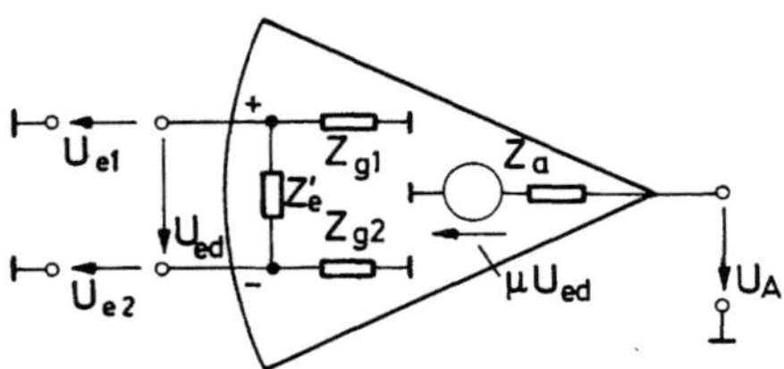

Bild 5.1. Ersatzbild des realen Operationsverstärkers mit endlicher Verstärkung und endlichen Eingangs- und Ausgangswiderständen

beiden Widerstände Z_{g1} und Z_{g2} gegeben. In der Regel ist die Operationsverstärker-eingangsstufe symmetrisch aufgebaut, so daß die beiden Widerstände Z_{g1} und Z_{g2} gleich groß sind. Der *Gleichtakteingangswiderstand* lautet dann

$$Z_g = Z_{g1} \| Z_{g2} = \frac{Z_{g1}}{2} = \frac{Z_{g2}}{2} \;,\; Z_{g1} = Z_{g2} \;. \tag{5.1}$$

Er ist meistens erheblich größer als der *Eingangswiderstand Z_d für Differenz-signale*, der exakt durch den Ausdruck

$$Z_d = Z_e' \| (Z_{g1} + Z_{g2}) = \frac{Z_e'(Z_{g1} + Z_{g2})}{Z_e' + Z_{g1} + Z_{g2}} \tag{5.2}$$

gegeben ist und in guter Näherung durch den Widerstand Z_e' repräsentiert wird

$$Z_d \approx Z_e' \qquad \text{für} \quad Z_{g1} = Z_{g2} \gg Z_e' \;. \tag{5.3}$$

In den Datenblättern von Operationsverstärkern findet man meist weder den Gleich-takteingangswiderstand Z_g noch den Differenzeingangswiderstand Z_d, sondern den *Eingangswiderstand Z_e*, den man an jeder der beiden Eingangsklemmen gegen Masse mißt, wenn die jeweils andere Eingangsklemme mit Masse verbunden ist. Aus Bild 5.1 läßt sich

$$Z_e = Z_e' \| Z_{g1} = Z_e' \| Z_{g2} \tag{5.4}$$

ablesen.

Der Spannungsverstärkungsfaktor μ wird in dem Modell als endliche reelle Zahl angenommen. Der ausgangsseitige Innenwiderstand des Verstärkers wird mit Z_a be-zeichnet.

a)   b)

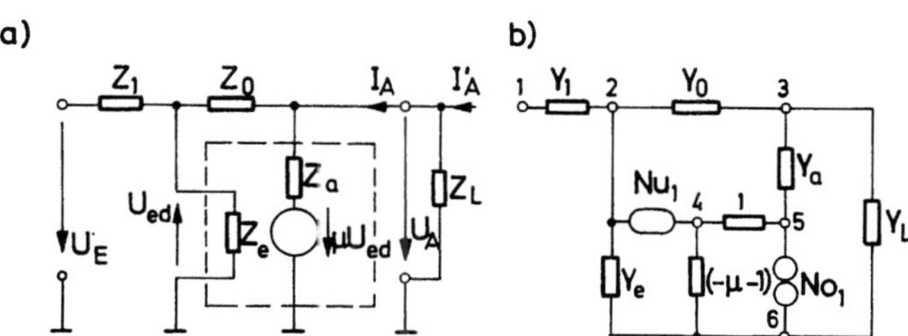

Bild 5.2. Ersatzbild des invertierenden Verstärkers mit linearem Operationsver-stärkermodell (a) und umgezeichnetes Ersatzbild für die Analyse (b)

Als Folge der zusätzlichen Verstärkerparameter verändern sich auch die Eigen-schaften des beschalteten Verstärkers. Im folgenden wird ihr Einfluß auf den

Eingangs- und Ausgangswiderstand sowie auf den Verstärkungsfaktor des invertierenden Verstärkers nach Bild 4.4 untersucht. Bild 5.2a zeigt das Ersatzbild des invertierenden Verstärkers. Die gesamte Verstärkeranordnung ist ausgangsseitig mit einer Lastimpedanz Z_L abgeschlossen.

In dem umgezeichneten Ersatzbild in Bild 5.2b sind jeweils die Admittanzen als Kehrwert der Impedanzen angegeben. Der Operationsverstärker besteht aus der Eingangsadmittanz Y_e, der Ausgangsadmittanz Y_a und einer spannungsgesteuerten Spannungsquelle in Form von einem Nullator Nu_1, einem Norator No_1 und zwei Leitwerten. Der Leitwert mit dem Wert 1 zwischen den Knoten 4 und 5 und der Leitwert mit dem Wert $(-\mu-1)$ zwischen den Knoten 4 und 6 legen den Spannungsverstärkungsfaktor μ fest, siehe auch Bild 3.3a. Die unbestimmte Admittanzmatrix Y läßt sich direkt aus Bild 5.2b ablesen. Unter Berücksichtigung des Nullators Nu_1 zwischen den Knoten 2 und 4 und des Norators No_1 zwischen den Knoten 5 und 6 erhält man

$$
Y = \begin{array}{c}
\begin{array}{ccccc}
1 & 3 & 2+4 & 5 & 6 \\
\downarrow & \downarrow & \downarrow & \downarrow & \downarrow
\end{array} \\
\left[\begin{array}{ccccc}
Y_1 & 0 & -Y_1 & 0 & 0 \\
-Y_1 & -Y_0 & Y_e+Y_1+Y_0 & 0 & -Y_e \\
0 & Y_0+Y_a+Y_L & -Y_0 & -Y_a & -Y_L \\
0 & 0 & -\mu & -1 & \mu+1 \\
0 & -Y_a-Y_L & \mu-Y_e & Y_a+1 & Y_e+Y_L-\mu-1
\end{array} \right]
\begin{array}{l}
\leftarrow 1 \\
\leftarrow 2 \\
\leftarrow 3 \\
\leftarrow 4 \\
\leftarrow 5+6
\end{array}
\end{array}
\qquad (5.5)
$$

Die Eingangsklemmen des beschalteten Verstärkers sind nach Bild 5.2 durch $e_1=1$ und $e_2=6$ gegeben, die Ausgangsklemmen durch $a_1=3$ und $a_2=6$. Da die Lastadmittanz $Y_L=1/Z_L$ in die Schaltung mit einbezogen ist, ist die Spannungsverstärkung durch die Leerlaufspannungsübertragungsfunktion nach (3.27) gegeben, also als Quotient aus der Adjunkten

$$
A^{e_2 e_1}_{a_2 a_1} = (-1)^{1+2} \begin{vmatrix}
-Y_1 & Y_e+Y_1+Y_0 & 0 \\
0 & -Y_0 & -Y_a \\
0 & -\mu & -1
\end{vmatrix}
$$

$$
= Y_1(Y_0-\mu Y_a) \qquad (5.6)
$$

und der Adjunkten

$$A^{e_2 e_1}_{e_2 e_1} = (-1)^{1+1} \begin{vmatrix} -Y_0 & Y_e+Y_1+Y_0 & 0 \\ Y_0+Y_a+Y_L & -Y_0 & -Y_a \\ 0 & -\mu & -1 \end{vmatrix} \tag{5.7}$$

$$= Y_a Y_0 - Y_0^2 + (Y_0+Y_a+Y_L)(Y_e+Y_1+Y_0) \; .$$

Die beiden Bezugsknoten e_2 und a_2 sind identisch. Der Verstärkungsfaktor des invertierenden Verstärkers lautet daher

$$v = \frac{U_A}{U_E} = \frac{Y_1(Y_0 - \mu Y_a)}{\mu Y_0 Y_a + (Y_0 + Y_a + Y_L)(Y_e + Y_1 + Y_0) - Y_0^2} \; . \tag{5.8}$$

Vernachlässigt man den ausgangsseitigen Innenwiderstand, $Z_a \to 0$ bzw. $Y_a \to \infty$, so folgt aus (5.8)

$$v = \frac{-\mu Y_1}{\mu Y_0 + Y_e + Y_1 + Y_0} = -\frac{Z_0}{Z_1} \frac{\mu \beta}{1 + \mu \beta} \; . \tag{5.9}$$

Darin sind

$$\beta = \frac{Y_0}{Y_e + Y_1 + Y_0} \tag{5.10}$$

der sogenannte *Rückkopplungsfaktor* und $\mu\beta$ die *Schleifenverstärkung* der Rückkopplungsschleife. Von der Ausgangsspannung U_A wird der Anteil βU_A auf den Operationsverstärkereingang zurückgekoppelt. Ein Vergleich von (4.6) mit (5.9) zeigt, daß durch die nichtidealen Eigenschaften des Operationsverstärkers ein Fehlerfaktor $\mu\beta/(1+\mu\beta)$ entsteht. Die endliche Verstärkung μ wirkt sich direkt auf die Schleifenverstärkung aus, die endliche Eingangsimpedanz Z_e über den Rückkopplungsfaktor β. Für $\mu \to \infty$ geht der Verstärkungsfaktor nach (5.9) in den für ideale Operationsverstärker nach (4.6) über.

Als nächstes wird die Eingangsimpedanz Z_E des invertierenden Verstärkers mit Hilfe der Beziehung

$$Z_E = Z_{11} = \frac{A^{e_2 e_1}_{e_2 e_1}}{\left| Y^{e_2}_{e_2} \right|} \tag{5.11}$$

berechnet. Die Determinante der Knotenadmittanzmatrix ergibt sich aus (5.5) zu

96

$$\left| Y^{e_2}_{e_2} \right| = \begin{vmatrix} Y_1 & 0 & -Y_1 & 0 \\ -Y_1 & -Y_0 & Y_e+Y_1+Y_0 & 0 \\ 0 & Y_0+Y_a+Y_L & -Y_0 & -Y_a \\ 0 & 0 & -\mu & -1 \end{vmatrix}$$

$$= \mu Y_a Y_1 Y_0 + Y_1[(Y_0 + Y_a + Y_L)(Y_e + Y_0) - Y_0^2] \; . \tag{5.12}$$

Gl.(5.12) und (5.7) in (5.11) eingesetzt ergibt

$$Z_E = \frac{1}{Y_1} \frac{\mu Y_a Y_0 + (Y_0 + Y_a + Y_L)(Y_e + Y_1 + Y_0) - Y_0^2}{\mu Y_a Y_0 + (Y_0 + Y_a + Y_L)(Y_e + Y_0) - Y_0^2} \; . \tag{5.13}$$

Vernachlässigt man wieder die Ausgangsimpedanz Z_a, so erhält man aus (5.13)

$$Z_E = Z_1 \frac{1 + 1/\mu\beta}{1 + (Y_e + Y_0)/\mu Y_0} \; . \tag{5.14}$$

Unter der Annahme, daß der Eingangsleitwert Y_e des Operationsverstärkers gegenüber dem Rückkopplungsleitwert Y_0 vernachlässigt ist, gilt

$$Z_E = Z_1 \frac{1 + 1/\mu\beta}{1 + 1/\mu} \; . \tag{5.15}$$

Schließlich interessiert noch die Frage, wie groß der ausgangsseitige Innenwiderstand Z_A des invertierenden Verstärkers ist, bzw. wie sich der Innenwiderstand Z_a des Operationsverstärkers durch die äußere Beschaltung ändert. Dieser Widerstand wird als Quotient von Ausgangsspannung zu Ausgangsstrom bei verschwindender Eingangsspannung U_E berechnet. Zunächst ergibt sich der Leerlaufausgangswiderstand

$$Z_{22} = \left. \frac{U_A}{I_A} \right|_{I_E=0} = \frac{A^{a_2 a_1}_{a_2 a_1}}{\left| Y^{a_2}_{a_2} \right|} \tag{5.16}$$

mit

$$A^{a_2 a_1}_{a_2 a_1} = (-1)^{3+2} \begin{vmatrix} Y_1 & -Y_1 & 0 \\ -Y_1 & Y_e+Y_1+Y_0 & 0 \\ 0 & -\mu & -1 \end{vmatrix}$$

$$= Y_1(Y_e + Y_0) \tag{5.17}$$

und

$$\left|Y^{a_2}_{a_2}\right| = \left|Y^{e_2}_{e_2}\right|$$

nach (5.9) zu

$$Z_{22} = \frac{Y_e + Y_0}{\mu Y_a Y_0 + (Y_0 + Y_a + Y_L)(Y_e + Y_0) - Y_0^2} \quad . \tag{5.18}$$

Er hängt wegen $I_E=0$ nicht von Y_1 ab. Gl.(5.18) gilt für den eingangsseitigen Leerlauf. Gesucht ist aber der Ausgangswiderstand Z_A für $U_E=0$, also für eingangsseitigen Kurzschluß. Dieser Widerstand geht aus (5.18) hervor, wenn man den Leitwert Y_e durch die Parallelschaltung von Y_e und Y_1 ersetzt, siehe Bild 5.2. Ferner ist bei der Berechnung des Innenwiderstandes statt des Stromes I'_A der Strom I_A zu betrachten bzw. die Lastadmittanz $Y_L=0$ zu setzen. Damit ergibt sich aus (5.18)

$$Z_A = \left.\frac{U_A}{I_A}\right|_{U_E=0} = \frac{Y_e + Y_1 + Y_0}{Y_a Y_0 + (Y_0 + Y_a)(Y_e + Y_1 + Y_0) - Y_0^2} \quad . \tag{5.19}$$

Für große Verstärkungsfaktoren $\mu \to \infty$ gilt

$$Z_A = Z_a \frac{1}{\mu\beta} \tag{5.20}$$

mit β nach (5.10). Durch das Rückkopplungsnetzwerk wird der Innenwiderstand Z_a des Operationsverstärkers um den Schleifenverstärkungsfaktor $\mu\beta$ verkleinert. Mit $\mu \to \infty$ kommt man wieder zum idealen Verstärker: Der Innenwiderstand Z_A wird Null.

Beispiel 5.1

Für einen bestimmten Operationsverstärker gibt der Hersteller die folgenden typischen Daten an: Verstärkungsfaktor $\mu=200000$, Eingangswiderstand $Z_e=R_e=2$ MΩ, Ausgangswiderstand $Z_a=R_a=75$ Ω. Dieser Operationsverstärker soll mit einem Eingangswiderstand $R_1=10$ kΩ und einem Rückkopplungswiderstand $R_0=1$ MΩ als invertierender Verstärker nach Bild 4.4 beschaltet und mit einem Widerstand $R_L=2$ kΩ belastet werden. Für einen idealen Operationsverstärker ergäbe die Beschaltung die Werte

$$v = -100 \quad , \qquad Z_E = 10 \text{ kΩ} \quad \text{und} \quad Z_A = 0 \text{ Ω} \quad .$$

Für den nichtidealen Operationsverstärker ergeben die exakten Beziehungen in (5.8), (5.13) und (5.19)

$$v = -99{,}9474 \quad , \qquad Z_E = 10{,}00519 \text{ kΩ} \quad \text{und} \quad Z_A = 0{,}038043 \text{ Ω} \quad .$$

Mit den Näherungsbeziehungen (5.9), (5.15) und (5.20) erhält man

$$v = -99{,}9493 \quad , \qquad Z_E = 10{,}00502 \text{ kΩ} \quad \text{und} \quad Z_A = 0{,}038063 \text{ Ω} \quad .$$

98

Die Näherungswerte für den Verstärkungsfaktor und für die Eingangs- und Ausgangsimpedanz liegen sehr nahe an den exakten Werten. Der Verstärkungsfaktor v und die
Eingangsimpedanz Z_E werden fast ausschließlich durch die beiden externen Widerstände R_0 und R_1 bestimmt. Die durch den nichtidealen Operationsverstärker verursachten Fehler werden durch die meist erheblich größeren Fehler dieser beiden
Widerstände überdeckt. Der Ausgangswiderstand des Operationsverstärkers wird wegen
der hohen Schleifenverstärkung von $\mu\beta=1970{,}44$ auf einen vernachlässigbar kleinen
Wert reduziert.

In dem nichtinvertierenden Verstärker nach Bild 4.7b und Bild 5.3a ist der Operationsverstärker als Vierpol geschaltet. Zur Analyse dieser Schaltung kann das in
Bild 5.3b gezeigte Vierpolersatzbild verwendet werden. Es besteht aus den Ein-
gangsleitwerten Y_{g1}, Y_e' und Y_{g2}, einem Differenzverstärker im mittleren Teil und
der Ausgangsadmittanz Y_a. Zwischen den Eingangsklemmen und dem Differenzverstärker
sind zur Impedanzentkopplung zwei Spannungsfolger mit je einem Nullator und einem
Norator geschaltet (siehe auch Bild 3.3a mit $R_1 \to \infty$ und $R_2=0$). Diese Trennstufe
läßt sich auch als Differenzspannungsfolger auffassen (siehe Bild 4.11 mit $R_1=R_3=0$
und $R_2 \to \infty$). Der Differenzverstärker entspricht der Schaltung in Bild 4.2 mit den
Leitwerten $G_1=1/R_1=G_2=1/R_2=\mu$ und $G_0=1/R_0=G_3=1/R_3=1$.

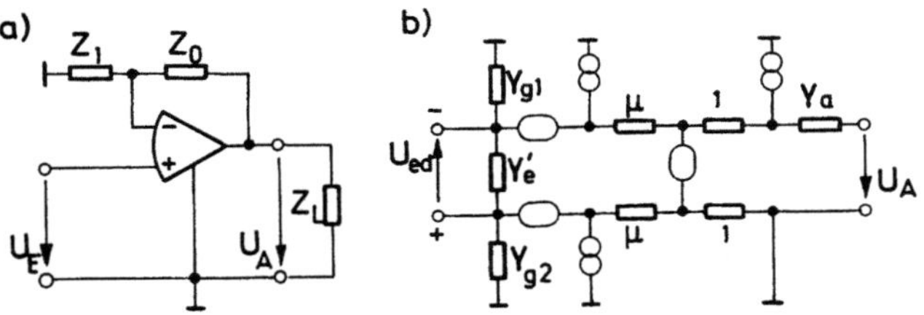

Bild 5.3. Nichtinvertierender Verstärker (a) und Vierpolersatzbild des linearen
Operationsverstärkermodells (b)

Die Analyse des nichtinvertierenden Verstärkers führt auf einen Verstärkungsfaktor

$$v = \frac{\mu Y_a(Y_0 + Y_1 + Y_{g1}) + Y_e'Y_a}{\mu Y_a Y_0 + (Y_0 + Y_1 + Y_{g1} + Y_e')(Y_0 + Y_a + Y_L) - Y_0^2} \ . \tag{5.21}$$

Unter der Voraussetzung $Y_a \to \infty$ (verschwindender Ausgangswiderstand) und

$$Y_{g1} + Y_e'/\mu \ll Y_0 + Y_1 \tag{5.22}$$

gilt folgende Näherungsformel:

$$v = \left(1 + \frac{Z_0}{Z_1}\right) \frac{\mu\beta}{1 + \mu\beta} \quad . \tag{5.23}$$

Wie ein Vergleich mit (5.9) zeigt, ist der nichtinvertierende Verstärker mit dem gleichen Fehlerfaktor versehen wie der invertierende Verstärker.

Die Berechnung der Eingangsimpedanz ergibt

$$Z_E = \frac{\mu Y_a Y_0 + (Y_0 + Y_1 + Y_{g1} + Y'_e)(Y_0 + Y_a + Y_L) - Y_0^2}{D} \tag{5.24a}$$

mit

$$D = \mu Y_0 Y_a Y_{g2} + Y'_e(Y_0 + Y_a + Y_L)Y_{g2} +$$

$$+ (Y'_e + Y_{g2})[(Y_0 + Y_a + Y_L)(Y_0 + Y_1 + Y_{g1}) - Y_0^2] \quad . \tag{5.24b}$$

Für $Y_a \to \infty$, $Y'_e \ll Y_0 + Y_1$ und $\mu\beta \gg 1$ gilt die Näherungsbeziehung

$$Y_E = \frac{1}{Z_E} = Y_{g2} + \frac{Y'_e}{\mu\beta} \quad . \tag{5.25}$$

Der Eingangsleitwert besteht im wesentlichen aus der Parallelschaltung des Gleichtaktwiderstandes Y_{g2} am nichtinvertierenden Eingang mit dem um die Schleifenverstärkung verringerten Operationsverstärkereingangsleitwert Y'_e.

Da der invertierende und der nichtinvertierende Verstärker mit jeweils kurzgeschlossenem Eingang identisch sind, haben beide Schaltungen den gleichen Ausgangswiderstand. Gl.(5.19) und (5.20) gelten daher auch für den nichtinvertierenden Verstärker.

5.2 Gleichtaktunterdrückung

Der reale Operationsverstärker weist neben der endlichen Differenzverstärkung $\mu_d = \mu$ noch eine von Null verschiedene Gleichtaktverstärkung μ_g auf. Die sich daraus ergebenden Fehler können unabhängig von den übrigen nichtidealen Eigenschaften für sich allein abgeschätzt werden. Die Ausgangsspannung des Operationsverstärkers lautet in Abhängigkeit von den beiden Verstärkungsfaktoren

$$U_A = \mu U_{ed} + \mu_g U_{eg} \tag{5.26}$$

mit der *Eingangsdifferenzspannung*

$$U_{ed} = U_{e1} - U_{e2} \tag{5.27}$$

100

und der *Eingangsgleichtaktspannung*

$$U_{eg} = (U_{e1} + U_{e2})/2 \quad , \tag{5.28}$$

wobei U_{e1} und U_{e2} die beiden Operationsverstärkereingangsspannungen sind, siehe
Bild 5.1 und 5.4. Der Quotient vom Betrag der beiden Verstärkungsfaktoren ist die
Gleichtaktunterdrückung

$$G_\mu = |\mu/\mu_g| \tag{5.29}$$

des Operationsverstärkers, die meistens in dB angegeben wird.

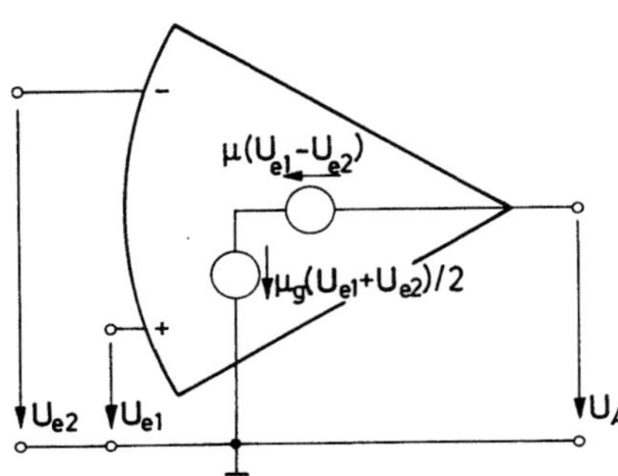

Bild 5.4. Ersatzbild des Operationsverstärkers mit endlicher Differenzverstärkung μ und von Null verschiedener Gleichtaktverstärkung μ_g

Die Gleichtaktunterdrückung des Operationsverstärkers macht sich besonders bei
Differenzverstärkern bemerkbar. Dazu wird im folgenden der Differenzverstärker
nach Bild 4.2 untersucht. Zunächst wird vorausgesetzt, daß die Abgleichbedingung
(4.26) für die Widerstände exakt erfüllt ist, so daß durch das externe Netzwerk
keine Gleichtaktverstärkung verursacht wird. Die gesamte Verstärkungsanordnung
ist noch einmal in Bild 5.5a aufgezeichnet. Aus Bild 5.5a lassen sich die beiden

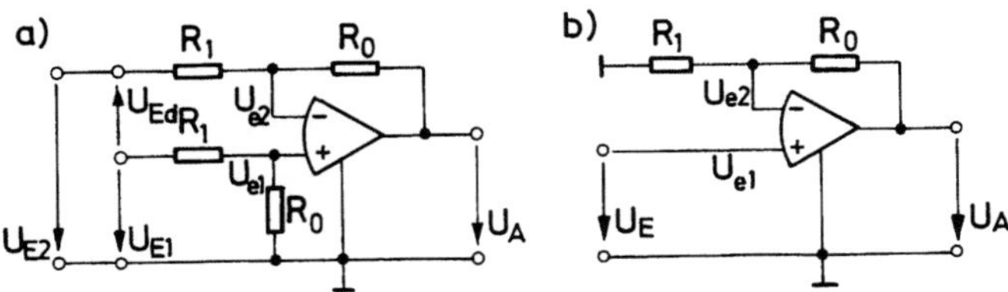

Bild 5.5. Differenzverstärker (a) und nichtinvertierender Gleichtaktverstärker (b)

Operationsverstärkereingangsspannungen direkt ablesen:

$$U_{e1} = \frac{R_0}{R_0 + R_1} U_{E1} = (1 - \beta)U_{E1} \quad , \tag{5.30}$$

$$U_{e2} = (1 - \beta)U_{E2} + \beta U_A \tag{5.31}$$

mit dem Rückkopplungsfaktor $\beta = R_1/(R_0 + R_1)$. Mit (5.27) und (5.28) folgen daraus

$$U_{ed} = (1 - \beta)U_{Ed} - \beta U_A \tag{5.32}$$

und

$$U_{eg} = (1 - \beta)U_{Eg} + \beta U_A/2 \quad . \tag{5.33}$$

Darin sind U_{Ed} und U_{Eg} die in (4.17 - 18) definierten Differenz- und Gleichtakteingangsspannungen des Gesamtverstärkers. Gl.(5.32 - 33) in (5.26) eingesetzt und nach U_A aufgelöst ergibt

$$U_A = \frac{(1 - \beta)U_{Ed} + \mu_g(1 - \beta)U_{Eg}}{1 + \mu\beta - \mu_g\beta/2} \quad . \tag{5.34}$$

Für den Fall hoher Gleichtaktunterdrückung $G_\mu \gg 1$ folgt daraus

$$U_A = v_d \, \frac{\mu\beta}{1 + \mu\beta} \, (U_{Ed} + \frac{\mu_g}{\mu} U_{Eg}) \tag{5.35}$$

mit v_d nach (4.27). Ein Vergleich mit (5.9) und (5.23) zeigt, daß der Differenzverstärkungsfaktor aufgrund der endlichen Schleifenverstärkung mit dem gleichen Fehlerfaktor behaftet ist wie die Verstärkungsfaktoren des invertierenden und des nichtinvertierenden Gleichtaktverstärkers. Weiterhin ist aus (5.35) ersichtlich, daß die Gleichtaktunterdrückung des Differenzverstärkers gleich der des Operationsverstärkers ist.

Geht man davon aus, daß wegen eines nicht exakten Abgleichs der externen Widerstände eine zusätzliche Gleichtaktverstärkung v_g gemäß (4.22) entsteht, so lautet die Ausgangsspannung in erster Näherung

$$U_A = v_d'U_{Ed} + v_d' \frac{\mu_g}{\mu} U_{Eg} + v_g U_{Eg} \tag{5.36a}$$

mit

$$v_d' = v_d \, \frac{\mu\beta}{1 + \mu\beta} \quad , \qquad v_d = \frac{R_0}{R_1} \quad . \tag{5.36b}$$

Die beiden Gleichtaktanteile können je nach Vorzeichen einander ergänzen oder sich gegenseitig kompensieren. Für die Gesamtgleichtaktverstärkung v_{gges} gilt daher

$$|v_{gges}| < |v_d'\mu_g/\mu| + |v_g| \quad . \tag{5.37}$$

Daraus folgt für die *Gesamtgleichtaktunterdrückung*

$$G_{ges} \geq \frac{v'_d}{|v'_d \mu_g / \mu| + |v_g|} = \frac{(v'_d/|v_g|) \cdot (\mu/|\mu_g|)}{(v'_d/|v_g|) + (\mu/|\mu_g|)} \quad ,$$

$$G_{ges} \geq \frac{G_p \cdot G_\mu}{G_p + G_\mu} \quad , \tag{5.38}$$

wobei die vom passiven Netzwerk verursachte Gleichtaktunterdrückung nach (4.25) mit G_p bezeichnet ist.

Die endliche Gleichtaktunterdrückung kann auch erheblichen Einfluß auf den Verstärkungsfaktor von Gleichtaktverstärkern haben. Das wird im folgenden am Beispiel des nichtinvertierenden Verstärkers in Bild 5.5b gezeigt. Es gilt

$$U_{e1} = U_E \quad , \quad U_{e2} = \beta U_A \tag{5.39}$$

$$U_{ed} = U_E - \beta U_A \quad , \quad U_{eg} = (U_E + \beta U_A)/2 \quad . \tag{5.40}$$

Daraus folgt für die Ausgangsspannung

$$U_A = \mu U_{ed} + \mu_g U_{eg} = \frac{\mu U_E + \mu_g U_E/2}{1 + \mu\beta - \mu_g\beta/2} \quad . \tag{5.41}$$

Unter der Voraussetzung $\mu \gg \mu_g$ kann der Verstärkungsfaktor v näherungsweise als

$$v = \frac{U_A}{U_E} = (1 + \frac{R_0}{R_1}) \, \frac{\mu\beta}{1 + \mu\beta} \, (1 + \frac{\mu_g}{2\mu}) \tag{5.42}$$

angegeben werden. Die Gleichtaktunterdrückung ist bei Operationsverstärkern für Gleichspannung üblicherweise sehr groß. Bei hohen Frequenzen jedoch kann der zusätzliche Fehlerfaktor in (5.42) erheblich werden, siehe auch Kapitel 6.

5.3 Offsetgrößen und Drift

Am Eingang eines Operationsverstärkers befindet sich eine Differenzverstärkerstufe mit bipolaren Transistoren oder Feldeffekttransistoren. Infolgedessen müssen durch die Eingangsklemmen der Operationsverstärker die Basis- bzw. Gateströme fließen können. Da sich die beiden Basis-Emitter- bzw. Gate-Source-Strecken der Transistorpaare niemals völlig gleich herstellen lassen, müssen die beiden Basis- bzw. Gateklemmen kleine Potentialdifferenzen aufweisen, damit der Operationsverstärker nicht ausgesteuert wird (Ausgangsspannung gleich Null). Die beiden *Eingangsklemmenströme* i_{e1} und i_{e2} sowie die als *Offsetspannung* u_{e0} bezeichnete Potentialdifferenz sind unabhängig von den zu verarbeitenden Signalen und werden zur Unterscheidung mit kleinen Buchstaben gekennzeichnet. Bild 5.6 zeigt ein Ersatzbild des Operationsverstärkers, in dem die Klemmenströme und die Offsetspannung als unabhängige interne Quellen dargestellt sind. Der innere Teil kann als idealer Operationsverstärker angenommen werden.

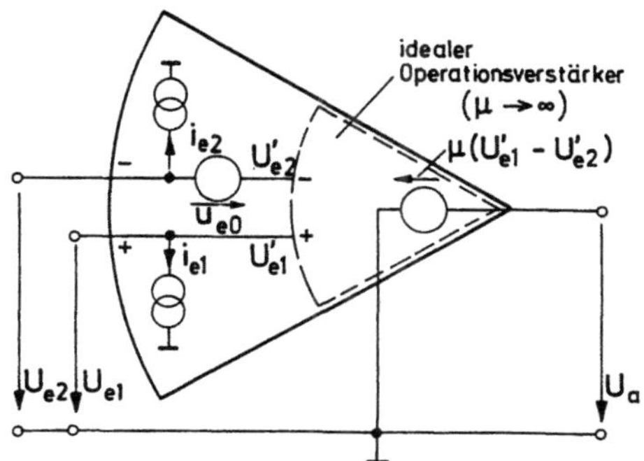

Bild 5.6. Ersatzbild für den Operationsverstärker mit Eingangsklemmenströmen i_{e1} und i_{e2} und Eingangsoffsetspannung u_{e0}

Meistens betrachtet man nicht die Eingangsklemmenströme selbst, sondern ihren als *Eingangsstrom* i_e bezeichneten Mittelwert

$$i_e = (i_{e1} + i_{e2})/2 \tag{5.43}$$

sowie die als *Offsetstrom* i_{e0} bezeichnete Differenz

$$i_{e0} = i_{e1} - i_{e2} \; . \tag{5.44}$$

Da man die Eingangsstufe möglichst symmetrisch aufbaut, sind beide Eingangsklemmenströme fast gleich groß. Der Eingangsoffsetstrom i_{e0} ist daher meist eine Grössenordnung kleiner als der Eingangsstrom i_e. Während das Vorzeichen der Eingangsklemmenströme und damit auch des Eingangsstroms durch den Typ der Eingangstransistoren gegeben ist, läßt sich über die Vorzeichen des Offsetstromes und der Offsetspannung nichts aussagen. Ihr Einfluß kann daher nur betragsmäßig abgeschätzt werden.

Im folgenden wird der Einfluß der Eingangsoffsetgrößen auf die Ausgangsspannung von Schaltungen untersucht, bei denen ein Teil der Operationsverstärkerausgangsspannung auf den invertierenden Eingang zurückgekoppelt ist. Der nichtinvertierende Eingang soll nicht mit dem Ausgang gekoppelt sein. Die externen Quellen seien gleich Null gesetzt. Der vom nichtinvertierenden Eingang in die äußere Beschaltung hineingesehene Gleichspannungswiderstand wird mit R_p bezeichnet. Die Wirkung des Rückkopplungsnetzwerkes läßt sich durch eine Ersatzspannungsquelle $\beta \cdot U_a$ und einen Gleichspannungsinnenwiderstand R_m beschreiben, wobei β der Rückkopplungsfaktor ist, siehe Bild 5.7.

Setzt man für den Operationsverstärker in Bild 5.7 das Ersatzbild aus Bild 5.6 ein, so erhält man unter der Voraussetzung hoher Verstärkung $\mu \to \infty$ (d.h. $U'_{e1} = U'_{e2}$) folgende Beziehung für die Offsetgrößen:

$$i_{e1}R_p - u_{e0} - i_{e2}R_m + \beta u_a = 0 \; . \tag{5.45}$$

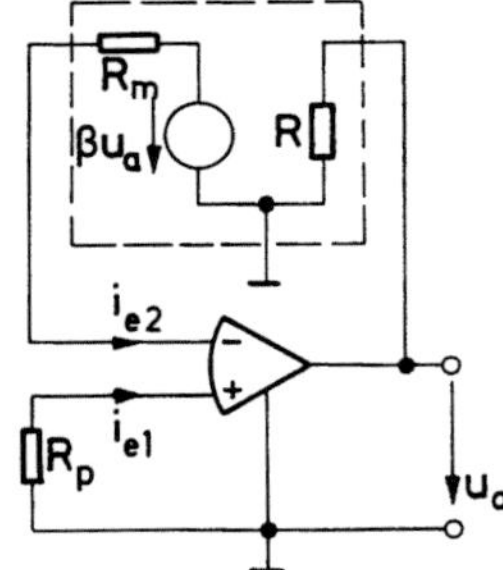

Bild 5.7. Ersatzbild des beschalteten Operationsverstärkers mit Rückkopplung auf den invertierenden Eingang

Gl.(5.45) nach der Ausgangsoffsetspannung u_A aufgelöst ergibt

$$u_a = (u_{e0} - i_{e1}R_p + i_{e2}R_m)/\beta \quad . \tag{5.46}$$

Drückt man die Eingangsklemmenströme durch den Eingangsstrom und den Eingangsoffsetstrom aus,

$$i_{e1} = i_e + i_{e0}/2 \quad , \tag{5.47a}$$

$$i_{e2} = i_e - i_{e0}/2 \quad , \tag{5.47b}$$

so lautet die Ausgangsoffsetspannung

$$|u_a| = |u_{e0} + i_e(R_m - R_p) - i_{e0}(R_p + R_m)/2|/\beta \quad . \tag{5.48}$$

Da über die Vorzeichen von u_{e0} und i_{e0} nichts bekannt ist, muß (5.48) betragsmäßig abgeschätzt werden:

$$|u_a| \leq [|u_{e0}| + |i_e||R_m - R_p| + |i_{e0}|(R_p + R_m)/2]/\beta \quad . \tag{5.49}$$

Der Einfluß des Eingangsstromes kann völlig eliminiert werden, wenn man die Abschlußwiderstände $R_p = R_m$ wählen kann. In diesem Fall wird die Ausgangsoffsetspannung $|u_a|$ allein durch die Eingangsoffsetspannung $|u_{e0}|$ und den Eingangsoffsetstrom $|i_{e0}|$ bestimmt:

$$|u_a|\Big|_{R_p = R_m} \leq (|u_{e0}| + |i_{e0}|R_m)/\beta \quad . \tag{5.50}$$

Beispiel 5.2

In dem invertierenden Verstärker in Bild 5.8 ist ein Widerstand R_p zur Kompensation des Eingangsstromes i_e vorgesehen. Ein Vergleich mit Bild 5.7 ergibt einen Rückkopplungsfaktor von $\beta = 1/11$ und einen Gleichspannungsinnenwiderstand von $R_m = 10\,R_1/11 \approx 0{,}909\,R_1$ für das Rückkopplungsnetzwerk. Die Ausgangsspannung U_A der Verstärkerschaltung setzt sich aus der verstärkten Eingangsspannung vU_E und der Ausgangsoffsetspannung $|u_a|$ zusammen.

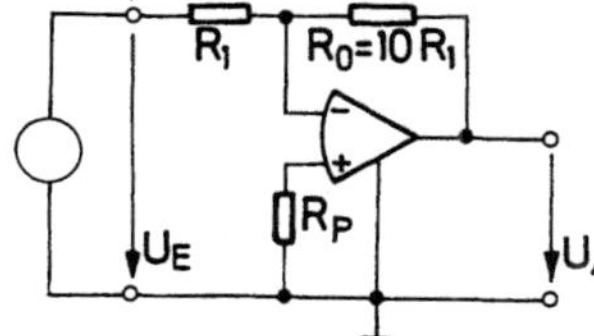

Bild 5.8. Invertierender Verstärker mit Kompensation des Eingangsstromes i_e

Vom Hersteller mögen die folgenden Daten für die Eingangsoffsetgrößen angegeben sein:

$$|u_{e0}| \leq 2mV \quad , \quad |i_e| \leq 50nA \quad , \quad |i_{e0}| \leq 5nA \quad .$$

Betreibt man den Verstärker ohne Eingangsstromkompensation ($R_p=0$) und wählt man $R_1=100$ kΩ, so gilt für die Ausgangsoffsetspannung die folgende Abschätzung nach (5.49):

$$|u_a| \leq (2mV + 50nA \cdot 90{,}9k\Omega + 5nA \cdot 90{,}9k\Omega/2) \cdot 11 = 74{,}5mV \quad .$$

Durch eine Kompensation mit $R_p=90{,}9$ kΩ kann dieser Wert erheblich reduziert werden. Aus (5.50) folgt

$$|u_a| \leq (2mV + 5nA \cdot 90{,}9k\Omega) \cdot 11 = 27{,}0mV \quad .$$

Ähnliche Werte erhält man, wenn man statt der Kompensation mit R_p den Einfluß der Ströme durch eine Verkleinerung der Widerstandswerte im Rückkopplungsnetzwerk reduziert. (Dabei wird allerdings auch der Eingangswiderstand des invertierenden Verstärkers verkleinert.) Wählt man $R_1=10$ kΩ, so folgt aus (5.49)

$$|u_a| \leq (2mV + 50nA \cdot 9{,}09k\Omega + 5nA \cdot 9{,}09k\Omega/2) \cdot 11 = 27{,}2mV \quad .$$

Eine Kompensation mit $R_p=9{,}09$ kΩ ergibt nach (5.50)

$$|u_a| \leq (2mV + 5nA \cdot 9{,}09k\Omega) \cdot 11 = 22{,}5mV \quad .$$

Die Verbesserung durch die Kompensation fällt hier kaum ins Gewicht, da der Einfluß der Ströme verglichen mit dem der Eingangsoffsetspannung gering ist.

Neben dem Fehler bei Raumtemperatur tritt bei Temperaturänderung ein zusätzlicher Fehler durch die *Temperaturdrift der Offsetgrößen* auf. Bei sogenannten driftarmen Operationsverstärkern werden vom Hersteller die Temperaturkoeffizienten der Eingangsoffsetspannung und des Eingangsoffsetstromes in einem bestimmten Temperaturintervall angegeben. Ist die zu erwartende Temperaturänderung bekannt, so lassen sich damit die Änderungen Δu_{e0} von der Offsetspannung und Δi_{e0} vom Offsetstrom berechnen. Unter der Voraussetzung der Eingangsstromkompensation erhält man dann in Anlehnung an (5.50) eine Abschätzung der durch die Temperaturdrift bedingten zusätzlichen Ausgangsoffsetspannung

$$\left. |\Delta u_a| \right|_{R_p = R_m} \leq (|\Delta u_{e0}| + |\Delta i_{e0}| R_m)/\beta \quad . \tag{5.51}$$

Beispiel 5.3:

Bei dem in Beispiel 5.2 betrachteten Operationsverstärker mögen vom Hersteller folgende Maximalwerte angegeben sein:

Offsetspannungsdrift $\quad |\Delta u_{e0}|/\Delta T \leq 10\mu V/^{o}C$,

Offsetstromdrift $\quad\quad\quad |\Delta i_{e0}|/\Delta T \leq 50pA/^{o}C$.

Wenn der Verstärker in einem Temperaturintervall von $\pm 20^{o}C$ um die Raumtemperatur herum betrieben werden soll, dann zeigt der invertierende Verstärker in Bild 5.8 mit $R_1=100$ kΩ und $R_p=90,9$ kΩ eine zusätzliche Ausgangsoffsetspannung von

$$|\Delta u_a| \leq (10\mu V/^{o}C + 50pA/^{o}C \cdot 90,9k\Omega) \cdot 20^{o}C \cdot 11 = 3,2mV \quad .$$

Zur Abschätzung der Gesamtausgangsoffsetspannung ist dieser Wert zu dem in Beispiel 5.2 für Raumtemperatur ermittelten Wert von 27,0 mV zu addieren.

Die vom Hersteller angegebenen Driftwerte gelten nur für den thermischen Gleichgewichtszustand. Bei einem Temperatursprung können im ersten Moment erheblich höhere Änderungen der Offsetgrößen auftreten. Bei integrierten Operationsverstärkern kann die Erwärmung der Endstufe infolge hoher Verlustleistung die Offsetgrößen ändern. Diese *thermische Rückkopplung* kann durch Nachschalten eines Spannungsfolgers vermieden werden, dem die hohe Ausgangsleistung entnommen wird.

Während der Einfluß der Eingangsströme auf die Ausgangsspannung durch gleiche Abschlußwiderstände $R_p=R_m$ eliminiert werden kann, ist die Kompensation der Eingangsoffsetspannung und des Eingangsoffsetstromes schwieriger. Da diese beiden Größen nach Betrag und Vorzeichen unbekannt sind, müssen sie bei jedem Verstärker individuell abgeglichen werden. Die meisten Operationsverstärker haben extra Klemmen zur *Offsetspannungskompensation*, über die mittels eines externen Netzwerkes die Ausgangsspannung auf den Wert Null eingestellt werden kann. Bei einem Operationsverstärker mit fester äußerer Beschaltung können mit dieser sogenannten internen Kompensation die Einflüsse von Offsetspannung und Offsetstrom gleichzeitig eliminiert werden. Da bei dieser Kompensationsmethode die Ströme durch die Eingangstransistoren auf verschieden große Werte eingestellt werden, wird gleichzeitig die Kompensation der Temperatureinflüsse in beiden Transistoren gestört. Infolgedessen können sich die Driftwerte erheblich ändern. Es läßt sich zeigen [5.2], daß pro 1 mV kompensierte Offsetspannung eine Vergrößerung der Offsetspannungsdrift von ca. 3 $\mu V/^{o}C$ eintritt. Das gilt sowohl für bipolare als auch für Feldeffekttransistoren.

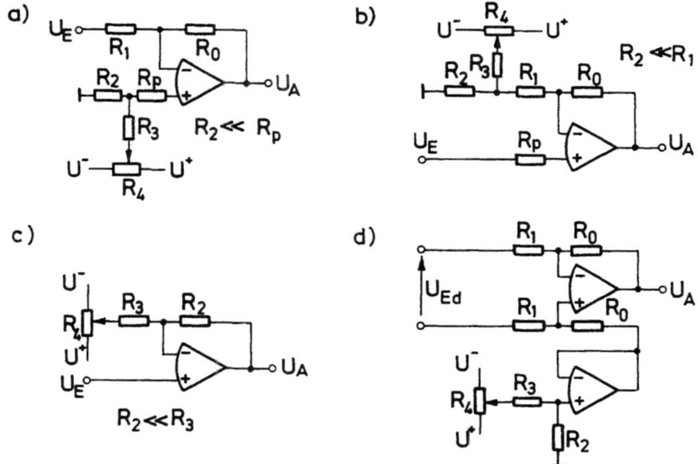

Bild 5.9. Schaltungen zur externen Offsetkompensation für den invertierenden Verstärker (a), nichtinvertierenden Verstärker (b), Spannungsfolger (c) und Differenzverstärker (d)

Dieser Nachteil entfällt bei den externen Kompensationsmethoden, bei denen zu den Eingangssignalen eine Gleichspannung addiert wird. Bild 5.9 zeigt einige gebräuchliche Schaltungen.

Bild 5.9a zeigt eine Kompensationsschaltung für den invertierenden Verstärker, bestehend aus den Widerständen R_2, R_3 und R_4. Mit U^- und U^+ werden die Versorgungsspannungen bezeichnet. Die über den Widerstand R_2 abfallende Kompensationsgleichspannung wird nach Betrag und Vorzeichen mit R_4 eingestellt. Sie ist in der Regel um mindestens drei Zehnerpotenzen kleiner als die Vorsorgungsspannung, so daß der Widerstand R_3 sehr viel größer ist als R_2. Somit ist der Abschlußwiderstand des nichtinvertierenden Verstärkers in guter Näherung durch den Widerstand R_p gegeben.

Bild 5.9b und c zeigen ähnliche Kompensationsschaltungen für den nichtinvertierenden Verstärker und für den Spannungsfolger. Bei diesen beiden Schaltungen hängt der Verstärkungsfaktor geringfügig von der Stellung des Potentiometerwiderstandes R_4 ab, was bei Eintaktverstärkern jedoch meistens tolerierbar ist. Anders ist es bei dem Differenzverstärker, bei dem sehr kleine Widerstandsänderungen die Gleichtaktunterdrückung schon erheblich verschlechtern können. Das Kompensationsnetzwerk in Bild 5.9d ist daher mit einem Spannungsfolger vom eigentlichen Differenzverstärker getrennt. Die über R_2 abfallende Spannung muß groß genug sein, um die Summe der Offsetgrößen beider Operationsverstärker zu kompensieren.

Beispiel 5.4

Der in Beispiel 5.2 und 5.3 betrachtete Verstärker nach Bild 5.8 werde mit der
Schaltung nach Bild 5.9a kompensiert. Mit R_1=100 kΩ und R_p=90,9 kΩ ergibt sich
unter Mitberücksichtigung der Driftwerte eine Ausgangsspannung von maximal $|u_a|$ =
= 27,0 mV + 3,2 mV = 30,2 mV. Da die an dem Widerstand R_2 abfallende Kompensa-
tionsspannung um den Faktor 1/β verstärkt am Ausgang erscheint, muß sie mindestens
im Bereich ±30,2 mV : 11 = ±2,75 mV variierbar sein. Wählt man einen Variations-
bereich von ±3 mV und den Widerstand R_2=100 Ω (ca. drei Zehnerpotenzen kleiner
als R_p), so muß der Widerstand R_3 bei einer Betriebsspannung von ±15 V einen Wert
von 500 kΩ haben. Der Widerstand R_4 ist frei wählbar. Um einerseits den durch R_4
fließenden Strom und andererseits die Belastung durch den Widerstand R_2+R_3 klein
zu halten, wählt man beispielsweise R_4=100 kΩ.

Bei einigen Anwendungen kommt es nicht darauf an, die Ausgangsoffsetspannung
klein zu halten, sondern die tatsächlich im Eingangsnetzwerk fließenden Ströme
zu eliminieren. Das gilt beispielsweise bei Netzwerken mit umschaltbaren Widerständen (Spannungssprünge beim Umschalten) und bei erregenden Quellen mit kapazi-
tiver Quellenimpedanz. Bei solchen Schaltungen müssen die Eingangsoffsetspannung
und die Eingangsklemmenströme in der Regel separat kompensiert werden. Neben dem
Offsetspannungsabgleich müssen die Eingangsklemmenströme durch extern angelegte
Stromquellen ausgeglichen werden. Eine andere Möglichkeit [5.3] der *Stromkompen-*
sation zeigt Bild 5.10a am Beispiel des Spannungsfolgers. Der Klemmenstrom i_{e2}
verursacht eine Spannung U_2 über dem Widerstand R_2. Unter der Voraussetzung verschwindender (bereits abgeglichener) Eingangsoffsetspannung liegt die gleiche
Spannung über dem Widerstand R_3. Stellt man R_3 auf den Wert

$$R_3 = R_2\, i_{e2}/i_{e1} \tag{5.52}$$

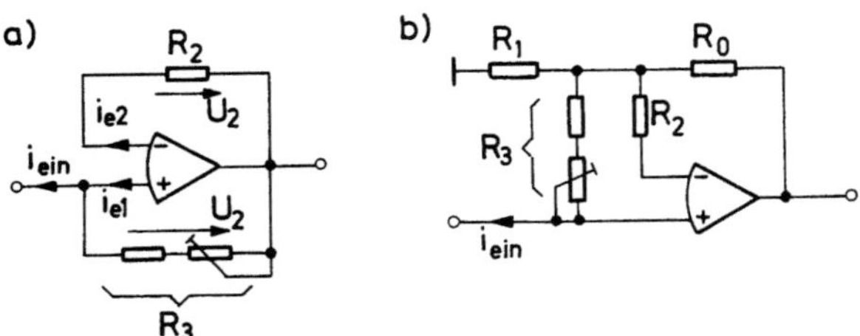

Bild 5.10. Kompensation des
Eingangsstromes i_{ein} beim
Spannungsfolger (a) und beim
nichtinvertierenden Ver-
stärker (b)

ein, so fließt der gesamte Klemmenstrom i_{e1} durch den Widerstand R_3 zum Verstär-
kerausgang. Der Eingangsstrom i_{ein} des Spannungsfolgers hat dann den Wert Null.
Bild 5.10b zeigt diese Art der Stromkompensation sinngemäß für den nichtinvertierenden Verstärker [5.3].

5.4 Rauschen

Das *Halbleiter- und Widerstandsrauschen* des realen Operationsverstärkers läßt sich
in gleicher Weise wie die Eingangsgleichspannung und -ströme durch Ersatzspannungs- und -stromquellen am Eingang darstellen, siehe Bild 5.11. Auf die Ursachen

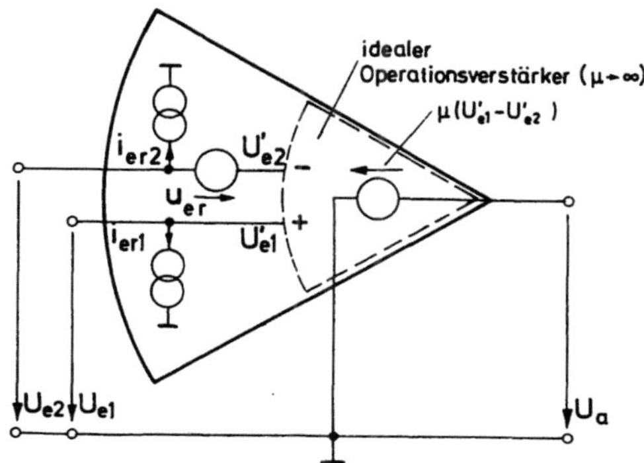

Bild 5.11. Ersatzbild für das Rauschen des Operationsverstärkers

des Rauschens [5.4] wird hier nicht näher eingegangen. Die *Rauschspannung* u_{er} und
die *Rauschströme* i_{er1} und i_{er2} werden als *stationäre Gaußsche Zufallsprozesse* angenommen, die alle den Mittelwert Null haben und untereinander *nicht korrelliert*
sind. Die Stationarität bedeutet, daß die statistischen Parameter der Prozesse
zeitunabhängig sind. Da eine Gaußsche Amplitudenverteilung angenommen wird, reicht
es aus, (neben der Angabe Mittelwert = 0) als einzigen statistischen Parameter
den *Effektivwert* der Rauschspannung u_{er} und der Rauschströme i_{er1} und i_{er2} anzugeben. Der Effektivwert ist identisch mit der *Standardabweichung* der drei Prozesse.

Da der Effektivwert der Ausgangsrauschspannung von der Bandbreite der Verstärkeranordnung (Operationsverstärker plus äußere Beschaltung) und von der Bandbreite
der Meßanordnung abhängt, kennzeichnet man in der Regel die Eingangsersatzrauschquellen nicht durch ihren jeweiligen Effektivwert, sondern durch ihr *Leistungsdichtespektrum*. Die Leistungsdichtespektren $S_u(f)$ in V^2/Hz der Rauschspannung u_{er}
und $S_i(f)$ in A^2/Hz der Rauschströme i_{er1} und i_{er2} findet man meistens als Diagramme
in den Datenblättern der Operationsverstärker. Die Spektren werden im Bereich von
10 Hz bis einige MHz angegeben.

Zur Berechnung der Ausgangsrauschspannung wird wieder die in Bild 5.7 gezeigte
äußere Beschaltung angenommen. Anstelle der Abschlußwiderstände R_p und R_m werden
Abschlußimpedanzen $Z_p(s)$ und $Z_m(s)$ gesetzt. Die Rauschströme erzeugen an diesen
Impedanzen Spannungsabfälle, die sich zusammen mit der Eingangsrauschspannung u_{er}
zu einer *äquivalenten Eingangsgesamtrauschspannung* zusammenfassen lassen. Da die
drei Rauschquellen als untereinander unkorrelliert gelten, werden ihre Leistungsdichtespektren einfach addiert. Das Leistungsdichtespektrum $S_e(f)$ der äquivalenten

Eingangsgesamtrauschspannung lautet dann

$$S_e(f) = S_u(f) + S_i(f)(|Z_p(j2\pi f)|^2 + |Z_m(j2\pi f)|^2) \quad . \tag{5.53}$$

Die Spektren $S_u(f)$ und $S_i(f)$ werden üblicherweise in Abhängigkeit von der Frequenz f in Hz angegeben. Die Abschlußimpedanzen Z_p und Z_m liegen jedoch in Abhängigkeit von der komplexen Frequenzvariablen s vor. In (5.53) ist $s=j\omega=j2\pi f$ gesetzt worden, so daß das Gesamtspektrum $S_e(f)$ ebenfalls in Abhängigkeit von der Frequenz f in Hz dargestellt ist.

Die Eingangsgesamtrauschspannung wird mit dem Spannungsverstärkungsfaktor

$$v_r = \frac{1}{\beta(j2\pi f)} \cdot \frac{\mu(j2\pi f)\cdot\beta(j2\pi f)}{1 + \mu(j2\pi f)\cdot\beta(j2\pi f)} \tag{5.54}$$

verstärkt, siehe (5.10) und (5.23), wobei die Frequenzabhängigkeit des Rückkopplungsfaktors β und des Verstärkungsfaktors μ des Operationsverstärkers berücksichtigt werden müssen. Mit (5.53) und (5.54) errechnet sich das Leistungsdichtespektrum $S_a(f)$ am Ausgang der Verstärkeranordnung zu

$$S_a(f) = |v_r|^2 \cdot S_e(f) \quad . \tag{5.55}$$

Durch Integration über das Leistungsdichtespektrum $S_a(f)$ erhält man den Effektivwert der Ausgangsrauschspannung

$$\acute{u}_{ar\,eff} = (\int_{f_u}^{f_o} S_a(f)df)^{1/2} \quad . \tag{5.56}$$

Darin sind f_u die untere und f_o die obere Grenzfrequenz der Meßanordnung zur Messung der Ausgangsrauschspannung.

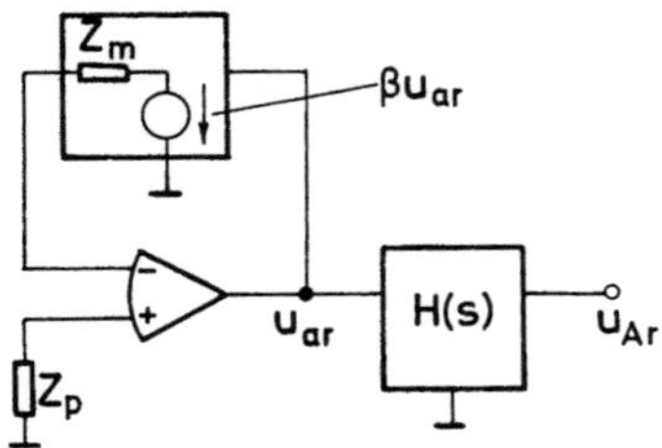

Bild 5.12. Beschalteter Operationsverstärker mit nachfolgendem Filternetzwerk

Ist, wie in Bild 5.12 dargestellt, dem Verstärker ein bandbegrenzendes Netzwerk mit der Netzwerkfunktion H(s) nachgeschaltet, so lautet die Ausgangsrauschspannung

$$u_{Ar\ eff} = \left(\int_{f_u}^{f_o} |H(j2\pi f)|^2 \cdot S_a(f)\ dt \right)^{1/2} \ . \tag{5.57}$$

Liegen die Bandgrenzen des Spektrums wegen der Frequenzabhängigkeit von μ, β und H innerhalb der Grenzfrequenzen f_u und f_o der Meßanordnung, so können die Integrationsgrenzen bis auf die Bandgrenzen des Spektrums zusammengezogen werden.

Das Operationsverstärkerrauschen setzt sich aus weißem Rauschen (konstante Leistungsdichte über der Frequenz) und 1/f-Rauschen (Leistungsdichte proportional 1/f) zusammen. In erster Näherung kann die über der logarithmisch skalierten Frequenzachse aufgetragene Leistungsdichte S(f) durch zwei Geradenstücke approximiert werden, siehe Bild 5.13. Im Intervall von f_u bis f_m wird die Leistungsdichte durch

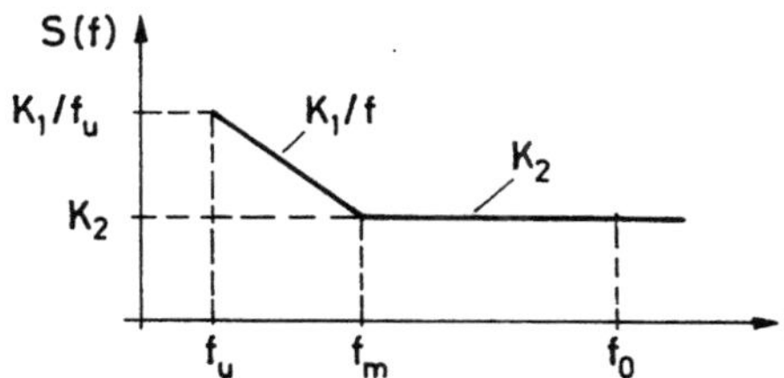

Bild 5.13. Erste Näherung für die Rauschleistungsdichte des Operationsverstärkers

die Funktion

$$S(f) = K_1/f \ , \quad f_u \leq f \leq f_m \tag{5.58a}$$

angenähert, im Intervall von f_m bis f_o durch die Konstante

$$S(f) = K_2 \ , \quad f_m \leq f \leq f_o \ . \tag{5.58b}$$

Die obere Grenzfrequenz f_o kann durch die Größen $\beta(j2\pi f)$ oder $\mu(j2\pi f)$ festgelegt sein, aber auch durch ein nachgeschaltetes Filternetzwerk oder durch die Bandbegrenzung der Spannungsmeßeinrichtung. Ist der Spannungsverstärkungsfaktor v_r im Bereich von f_u bis f_o konstant, $v_r=1/\beta$, so läßt sich bei reellen Eingangsabschlußwiderständen $Z_p=R_p$ und $Z_m=R_m$ mit (5.55-58) die folgende Abschätzung verwenden:

$$u_{ar\ eff} = \left(\int_{f_u}^{f_o} (1/\beta)^2\, S_e(f)df \right)^{1/2} =$$

$$= \frac{1}{\beta} \left(K_1 \ln \frac{f_m}{f_u} + K_2(f_o - f_m) \right)^{1/2} \tag{5.59}$$

Außer den genannten Rauschanteilen tritt bei einigen Operationsverstärkern noch ein sogenanntes *Popcorn-Rauschen* [5.5] mit einem Leistungsdichtespektrum der Form

$$S_p(f) = \frac{K}{1 + (f/f_b)^2} \qquad (5.60)$$

auf, wobei die Mittenfrequenz f_b etwa im Bereich von 200 bis 300 Hz liegt. Auf das Popcorn-Rauschen wird im folgenden nicht weiter eingegangen.

Beispiel 5.5

Die in Bild 5.8 gezeigte Verstärkeranordnung möge mit $R_1 = R_0/10 = 100$ kΩ und $R_p = 90,9$ kΩ betrieben werden. Im Datenblatt des verwendeten Operationsverstärkers mögen Diagramme für die Leistungsdichten von Eingangsrauschspannung und Eingangsrauschströmen angegeben sein, die sich durch den in Bild 5.13 gezeigten Kurvenverlauf annähern lassen. Bei $f_u = 10$ Hz entnimmt man beispielsweise für die Rauschspannung $K_{1u}/f_u = 5 \cdot 10^{-15}$ V^2/Hz und bei hohen Frequenzen, z.B. bei 100 kHz, $K_{2u} = 4 \cdot 10^{-16}$ V^2/Hz. Daraus ergibt sich folgende Näherung für das Leistungsdichtespektrum der Eingangsrauschspannung:

$$S_u(f) = \begin{cases} K_{1u}/f = 5 \cdot 10^{-14} \text{ V}^2/f & \text{für tiefe Frequenzen} \\ K_{2u} = 4 \cdot 10^{-16} \text{ V}^2/\text{Hz} & \text{für hohe Frequenzen} \end{cases} \qquad (5.61)$$

Für das Leistungsdichtespektrum der Stromquellen entnimmt man dem Diagramm im Datenblatt:

$$S_i(f) = \begin{cases} K_{1i}/f = 5 \cdot 10^{-22} \text{ A}^2/f & \text{für tiefe Frequenzen} \\ K_{2i} = 3 \cdot 10^{-25} \text{ A}^2/\text{Hz} & \text{für hohe Frequenzen} \end{cases} \qquad (5.62)$$

Unter Berücksichtigung der beiden Eingangsabschlußimpedanzen $|Z_p| = |Z_m| = 90,9$ kΩ erhält man das Leistungsdichtespektrum der äquivalenten Gesamtrauschspannung mit (5.53) zu

$$S_e(f) = S_u(f) + S_i(f) \cdot 1,6526 \cdot 10^{10} \; \Omega^2$$

$$= \begin{cases} K_{1e}/f = (5 \cdot 10^{-14} + 8,263 \cdot 10^{-12}) \text{V}^2 f & \text{für tiefe Frequenzen} \\ K_{2e} = (4 \cdot 10^{-16} + 4,958 \cdot 10^{-15}) \text{V}^2/\text{Hz} & \text{für hohe Frequenzen} \end{cases} \qquad (5.63)$$

Darin hat der erste Term für $f = 1552$ Hz den gleichen Betrag wie der zweite Term. In Anlehnung an Bild 5.13 läßt sich das Leistungsdichtespektrum $S_e(f)$ daher folgendermaßen formulieren:

$$S_e(f) = \begin{cases} 8,313 \cdot 10^{-12} \text{ V}^2/f & \text{für} \quad 10 \text{ Hz} \leq f \leq 1552 \text{ Hz} \\ 5,358 \cdot 10^{-15} \text{ V}^2/\text{Hz} & \text{für} \quad 1552 \text{ Hz} \leq f \; . \end{cases} \qquad (5.64)$$

Für $f < 10$ Hz wird die Rauschleistungsdichte meistens nicht angegeben.

Zur Berechnung des Leistungsdichtespektrums am Ausgang des Verstärkers muß der Verstärkungsfaktor v_r nach (5.54) bekannt sein. Dazu soll die folgende Frequenzabhängigkeit des Operationsverstärkers angenommen werden (siehe auch Kapitel 6):

$$\mu(s) = \frac{200\ 000}{1 + s/(2\pi \cdot 5\ \text{Hz})} \qquad (5.65)$$

Gl.(5.65) mit $s = j2\pi f$ und $\beta = 1/11$ in (5.54) eingesetzt ergibt

$$v_r = 11\ \frac{200\ 000/11}{200\ 011/11 + jf/5\ \text{Hz}} \quad . \qquad (5.66)$$

Die 3dB-Grenzfrequenz f_{gr} dieses Rauschspannungsverstärkungsfaktors läßt sich aus dem Nenner von (5.66) ablesen. Sie beträgt f_{gr} = 90 914 Hz. Für tiefere Frequenzen hat v_r in guter Näherung den Wert $1/\beta = 11$.

Den Effektivwert der Ausgangsrauschspannung erhält man mit Hilfe von (5.59), indem man die obere Bandgrenze f_o gleich der Grenzfrequenz f_{gr} von v_r setzt:

$$u_{ar\ eff} = \frac{1}{\beta}(K_{1e}\ \ln(\frac{1550\ \text{Hz}}{10\ \text{Hz}}) + K_{2e}(90,9\ \text{kHz} - 1,55\ \text{kHz}))^{1/2}$$

$$= 11 \cdot (4,192 \cdot 10^{-11}\ V^2 + 4,787 \cdot 10^{-10}\ V^2)^{1/2}$$

$$= 11 \cdot 22,82\ \mu V = 251\ \mu V \quad . \qquad (5.67)$$

Durch Nachschalten eines Tiefpaßfilters mit einer Grenzfrequenz f_{gr} = 20 kHz reduziert sich das Rauschen auf den Wert

$$u_{Ar\ eff} = \frac{1}{\beta}(K_{1e}\ \ln(\frac{1550}{10}) + K_{2e}(20\ \text{kHz} - 1,55\ \text{kHz}))^{1/2}$$

$$= 11 \cdot 11,87\ \mu V = 131\ \mu V \quad . \qquad (5.68)$$

Aus (5.61 - 63) geht hervor, daß der Beitrag der Rauschstromquellen den der Rauschspannungsquelle übersteigt. Durch kleinere Widerstandswerte in der äußeren Beschaltung kann der Beitrag des Stromrauschens reduziert werden. Wählt man beispielsweise $R_1 = R_0/10$ = 10 kΩ und R_p = 9,09 kΩ, so erhält man die beiden Konstanten

$$K_{1e} = (5 \cdot 10^{-14} + 8,263 \cdot 10^{-14})V^2 \qquad \text{und}$$

$$K_{2e} = (4 \cdot 10^{-16} + 4,958 \cdot 10^{-17})V^2/\text{Hz} \qquad (5.69)$$

und daraus

$$u_{Ar\ eff} = 11 \cdot 2,92\ \mu V = 32\ \mu V \quad . \qquad (5.70)$$

5.5 Grenzen der Linearität

Bedingt durch die Stromversorgung und den internen Schaltungsaufbau verhält sich
der Operationsverstärker nur in einem begrenzten Strom- und Spannungsbereich linear.
Die Eingangs- und Differenzeingangsspannungen müssen innerhalb spezifizierter
Grenzen bleiben. Ein Überschreiten dieser Grenzen führt nicht nur zu einer *Signal-
verzerrung*, sondern kann bei einigen Verstärkertypen auch bleibende Schäden verursachen.

Begrenzt sind auch die abgebbare Ausgangsspannung und der Ausgangsstrom. Beide
Maximalwerte hängen voneinander ab. In den Datenblättern wird oft die maximale
Ausgangsspannung als Funktion des Lastwiderstandes angegeben.

Eine wichtige Kenngröße ist die *maximale Anstiegsgeschwindigkeit (Slewrate)
der Ausgangsspannung*. Da die internen parasitären Kapazitäten nur mit begrenzten
Strömen umgeladen werden können, kann sich die Ausgangsspannung nicht beliebig
schnell ändern. Der Operationsverstärker antwortet auf eine sprungförmige Eingangsspannung hinreichender Größe mit einer rampenförmigen Ausgangsspannung, deren
Steigung die Slewrate SR ist.

Durch den gleichen Effekt wird die lineare Verstärkung sinusförmiger Signale
mit maximaler Amplitude $U_{A\,max}$ nach hohen Frequenzen hin begrenzt. Ein Sinussignal
der Form

$$U_A(t) = U_{A\,max} \sin 2\pi ft \tag{5.71}$$

hat die maximale Steigung

$$\frac{d}{dt}\, U_A(t)\bigg|_{max} = 2\pi f \cdot U_{A\,max} \; . \tag{5.72}$$

Soll die Steigung die Slewrate SR nicht überschreiten, so muß

$$f \leq \frac{SR}{2\pi\, U_{A\,max}} \tag{5.73}$$

gelten. Die Frequenz f_p, bei der ein Sinussignal mit maximaler Amplitude gerade
noch unverzerrt übertragen werden kann, wird mit *Großsignal- oder Leistungsbandbreite* bezeichnet. Bei den meisten Operationsverstärkertypen gilt näherungsweise

$$f_p \approx \frac{SR}{2\pi\, U_{A\,max}} \; . \tag{5.74}$$

Übersteigt die Frequenz f die Leistungsbandbreite f_p, so muß die Amplitude U_A
entsprechend der Beziehung

$$U_A \leq U_{A\,max}\, \frac{f_p}{f} \; , \quad f > f_p \tag{5.75}$$

reduziert werden, damit die Slewrate nicht überschritten wird.

5.6 Zusammenfassung

Der reale Operationsverstärker zeigt nur annähernd die Eigenschaften des idealen
Operationsverstärkers und erzeugt darüberhinaus noch einige Störsignale. Die verschiedenen parasitären Eigenschaften verursachen Fehler im Verhalten des beschalteten Operationsverstärkers, die sich unabhängig voneinander abschätzen lassen.

Der endliche Spannungsverstärkungsfaktor, der endliche Eingangswiderstand und
der von Null verschiedene Ausgangswiderstand verändern die Verstärkung sowie den
Eingangs- und Ausgangswiderstand des als Verstärker beschalteten Operationsverstärkers. Diese Fehler lassen sich mit einfachen Näherungsbeziehungen gut abschätzen. Sie sind allerdings in vielen Anwendungsfällen gegenüber den von den äußeren
Bauelementen verursachten Fehlern vernachlässigbar.

Die endliche Gleichtaktunterdrückung des Operationsverstärkers liefert einen
Beitrag zur Gleichtaktverstärkung des Differenzverstärkers. Zum Abschätzen der
Gesamtgleichtaktunterdrückung müssen die vom Operationsverstärker und die vom pas-
siven Netzwerk verursachten Gleichtaktverstärkungen betragsmäßig addiert werden.

Bedingt durch die Transistoren der Eingangsstufe müssen im nichtausgesteuerten
Zustand (U_A=0) an den Eingangsklemmen Ströme fließen und eine als Offsetspannung
bezeichnete Spannungsdifferenz vorhanden sein. Der Einfluß der beiden Eingangsklemmenströme auf die Ausgangsspannung kann durch gleich große Eingangsabschluß-
widerstände im Mittel kompensiert werden. Es bleibt jedoch die als Offsetstrom
bezeichnete Differenz der beiden Eingangsklemmenströme. Zur individuellen Kompensation der Offsetspannung und des Offsetstromes, die beide dem Vorzeichen nach
unbekannt sind, gibt es verschiedene Schaltungen. Ein zusätzlicher Gleichspan-
nungsfehler entsteht durch die Drift der Offsetgrößen mit der Temperatur.

Das Rauschen des Operationsverstärkers kann durch zwei Rauschstromquellen und
eine Rauschspannungsquelle am Eingang ersatzweise dargestellt werden. Die drei
Rauschquellen werden als untereinander unkorrellierte, stationäre Gaußsche Zufallsprozesse angenommen. Da die Effektivwerte der Rauschgrößen von der Bandbreite
abhängen, kennzeichnet man die Rauschquellen durch ihr Leistungsdichtespektrum.
Mit Hilfe des frequenzabhängigen Verstärkungsfaktors $\mu(s)$ des Operationsverstärkers
und der äußeren Beschaltung berechnet man das Leistungsdichtespektrum am Ausgang
des Verstärkers und daraus den Effektivwert der Rauschspannung. Es zeigt sich,
daß dieser Wert wesentlich von der Bandbreite und von der Größe der Eingangsab-
schlußwiderstände abhängt.

Der Operationsverstärker verhält sich nur in einem begrenzten Strom- und Spannungsbereich linear. Neben der Begrenzung der Eingangs- und Eingangsdifferenz-
spannungen sowie der Ausgangsspannung und des Ausgangsstromes sind noch die maximale Anstiegsgeschwindigkeit (Slewrate) der Ausgangsspannung und die sich daraus
ergebende Leistungsbandbreite als Grenzen der Linearität zu beachten.

6. Frequenzgangkompensation und Stabilität

Eine der wichtigsten parasitären Eigenschaften des Operationsverstärkers ist die
Frequenzabhängigkeit seines Verstärkungsfaktors. Der Verstärkungsfaktor $\mu(s)$ ist
stets eine Tiefpaßfunktion. Das hat zur Folge, daß andere Größen, die mit dem Verstärkungsfaktor verknüpft sind, wie etwa die Gleichtaktunterdrückung, ebenfalls
frequenzabhängig sind. Besondere Bedeutung kommt der Frequenzabhängigkeit des beschalteten Operationsverstärkers zu. Die Frequenzabhängigkeit der Eingangs- und
Ausgangsimpedanz, der Frequenzgang des Verstärkungsfaktors $v(s)$ und die Sprungantwort sind Größen, die bei praktischen Realisierungen unmittelbar sichtbar werden und die die Anwendungsbereiche des Operationsverstärkers einschränken. Darüberhinaus macht sich die Frequenzabhängigkeit der Schleifenverstärkung $\beta\mu(s)$ indirekt dadurch bemerkbar, daß Störeffekte, die bei tiefen Frequenzen durch starke
Gegenkopplung unterdrückt werden, nach höheren Frequenzen hin in zunehmendem Maße
hervortreten.

Eine weitere wichtige Konsequenz aus der Frequenzabhängigkeit des Operationsverstärkers ist die Möglichkeit der Instabilität. Da beim beschalteten Operationsverstärker ein Teil der Ausgangsspannung auf den Eingang zurückgekoppelt wird,
kann die Schaltungsanordnung prinzipiell instabil werden. Im nächsten Abschnitt
wird zuerst die Frage nach der *Stabilität* behandelt. In den folgenden Abschnitten
werden dann Kompensationsmethoden zur Sicherung der Stabilität und zur Verbesserung des Übertragungsverhaltens beschrieben.

6.1 Stabilitätsuntersuchung

Die Gleichungen (5.9), (5.23) und (5.35) zeigen, daß der invertierende, der nichtinvertierende als auch der Differenzverstärker den gleichen Nennerausdruck $\mu\beta+1$
besitzen. Dieser Ausdruck beschreibt die geschlossene Rückkopplungsschleife dieser
Schaltungsanordnungen. Bei einem frequenzabhängigen Verstärkungsfaktor $\mu(s)$ und
gegebenenfalls frequenzabhängigen Rückkopplungsfaktor $\beta(s)$ muß die charakteristische Gleichung

$$\mu(s)\beta(s) + 1 = 0 \tag{6.1}$$

auf Stabilität hin untersucht werden. Liegen sämtliche Wurzeln dieser Gleichung
in der linken offenen s-Halbebene, so ist die Verstärkungsanordnung stabil. Die
Frage, ob alle Wurzeln in der linken s-Halbebene liegen oder nicht, kann mit dem
Hurwitz-Routh-Test [1.1] oder mit der Polortskurvenmethode [6.1] geklärt werden.
Beide Verfahren erfordern allerdings, daß $\mu(s)$ und $\beta(s)$ als rationale Funktionen
vorliegen. Bei der Stabilitätsuntersuchung von Operationsverstärkern ist die Funktion $\mu(s)$ oft nicht exakt bekannt. Vielmehr versucht man, Information über die
Frequenzabhängigkeit der Verstärkung durch eine Messung von Betrag und Phase zu
erhalten. In diesem Fall sind das *Stabilitäts-Kriterium von Nyquist* [6.1] oder
davon abgeleitete Verfahren mit Bode-Diagrammen [1.2] besser geeignet.

Für die Wurzeln s_{∞} der charakteristischen Gleichung gilt

$$\mu(s_{\infty})\beta(s_{\infty}) = -1 \quad . \tag{6.2}$$

Stabilität kann garantiert werden, wenn die Wurzeln s_{∞} nicht in der rechten
s-Halbebene oder auf deren Rand liegen. Beim Nyquist-Kriterium bildet man die
rechte s-Halbebene auf die $\mu\beta$-Ebene ab und stellt fest, ob der Punkt -1 der reellen Achse in dem abgebildeten Gebiet liegt oder nicht, siehe Bild 6.1. Durchläuft man die s-Ebene auf einer (im Sinne der Riemannschen Zahlenkugel) geschlos-
senen Kontur längs der $j\omega$-Achse von $\omega=-\infty$ bis $\omega=+\infty$, so durchläuft die Funktion

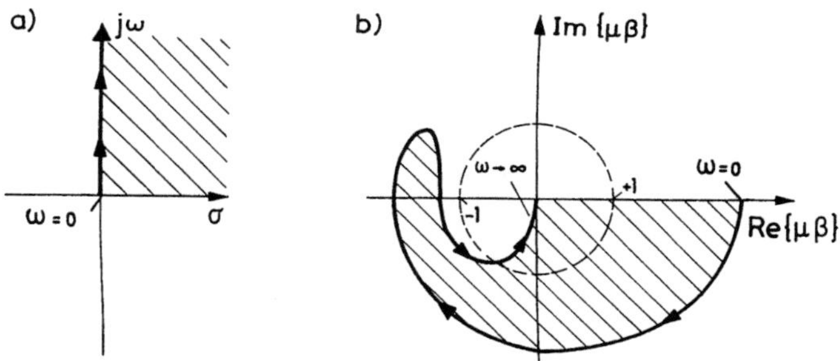

Bild 6.1. Qualitative Betrachtung zum Nyquist-Kriterium

$\mu(j\omega)\beta(j\omega)$ in der $\mu\beta$-Ebene ebenfalls eine geschlossene Kontur. Aus der Durchlauf-
richtung beider Konturen kann eindeutig festgestellt werden, in welches Gebiet die
rechte s-Halbebene abgebildet wird. Dieses Gebiet ist in dem qualitativ betrachteten Beispiel in Bild 6.1 schraffiert eingezeichnet. Auf die Darstellung der jeweils konjugiert komplexen Punkte wurde verzichtet. Da der Punkt -1 der reellen
Achse außerhalb des schraffierten Gebietes liegt, gibt es keinen Punkt in der
rechten s-Halbebene, für den die Funktion $\mu(s)\beta(s)$ den Wert -1 annehmen kann, bzw.
für den die charakteristische Gleichung in (6.1) erfüllt ist. Die Schaltung ist
in diesem Fall also stabil.

Für manche Anwendungen ist es durchsichtiger, die Schleifenverstärkung nicht als Ortskurve in der µß-Ebene darzustellen, sondern getrennt nach Betrag und Winkel in Bodediagrammen. Im Zusammenhang mit Operationsverstärkern ist es üblich, in den Bodediagrammen statt der Dämpfung und der Phase ihre jeweils negierten Größen einzutragen, nämlich den logarithmierten Betrag 20 lg|µß| in dB und den Winkel arc{µß}. Die in den Bildern 1.4 bis 1.7 gezeigten Bodediagramme sind in diesem Zusammenhang also an der ω-Achse zu spiegeln. Bild 6.2 zeigt die Ortskurve aus Bild 6.1b qualitativ nach Betrag und Winkel getrennt über der Frequenz ω aufgetragen.

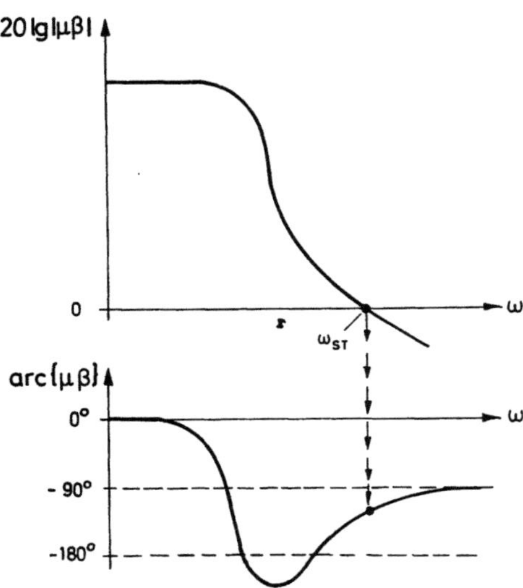

Bild 6.2. Zur Stabilitätsbetrachtung in Betrags- und Winkeldiagrammen

Aus Bild 6.1b ist ersichtlich, daß der reelle Punkt -1 außerhalb des schraffierten Bereiches liegt, wenn die Ortskurve für positive Werte von ω den Einheitskreis bei einem Winkel schneidet, der positiver als -180° ist. Dieser Sachverhalt führt bei der Betrachtung von Betrag und Winkel auf eine einfache Stabilitätsaussage: Die Schaltungsanordnung ist stabil, wenn der Winkel arc{µß} der Schleifenverstärkung bei der *Schleifentransitfrequenz* ω_{ST} (das ist die Frequenz, bei der der Betrag |µß| den Wert Eins erreicht) positiver als -180° ist. Diese Aussage gilt unter den Voraussetzungen, daß der Betrag |µß| oberhalb der Schleifentransitfrequenz ω_{ST} kleiner als Eins bleibt und daß keine Winkel arc{µß} $\geq$ +180° auftreten. Beide Voraussetzungen können wegen des Tiefpaßcharakters der Operationsverstärker als erfüllt betrachtet werden.

Wie das Beispiel in den Bildern 6.1 und 6.2 zeigt, kann bei Beträgen |µß|>1 der Winkel arc{µß} den Wert -180° erreichen und sogar überschreiten, ohne daß

zwingenderweise Instabilität eintritt. Kehrt der Winkel bis zur Schleifentransitfrequenz wieder auf positivere Werte als -180° zurück, so ist die Anordnung stabil.

Bei praktischen Schaltungen setzt man die Stabilitätsgrenze nicht exakt auf
-180° fest, sondern fordert einen Sicherheitsabstand von in der Regel 45°. Diese
Phasenreserve ϕ_r gewährleistet Stabilität auch in Fällen, in denen die Netzwerkparameter durch Fertigungsschwankungen oder Umwelteinflüsse leicht verändert werden. Ferner hat die Phasenreserve einen entscheidenden Einfluß auf den Frequenzgang v(jω) der Verstärkeranordnung, siehe Abschnitt 6.4.

6.2 Kompensation mit nacheilender Phase

Ein Großteil der praktisch verwendeten Operationsverstärker besteht aus drei Stufen, einer Differenz-Eingangsstufe, einer mittleren Stufe mit hoher Verstärkung
und einer Leistungs-Ausgangsstufe. Jede dieser Stufen kann in erster Näherung
als Tiefpaß erster Ordnung betrachtet werden. Die *Verstärkungsfunktion* μ(s) dieses Operationsverstärkermodells stellt daher einen Tiefpaß mit drei reellen Polen
dar:

$$\mu(s) = \frac{\mu_0}{(1 + sT_1)(1 + sT_2)(1 + sT_3)} \, , \tag{6.3a}$$

wobei μ_0 die *Gleichspannungsverstärkung* ist, und die drei Pole durch

$$s_{\infty\nu} = -1/T_\nu \, , \quad \nu = 1,2,3 \, , \tag{6.3b}$$

gegeben sind. Der Winkel arc{μ(jω)} kann für positive Werte von ω alle Werte zwischen 0 und 270° annehmen. Eine Rückkopplungsanordnung mit einem reellen Rückkopplungsfaktor

$$\beta = R_1/(R_0 + R_1) \, , \tag{6.4}$$

wie in Bild 6.3 gezeigt, ist daher *potentiell instabil*. Die Phasenreserve ϕ_r bzw.
Stabilität oder Instabilität hängen, wenn die drei Pole $s_{\infty\nu}$ und die Gleichspannungsverstärkung μ_0 festliegen, von dem Rückkopplungsfaktor β ab.

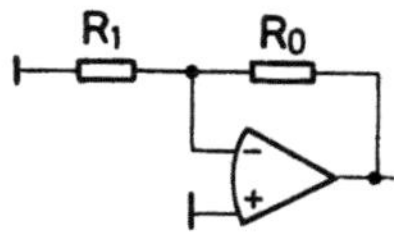

Bild 6.3. Einfache Rückkopplungsanordnung

Beispiel 6.1

Ein Operationsverstärker werde mit einer Dreipol-Verstärkerfunktion nach (6.3) beschrieben. Die Gleichspannungsverstärkung sei $\mu_0 = 10^5 (\hat{=} 100$ dB), die drei Grenzfrequenzen $f_{gr\nu} = -s_{\infty\nu}/2\pi$ seien 10 kHz, 300 kHz und 3 MHz. Bild 6.4a zeigt das

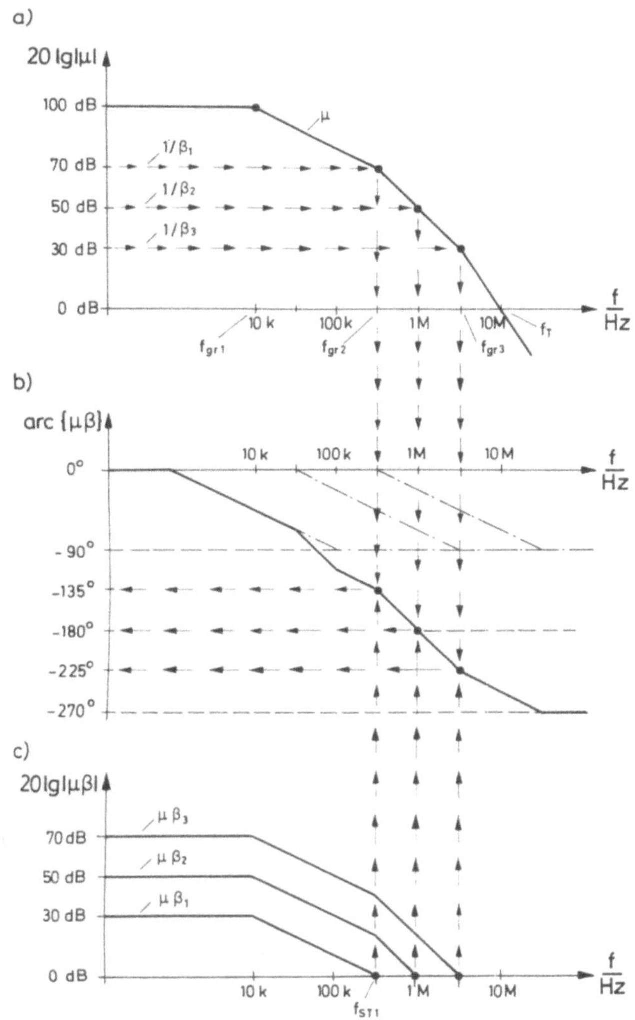

Bild 6.4. Bodediagramm für eine Rückkopplungsanordnung mit einem Dreipol-Operationsverstärkermodell

Bodediagramm des Betrages der Verstärkung. Bei der Frequenz $f=f_T=10$ MHz nimmt der Betrag den Wert Eins an. Diese Frequenz wird *Transitfrequenz der offenen Verstärkung* genannt.

Bild 6.4b zeigt den Winkel der Schleifenverstärkung $\mu(j2\pi f)\beta$. Da der Rückkopplungsfaktor zunächst gemäß (6.4) als reell vorausgesetzt wird, ist der in Bild 6.4b gezeigte Winkel identisch mit dem Winkel arc$\{\mu(j2\pi f)\}$ des offenen Verstärkers. Bild 6.4b ist genauso wie Bild 6.4a aus den Beiträgen der drei Polglieder 1. Ordnung nach Bild 1.4 zusammengesetzt. Die drei Beiträge zum Gesamtwinkel sind in Bild 6.4b strichpunktiert eingezeichnet.

Im folgenden soll die Stabilität für drei verschiedene Rückkopplungsfaktoren $\beta_1 \hat{=}-70$ dB, $\beta_2 \hat{=}-50$ dB und $\beta_3 \hat{=}-30$ dB untersucht werden. Dazu sind in Bild 6.4c in einem Bodediagramm die Beträge der drei Schleifenverstärkungen aufgezeichnet. Bei einer Gleichspannungsverstärkung von 100 dB und einem Rückkopplungsfaktor β_1 von -70 dB ergibt sich eine Gleichspannungsschleifenverstärkung von 30 dB. Die Transitfrequenz f_{ST1} der Schleifenverstärkung kann aus Bild 6.4c abgelesen werden und beträgt ca. 300 kHz. Der Winkel der Schleifenverstärkung hat bei dieser Frequenz den Wert -135°. Die Schaltung ist daher bei dieser Rückkopplung stabil und hat eine Phasenreserve ϕ_r von 45°.

Erhöht man den Rückkopplungsfaktor auf -50 dB, so erhält man eine Schleifentransitfrequenz von 1 MHz. Der Winkel arc$\{\mu\beta\}$ beträgt bei dieser Frequenz -180°. Die Schaltung ist an der Stabilitätsgrenze, die Phasenreserve ϕ_r hat den Wert Null, was für praktische Schaltungen nicht ausreicht. Bei einem Rückkopplungsfaktor $\beta_3 \hat{=}-30$ dB betragen die Schleifentransitfrequenz ca. 3 MHz und der Winkel der Schleifenverstärkung an dieser Stelle -225°, so daß die Rückkopplungsanordnung instabil ist.

Anstatt wie in Bild 6.4c die Schleifenverstärkungen explizit aufzuzeichnen, zeichnet man bei der Stabilitätsuntersuchung von Operationsverstärkern den Reziprokwert $1/\beta$ mit in das Bodediagramm für die offene Verstärkung. In Bild 6.4a sind das (für reelle Rückkopplungsfaktoren β) Parallelen zur Frequenzachse. Ihr Schnittpunkt mit der Kurve der offenen Verstärkung liegt dann bei der jeweiligen Schleifentransitfrequenz, so daß man mit dieser Betrachtung zum gleichen Resultat kommt.

Die in Beispiel 6.1 gezeigte Tendenz, daß die Phasenreserve ϕ_r mit zunehmendem Rückkopplungsfaktor β abnimmt, ist typisch für Schleifenverstärkungen mit Tiefpaßverhalten und trifft insbesondere für rückgekoppelte Operationsverstärker zu. Um auch bei maximalem Rückkopplungsfaktor $\beta=1$ noch Stabilität und eine hinreichende Phasenreserve zu erreichen, muß in vielen Fällen der Frequenzgang des Operationsverstärkers und/oder des Rückkopplungsnetzwerkes durch schaltungstechnische Eingriffe verändert werden. Diese Maßnahmen werden unter dem Begriff *Frequenzgangkompensation* zusammengefaßt. In einigen Anwendungsfällen dient die Frequenzgangkompensation nicht nur Stabilitätszwecken, sondern hat darüberhinaus noch die

Aufgabe, den Frequenzgang oder die Sprungantwort der gesamten Schaltungsanordnung zu beeinflussen oder bis zu möglichst hohen Frequenzen eine hohe Schleifenverstärkung zu erzielen.

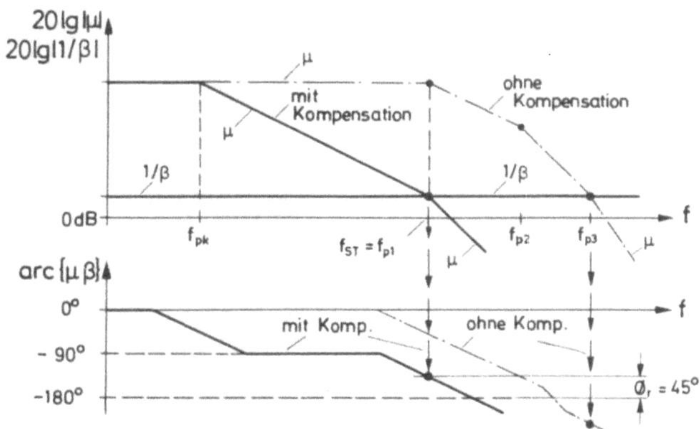

Bild 6.5. Frequenzgangkompensation des Operationsverstärkers mit einem dominierenden Pol bei der Frequenz f_{pk}

Die einfachste Art, Stabilität zu erzwingen, besteht in der Hinzunahme eines tieffrequenten *dominierenden* Poles in der Schleifenübertragungsfunktion $\mu(s)\beta(s)$. Das Ziel dieser Maßnahme ist es, den Betrag der Schleifenverstärkung bereits bei tiefen Frequenzen soweit abzusenken, daß bei der Schleifentransitfrequenz der Phasenbeitrag der übrigen Pole noch gering ist. In dem Beispiel in Bild 6.5 ist zu den Verstärkerpolen bei den Frequenzen f_{p1}, f_{p2} und f_{p3} durch die Kompensation ein weiterer Pol bei f_{pk} hinzugekommen. Wählt man die Frequenz f_{pk} so, daß bei dem gegebenen Rückkopplungsfaktor β die Schleifentransitfrequenz f_{ST} mit der ersten Polfrequenz f_{p1} zusammenfällt, so erhält man eine Phasenreserve von $\phi_r = 45°$. Für kleinere Rückkopplungsfaktoren wird die Phasenreserve bei fester Kompensationspolfrequenz f_{pk} noch größer.

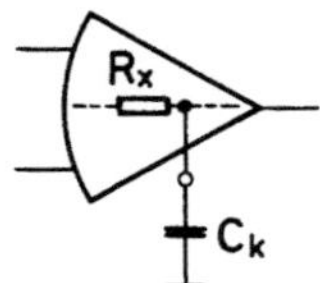

Bild 6.6. Kompensationsschaltung mit einem zusätzlichen Pol für den Operationsverstärker

Bei manchen Operationsverstärkern besteht, wie in Bild 6.6 gezeigt, die Möglichkeit, einen internen Längswiderstand R_x über eine Anschlußklemme mit einer externen Kapazität C_k zu einem RC-Tiefpaß zu ergänzen. Die Kompensationspolfrequenz f_{pk} ist dann durch den Ausdruck

$$f_{pk} = \frac{1}{2\pi R_x C_k} \tag{6.5}$$

gegeben.

Die Hinzunahme eines dominierenden Poles kann auch in der Rückkopplungsfunktion $\beta(s)$ erfolgen. Bild 6.7 zeigt die entsprechenden Betrachtungen im Bodediagramm. Bezüglich der Schleifentransitfrequenz f_{ST} und der Phasenreserve ϕ_r bestehen die gleichen Verhältnisse wie bei der in Bild 6.5 gezeigten Kompensation.

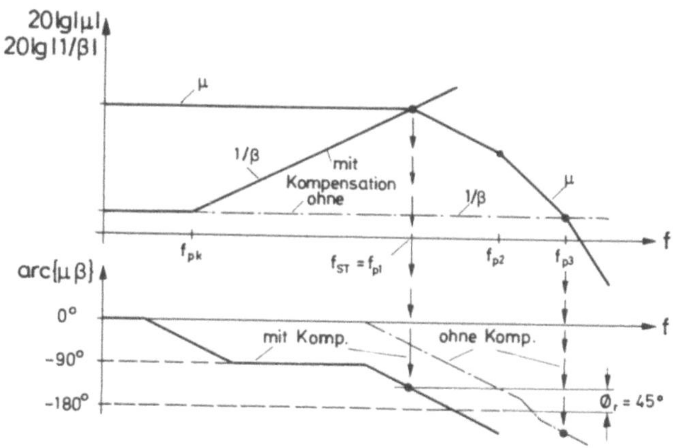

<u>Bild 6.7.</u> Frequenzgangkompensation des Rückkopplungsnetzwerks mit einem dominierenden Pol bei der Frequenz f_{pk}

Bild 6.8a zeigt eine Schaltungsmöglichkeit für das Rückkopplungsnetzwerk. Die Rückkopplungsübertragungsfunktion lautet in diesem Fall

$$\beta(s) = \frac{\beta_0}{1 + s/(2\pi f_{pk})} \tag{6.6}$$

mit

$$\beta_0 = R_1/(R_0 + R_1) \tag{6.7}$$

und

$$f_{pk} = \frac{1}{2\pi(R_0 \| R_1)C_k} \quad , \quad R_0 \| R_1 = \frac{R_0 R_1}{R_0 + R_1} \quad . \tag{6.8}$$

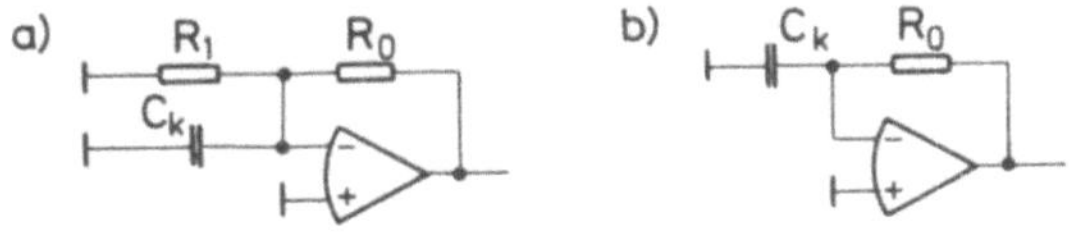

<u>Bild 6.8.</u> Schaltungen zur Frequenzgangkompensation mit einem dominierenden Pol für $\beta_0 < 1$ (a) und $\beta_0 = 1$ (b)

Für den Fall $\beta_0 = 1$ (z.B. Spannungsfolger) ist die Schaltung in Bild 6.8b zu benutzen. Die Kompensationspolfrequenz liegt hier bei

$$f_{pk} = 1/(2\pi R_0 C_k) \quad . \tag{6.9}$$

Die Kompensationsmethode mit einem dominierenden Pol hat den Nachteil, daß die Schleifenverstärkung schon bei tiefen Frequenzen sehr klein wird. Außerdem sind wegen der meist sehr tiefen Polfrequenzen f_{pk} sehr große Kompensationskapazitäten C_k in den Schaltungen in Bild 6.6 und 6.8 nötig, die wiederum verschiedene technische Nachteile mit sich bringen.

Diese Nachteile können durch Hinzunahme einer weiteren Nullstelle bei einer Frequenz $f_{zk} > f_{pk}$ wesentlich reduziert werden. Die Nullstelle hebt den Phasenbeitrag des Kompensationspoles wieder auf. Der Betrag der Schleifenverstärkung wird jedoch zur Schleifentransitfrequenz hin um den Faktor f_{pk}/f_{zk} verkleinert. Wählt man, wie in Bild 6.9, die Kompensationsnullstellenfrequenz f_{zk} gleich der

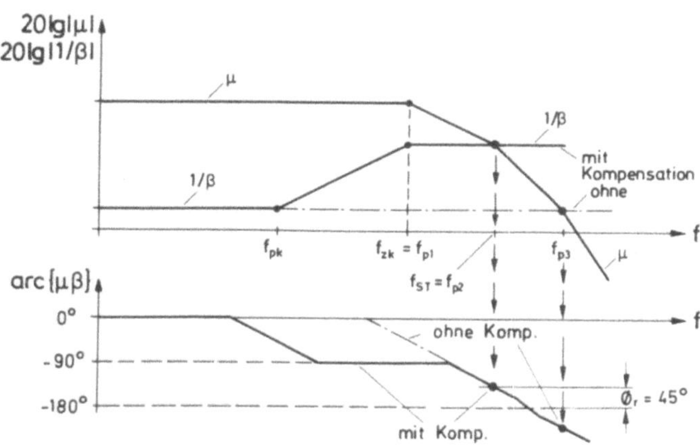

<u>Bild 6.9.</u> Pol-Nullstellenkompensation mit nacheilender Phase im Rückkopplungsnetzwerk

ersten Polfrequenz f_{p1} des Operationsverstärkers und die Kompensationspolfrequenz f_{pk} so, daß die Schleifentransitfrequenz f_{ST} gleich der zweiten Polfrequenz f_{p2}

des Operationsverstärkers ist, so erhält man eine Phasenreserve $\phi_r=45^o$. Ein Vergleich von Bild 6.9 mit Bild 6.7 zeigt, daß durch die Hinzunahme der Kompensationsnullstelle sowohl die Kompensationspolfrequenz f_{pk} als auch die Schleifentransitfrequenz f_{ST} um den Faktor f_{p2}/f_{p1} höher liegen. Wegen $f_{zk} > f_{pk}$ ist ebenso wie bei der Kompensation mit nur einem Pol der Phasenbeitrag der Kompensation nacheilend (negativer Winkel). Man bezeichnet diese Art der Kompensation daher als *Kompensation mit nacheilender Phase (Lag-Kompensation)*.

Bild 6.10 zeigt Schaltungen für eine Pol-Nullstellenkompensation. Die Rückkopplungsübertragungsfunktion lautet

$$\beta(s) = \beta_0 \frac{1 + s/(2\pi f_{zk})}{1 + s/(2\pi f_{pk})} \tag{6.10}$$

mit β_0 nach (6.7) und

$$f_{zk} = \frac{1}{2\pi C_k R_k} \tag{6.11}$$

und

$$f_{pk} = \frac{1}{2\pi C_k (R_k + R_0 \| R_1)} \quad . \tag{6.12}$$

Im Falle von $\beta_0=1$, Bild 6.10b, ist $R_1 \to \infty$ einzusetzen.

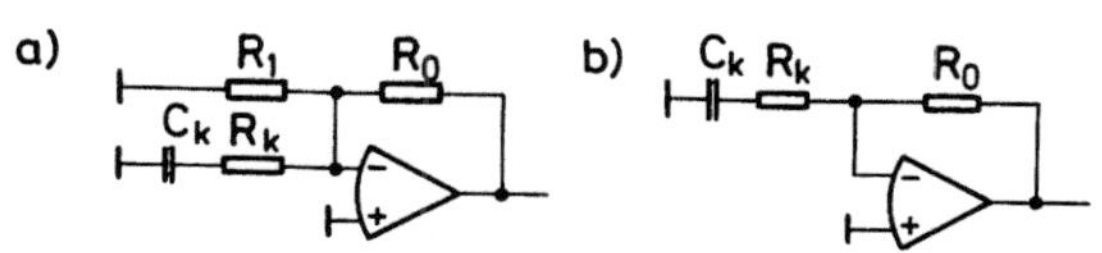

Bild 6.10. Schaltungen zur Pol-Nullstellenkompensation mit nacheilender Phase für $\beta_0<1$ (a) und $\beta_0=1$ (b)

Aus dem Verhältnis der Frequenzen

$$\frac{f_{zk}}{f_{pk}} = \frac{R_k + R_0 \| R_1}{R_k}$$

folgt der Widerstand

$$R_k = \frac{R_0 \| R_1}{f_{zk}/f_{pk} - 1} \tag{6.13}$$

und aus (6.11) die Kapazität

$$C_k = \frac{1}{2\pi f_{zk} R_k} \quad . \tag{6.14}$$

Nach dem Festlegen der beiden Frequenzen f_{zk} und f_{pk} werden mit (6.13) aus dem vorgegebenen Widerstandswert $(R_0 \| R_1)$ (bzw. im Falle des Spannungsfolgers wählbaren Widerstandswert R_0) der Widerstand R_k und mit (6.14) die Kapazität C_k ermittelt.

Beispiel 6.2

Der in Beispiel 6.1 beschriebene Operationsverstärker soll als invertierender Verstärker mit $v=-10$ beschaltet werden und wie in Bild 6.10a kompensiert werden. Die Widerstände $R_1=10$ kΩ und $R_0=100$ kΩ seien vorgegeben. Mit den Verstärkerdaten $\mu_0=10^5$ und $f_{p1}=10$ kHz ergibt sich im Bodediagramm Bild 6.9 bei der zweiten Polfrequenz

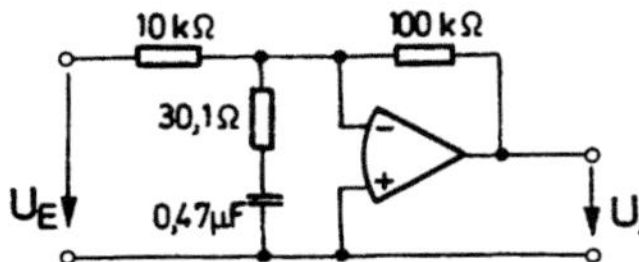

Bild 6.11. Pol-Nullstellenkompensation für einen invertierenden Verstärker mit $v=-10$ (Operationsverstärkerdaten nach Beispiel 6.1)

$f_{p2}=300$ kHz eine Verstärkung von $|\mu|=10^4/3$. Wählt man $|1/\beta|$ bei dieser Frequenz ebenfalls zu $10^4/3$ und wählt man $f_{zk}=f_{p1}$, so ergibt sich die Kompensationspolfrequenz f_{pk} aus dem Bodediagramm mit $1/\beta_0=11$ zu $f_{pk}=33$ Hz. Aus (6.13 - 14) erhält man damit die Werte der beiden Kompensationsbauelemente $R_k=30,1$ Ω und $C_k=528,76$ nF. In praktischen Schaltungsaufbauten reicht es meist aus, die nächstgelegenen Normwerte für diese Bauelemente zu wählen. Bild 6.11 zeigt die kompensierte Schaltung.

In den bisherigen Betrachtungen wurde davon ausgegangen, daß die Pole des Operationsverstärkers durch die Kompensationsmaßnahmen nicht verändert werden. Hat man jedoch Einfluß auf die Lage der Operationsverstärkerpole, so lassen sich damit sehr wirkungsvolle Frequenzgangkompensationen erreichen. Zu dieser Art von Kompensationen gehört auch die unter der Bezeichnung *"Miller-Effekt-Schaltung"* bekannte kapazitive Rückkopplung der mittleren Operationsverstärkerstufe. Durch die Rückführungskapazität werden die beiden tieffrequenten Pole verschoben, ohne daß ein neuer Pol entsteht. Der tieffrequente Pol wird zu tieferen und der höherfrequente Pol zu höheren Frequenzen verschoben.

Bild 6.12 zeigt ein Ersatzbild, in dem die beiden tieffrequenten Pole berücksichtigt sind. Die Eingangsstufe als auch die mittlere Stufe sind durch spannungsgesteuerte Stromquellen mit den Steueradmittanzen G_e bzw. G_m dargestellt, die Ausgangsstufe als Spannungsverstärker mit der Verstärkung v_a. Wie aus Bild 6.12 direkt abzulesen ist, beträgt die Gesamtgleichspannungsverstärkung

$$\mu_0 = G_e R_1 G_m R_2 v_a \ . \tag{6.15}$$

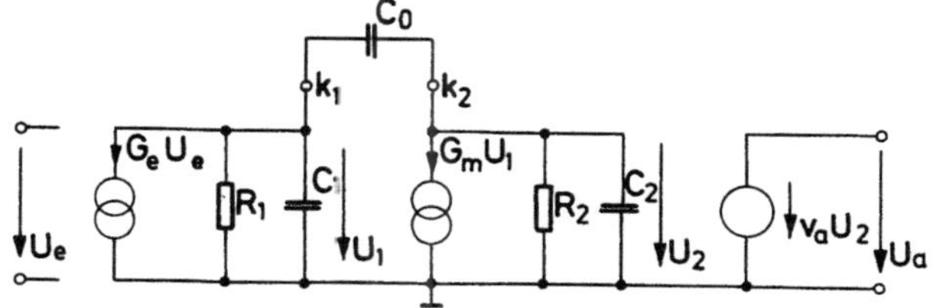

Bild 6.12. Ersatzbild für einen Operationsverstärker mit zwei Polen

Sieht man von der Rückführungskapazität C_0 ab, so sind die Verstärkerpole durch die Zeitkonstanten $R_1 C_1$ und $R_2 C_2$ gegeben

$$s_{\infty 1} = - \frac{1}{R_1 C_1} \quad , \quad s_{\infty 2} = - \frac{1}{R_2 C_2} \quad . \tag{6.16}$$

Weitere Pole und Nullstellen bei höheren Frequenzen sollen zunächst nicht betrachtet werden. Eine Analyse der Schaltung in Bild 6.12 führt auf die Verstärkerfunktion

$$\mu(s) = \frac{U_a}{U_e} = \frac{G_e(G_m - Y_0)v_a}{Y_0(Y_1 + Y_2) + Y_1 Y_2 + Y_0 G_m} \tag{6.17a}$$

mit

$$Y_0 = sC_0 \quad , \quad Y_1 = G_1 + sC_1 \quad \text{und} \quad Y_2 = G_2 + sC_2 \quad . \tag{6.17b}$$

Gl.(6.17b) in (6.17a) eingesetzt ergibt

$$\mu(s) = \mu_0 \frac{-sC_0/G_m + 1}{s^2 k_2 + s k_1 + 1} \tag{6.18a}$$

mit

$$k_2 = R_1 R_2 C_1 C_2 + R_1 R_2 C_0 (C_1 + C_2) \tag{6.18b}$$

und

$$k_1 = C_0(R_1 + R_2 + R_1 R_2 G_m) + R_1 C_1 + R_2 C_2 \quad . \tag{6.18c}$$

Die beiden Verstärkerpole können aus dem Polynom

$$s^2 + s k_1/k_2 + 1/k_2 \tag{6.19}$$

exakt berechnet werden. Für praktische Fälle läßt sich aber auch die folgende einfache Abschätzung angeben. Aus (1.48) ist zu sehen, daß der mittlere Koeffizient k_1/k_2 gleich der negierten Summe der beiden Pole ist. Liegen die beiden Pole

128

weit auseinander, so kann der Beitrag des tieffrequenten Poles vernachlässigt werden, und es gilt

$$s_{\infty 2} \approx - k_1/k_2 \quad . \tag{6.20}$$

Ferner ist aus (1.48) zu sehen, daß der rechte Koeffizient $1/k_2$ gleich dem Produkt der beiden Pole ist, so daß für den tieffrequenten Pol

$$s_{\infty 1} = \frac{1}{k_2 \, s_{\infty 2}} = - \frac{1}{k_1} \tag{6.21}$$

gilt. Da der Spannungsverstärkungsfaktor $R_2 G_m$ der mittleren Stufe in praktischen Fällen sehr groß ist, dominiert in (6.18c) die Zeitkonstante $C_0 R_1 R_2 G_m$, sofern C_0 etwa in der gleichen Größenordnung liegt wie die beiden übrigen Kapazitäten C_1 und C_2:

$$k_1 \approx C_0 R_1 R_2 G_m \quad . \tag{6.22}$$

Setzt man (6.18b) und (6.22) in (6.20 - 21) ein, so erhält man eine Abschätzung für die beiden Verstärkerpole:

$$s_{\infty 1} \approx - \frac{1}{C_0 R_1 R_2 G_m} \tag{6.23}$$

und

$$s_{\infty 2} \approx - \frac{G_m}{C_1 + C_2 + C_1 C_2/C_0} \quad . \tag{6.24}$$

Man erkennt aus (6.23 - 24), daß der tieffrequente Pol $s_{\infty 1}$ mit zunehmender Kompensationskapazität C_0 zu tieferen Frequenzen hin und der hochfrequente Pol $s_{\infty 2}$ zu höheren Frequenzen hin verschoben wird. Bild 6.13 verdeutlicht noch einmal diese Polverschiebung.

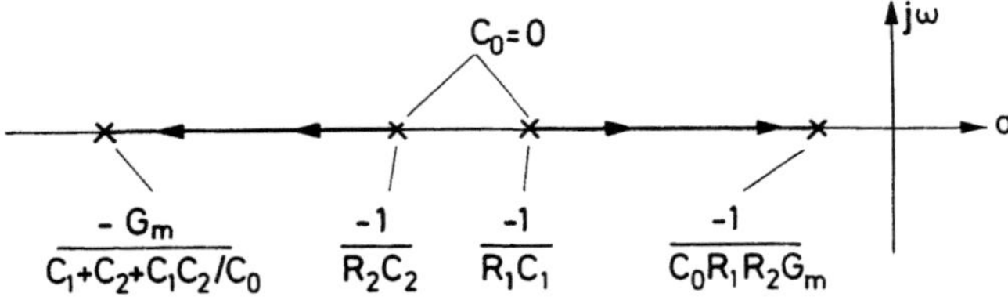

__Bild 6.13.__ Verschiebung der Verstärkerpole mit zunehmender Kompensationskapazität C_0

Die Verstärkerfunktion $\mu(s)$ in (6.18) hat außerdem noch eine Nullstelle auf der positiven reellen Achse. Diese Nullstelle liegt in der Regel bei so hohen Frequenzen, daß sie keinen Einfluß auf die Stabilität hat.

Beispiel 6.3:

Für die Operationsverstärkertypen 741 und 748 gilt näherungsweise das in Bild 6.12 gezeigte Ersatzbild mit den Daten [6.2] R_1=1,95 MΩ, C_1=4,32 pF, G_m=6,39 mS, R_2=86,3 kΩ und C_2=5,62 pF. Ohne Rückführungskapazität C_0 liegen die beiden Polfrequenzen bei

$$f_{p1} = -s_{\infty 1}/2\pi = 18,89 \text{ kHz}$$

und

$$f_{p2} = -s_{\infty 2}/2\pi = 328,2 \text{ kHz} \quad .$$

Für verschiedene Werte von C_0 erhält man aus (6.18) die folgenden exakten Werte für die Polfrequenzen:

C_0	f_{p1}	f_{p2}
0,001 pF	16,65 kHz	372,2 kHz
0,003 pF	13,49 kHz	458,9 kHz
0,01 pF	8,173 kHz	755,4 kHz
0,03 pF	3,870 kHz	1,583 MHz
0,1 pF	1,365 kHz	4,364 MHz
0,3 pF	479,2 Hz	11,52 MHz
1 pF	146,5 Hz	30,02 MHz
3 pF	49,11 Hz	56,66 MHz
10 pF	14,76 Hz	82,45 MHz
30 pF	4,923 Hz	94,82 MHz

Zum Vergleich erhält man mit den Näherungsbeziehungen in (6.23 – 24) für C_0=30 pF die Polfrequenzen f_{p1}=4,933 Hz und f_{p2}=94,61 MHz.

Mit zunehmender Kompensationskapazität C_0 nimmt der zweite Verstärkerpol sehr schnell große Werte an und kann gegenüber den übrigen Polen und Nullstellen, die bei den betrachteten Verstärkertypen im Bereich von einigen Megahertz liegen, vernachlässigt werden.

Der erste Pol gewinnt sehr schnell dominierende Bedeutung. Wählt man eine Schleifentransitfrequenz f_{ST}=1 MHz, so erhält man bei dem betrachteten Verstärkertyp eine Phasenreserve von etwa 70-80°, siehe Bild 6.14. Da die Gleichspannungsverstärkung des betrachteten Verstärkers μ_0=2·10^5≙106 dB beträgt, erhält man für den maximalen reellen Rückkopplungsfaktor β=1 die Frequenz des dominierenden

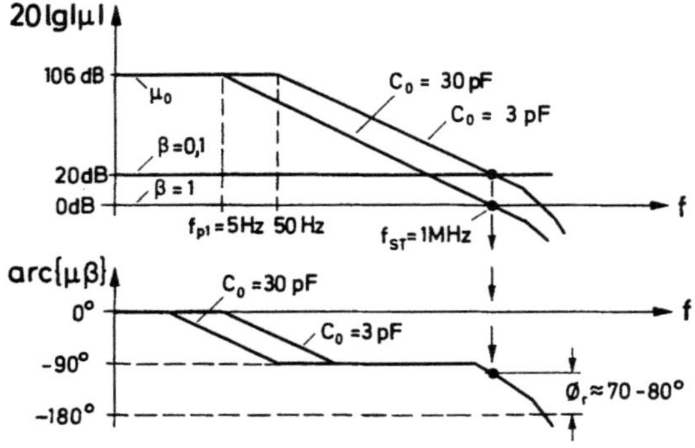

Bild 6.14. Bodediagramme der Operationsverstärkertypen 741 und 748 für zwei verschiedene Kompensationskapazitäten C_0

Poles zu f_{p1}=5 Hz. Der Verstärker muß in diesem Fall also mit C_0=30 pF kompensiert werden und ist dann auch für kleinere reelle Rückkopplungsfaktoren stabil. Beträgt der Rückkopplungsfaktor β=0,1, so kann die Polfrequenz mit C_0=3 pF bei gleichbleibender Phasenreserve ϕ_r auf f_{p1}=50 Hz erhöht werden, siehe Bild 6.14. Diese Erhöhung hat den Vorteil, daß für Frequenzen oberhalb von 50 Hz die Schleifenverstärkung um den Faktor 10 höher ist als bei einer Kompensation mit C_0=30 pF.

Zur Erzielung eines tieffrequenten dominierenden Operationsverstärkerpoles benötigt die "Miller-Kapazität" C_0 in Bild 6.12 im allgemeinen erheblich kleinere Werte als beispielsweise die Kompensationskapazität C_k in Bild 6.6. Da sich kleine Kapazitäten in integrierter Schaltungstechnologie realisieren lassen, wird diese Art von Kompensation bevorzugt in integrierten Operationsverstärkern mit *interner Frequenzgangkompensation* angewendet. Die interne Kompensationskapazität C_0 ist meist so ausgelegt, daß die Stabilität für alle reellen Rückkopplungsfaktoren gesichert ist.

Wählt man anstelle der Kapazität C_0 zwischen den Knoten k_1 und k_2 in Bild 6.12 das in Bild 6.15a gezeigte T-Glied, so erhält man bei entsprechender Dimensionierung statt eines dominierenden Poles bei der Frequenz f_{p1} einen doppelten Pol bei

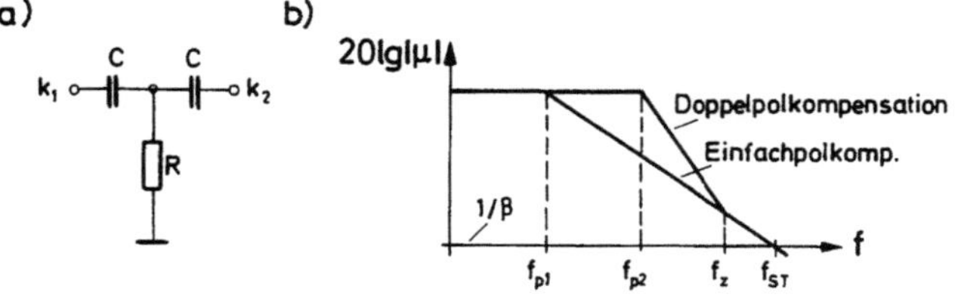

Bild 6.15. Zur Kompensation mit einem doppelten Pol und einer Nullstelle

der Frequenz f_{p2} und eine zusätzliche Nullstelle bei der Frequenz f_z [6.3], siehe Bild 6.15b. Beide Kompensationen zeigen bei Gleichspannung und bei der Schleifentransitfrequenz f_{ST} gleiches Verhalten (sofern $f_z \ll f_{ST}$ ist). Im mittleren Frequenzbereich zwischen f_{p1} und f_z können jedoch höhere Schleifenverstärkungen erzielt werden.

Den genannten Kompensationsverfahren mit nacheilender Phase ist gemeinsam, daß primär versucht wird, durch Absenken des Betrages der Schleifenverstärkung die Schleifentransitfrequenz in einen Frequenzbereich zu bringen, in dem die gewünschte Phasenreserve ϕ_r ermöglicht werden kann. Gleichzeitig wird versucht, einen zusätzlichen negativen Phasenbeitrag entweder klein zu halten (durch Hinzunahme einer Nullstelle) oder ganz zu vermeiden (durch bloßes Verschieben der Verstärkerpole).

6.3 Kompensation mit voreilender Phase

Bei den *Kompensationsverfahren mit voreilender Phase (Lead-Kompensation)* wird primär versucht, die Phase der Schleifenverstärkung in der Nähe der Schleifentransitfrequenz zu größeren Phasenabständen hin zu verändern, ohne die Schleifentransitfrequenz dabei nennenswert zu verschieben.

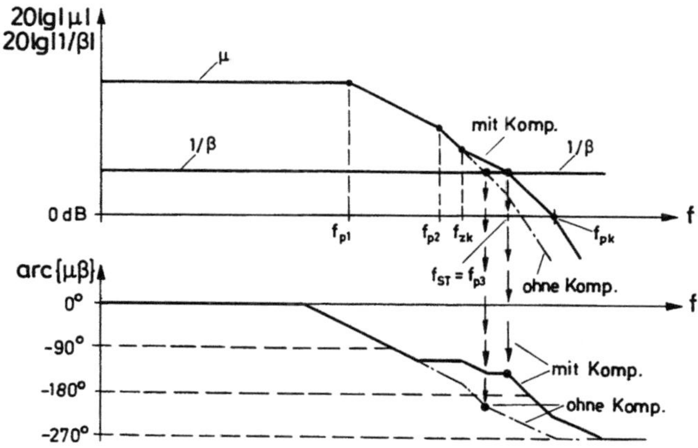

Bild 6.16. Frequenzgangkompensation des Operationsverstärkers mit voreilender Phase

Bild 6.16 demonstriert die Kompensation mit voreilender Phase bei dem Operationsverstärkermodell mit drei Polfrequenzen f_{p1}, f_{p2} und f_{p3}. Durch geeignete Schaltungsmaßnahmen werden in der Verstärkerfunktion $\mu(s)$ eine Nullstelle $s_{0k}=-2\pi f_{zk}$ und ein Pol $s_{\infty k}=-2\pi f_{pk}$ hinzugenommen. Die Nullstellenfrequenz f_{zk} wird in die Nähe der Schleifentransitfrequenz gelegt, die Polfrequenz f_{pk} möglichst weit darüber. In dem in Bild 6.16 gezeigten Beispiel sind die beiden Frequenzen so gewählt worden, daß sich eine Phasenreserve von $\phi_r=45^o$ ergibt.

132

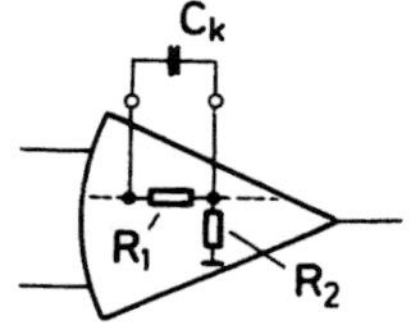

<u>Bild 6.17.</u> Prinzipschaltung der Frequenzgangkompensation mit voreilender Phase

Die schaltungstechnischen Möglichkeiten zur Kompensation mit voreilender Phase werden meistens von den Herstellern der Operationsverstärker angegeben. Bild 6.17 zeigt solch eine typische Möglichkeit. Durch die externe Kompensationskapazität C_k parallel zum Längswiderstand R_1 eines Spannungsteilers entsteht in der Verstärkerfunktion eine Nullstelle bei

$$s_{0k} = - \frac{1}{R_1 C_k} \qquad (6.25)$$

und ein Pol bei

$$s_{\infty k} = - \frac{1}{(R_1 \| R_2) C_k} \quad , \quad R_1 \| R_2 = \frac{R_1 R_2}{R_1 + R_2} \quad . \qquad (6.26)$$

Als Alternative zur Kompensation des Operationsverstärkers ist in dem Bodediagramm in Bild 6.18 die Kompensation des Rückkopplungsnetzwerkes dargestellt. Der zugehörige Verlauf des Winkels arc$\{\mu\beta\}$ ist identisch mit dem in Bild 6.16.

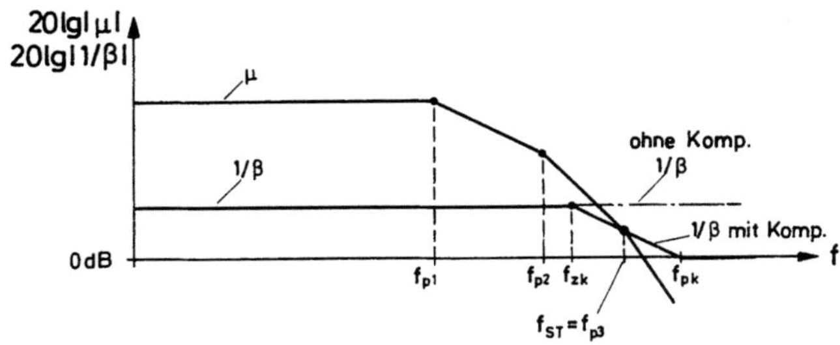

<u>Bild 6.18.</u> Frequenzgangkompensation des Rückkopplungsnetzwerkes mit voreilender Phase

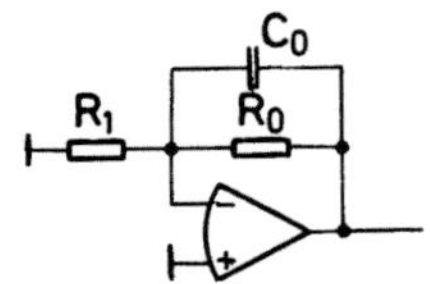

<u>Bild 6.19.</u> Kompensationsschaltung mit voreilender Phase

Bild 6.19 zeigt eine schaltungstechnische Realisierung für die Kompensation des Rückkopplungsnetzwerkes. Durch die zusätzliche Kompensationskapazität C_0 parallel zum Rückkopplungswiderstand R_0 entsteht in der Schleifenübertragungsfunktion $\mu(s)\beta(s)$ eine Nullstelle bei

$$s_{0k} = - \frac{1}{R_0 C_0} \qquad (6.27)$$

und ein Pol bei

$$s_{\infty k} = - \frac{1}{(R_0 \| R_1) C_0} \quad , \quad R_0 \| R_1 = \frac{R_0 R_1}{R_0 + R_1} \quad . \qquad (6.28)$$

Die genannten Kompensationsverfahren mit voreilender Phase sind im allgemeinen schwieriger zu dimensionieren als die vorher behandelten Kompensationen mit nacheilender Phase. Wird die Kompensationsnullstelle bei zu tiefen Frequenzen plaziert, oder ist der Abstand des zusätzlichen Kompensationspoles zur Kompensationsnullstelle zu gering, so kann die Kompensation wirkungslos werden oder die Neigung zur Instabilität sogar noch erhöhen. Da bei den Kompensationsschaltungen in Bild 6.17 und Bild 6.19 das Verhältnis f_{pk}/f_{zk} durch die beiden Widerstände R_1 und R_2 bzw. R_0 und R_1 von vornherein festgelegt ist, können diese Kompensationsmethoden nur bedingt Anwendung finden. Die in Bild 6.19 gezeigte Kompensation ist nur dann wirksam, wenn das Widerstandsverhältnis R_1/R_0 und damit auch der Rückkopplungsfaktor β hinreichend klein sind.

Die Kompensation mit voreilender Phase hat gegenüber der Methode mit nacheilender Phase den Vorteil, daß die Schleifenverstärkung eine höhere Bandbreite besitzt. Wie ein Vergleich der Beispiele in Bild 6.9 und Bild 6.18 zeigt, liegt die Schleifentransitfrequenz f_{ST} im Falle der Kompensation mit nacheilender Phase bei der zweiten Polfrequenz f_{p2} des Verstärkers, während sie mit voreilender Phase bei der dritten Polfrequenz f_{p3} liegt.

Zu den Kompensationsverfahren mit voreilender Phase gehören auch die in manchen Fällen notwendigen *Kompensationen der Eingangskapazität* und die *Kompensation einer Lastkapazität*.

In der Rückkopplungsschaltung in Bild 6.20a bildet die Eingangskapazität C_e zusammen mit den beiden Rückkopplungswiderständen R_0 und R_1 einen Tiefpaß erster Ordnung, der die Phasenreserve ϕ_r in der Rückkopplungsschleife verringert. Durch Hinzunahme der Kompensationskapazität C_0 entsteht eine reelle Nullstelle, die unter der Bedingung

$$C_0 = \frac{R_1}{R_0} C_e \qquad (6.29)$$

den Pol abdeckt.

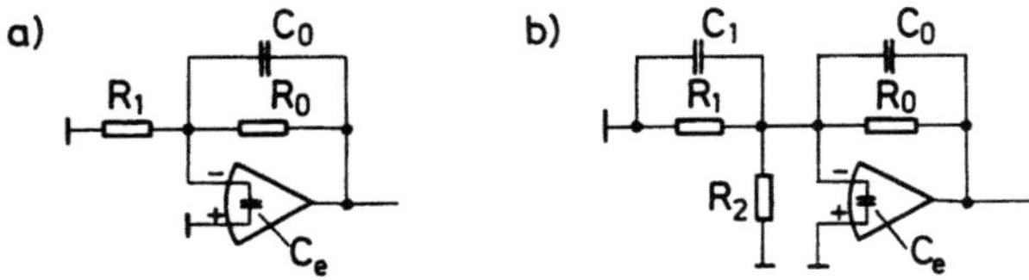

Bild 6.20. Zur Kompensation der Operationsverstärker-Eingangskapazität C_e

Eine Kapazität C_0 parallel zum Rückführungswiderstand R_0 verändert allerdings auch das Übertragungsverhalten der Verstärkerschaltung. Ist beispielsweise die Rückkopplungsanordnung in Bild 6.20a Bestandteil eines invertierenden Verstärkers nach Bild 4.4, so lautet der Verstärkungsfaktor nach (4.6) (R_0 ist durch die Parallelschaltung von R_0 und sC_0 zu ersetzen):

$$v(s) = - \frac{R_0}{R_1} \frac{1}{1 + sC_0R_0} \quad . \tag{6.30}$$

Durch die Kapazität C_0 wird also die Bandbreite der Verstärkung begrenzt. Bild 6.20b zeigt eine Schaltung, in der durch eine weitere Kapazität C_1 eine Nullstelle in der Verstärkerfunktion $v(s)$ gesetzt wird. Unter der Bedingung

$$R_0C_0 = R_1C_1 = R_2C_e \tag{6.31}$$

werden sowohl der Pol in der Schleifenverstärkung als auch der Pol in der Verstärkungsfunktion $v(s)$ abgedeckt.

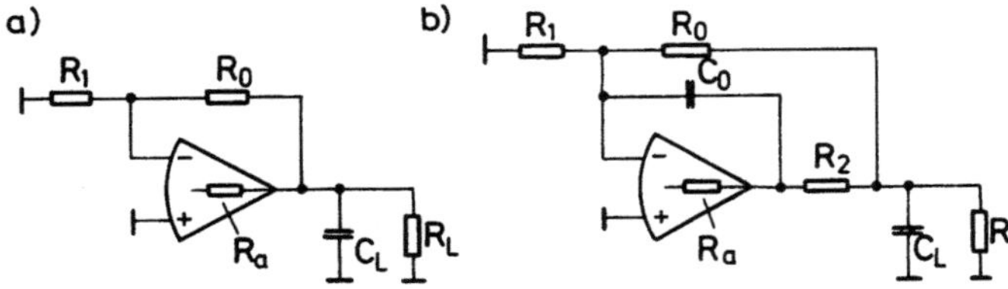

Bild 6.21. Zur Kompensation einer Lastkapazität C_L

Wird der Ausgang eines Operationsverstärkers mit einer Kapazität C_L belastet, so entsteht in der Schleifenverstärkung wegen des von Null verschiedenen Ausgangswiderstandes R_a ein weiterer reeller Pol, siehe Bild 6.21a. In der Schaltung in Bild 6.21b [6.3] wird dieser Pol durch eine Nullstelle abgedeckt. Unter der Bedingung $(R_a+R_2) \ll R_0$ und $(R_a+R_2) \ll R_L$ gilt näherungsweise für den Pol

$$s_{\infty a} = \frac{-1}{(R_a + R_2)C_L}$$ (6.32)

und für die Nullstelle

$$s_{0k} = \frac{-1}{R_0 C_0} \quad .$$ (6.33)

Der Widerstand R_2 wird nach technischen Gesichtspunkten gewählt. Die Kompensationskapazität C_0 erhält man mit $s_{\infty a} = s_{0k}$ aus (6.32 - 33):

$$C_0 = C_L \frac{R_a + R_2}{R_0} \quad .$$ (6.34)

6.4 Frequenzgang des gegengekoppelten Verstärkers

Die Frequenzgangkompensation von Operationsverstärkern dient nicht nur zur Sicherung der Stabilität, sie beeinflußt auch den Frequenzgang des gegengekoppelten Verstärkers. Im folgenden wird der Frequenzgang des nichtinvertierenden Spannungsverstärkers betrachtet. Alle übrigen Verstärker zeigen prinzipiell das gleiche Frequenzverhalten, sie unterscheiden sich nur um jeweils einen skalaren Vorfaktor in der Verstärkung.

Der Verstärkungsfaktor v des nichtinvertierenden Verstärkers nach Bild 4.7b lautet nach (5.23)

$$v = \frac{\mu}{1 + \mu\beta}$$ (6.35)

mit

$$\beta = \frac{Z_1}{Z_0 + Z_1} \quad .$$ (6.36)

Da der Verstärkungsfaktor $\mu(s)$ des Operationsverstärkers frequenzabhängig ist und auch der Rückkopplungsfaktor $\beta(s)$ frequenzabhängig sein kann, ist auch der Verstärkungsfaktor $v(s)$ des nichtinvertierenden Verstärkers frequenzabhängig. Zur Unterscheidung wird $v(s)$ im folgenden mit *Betriebsverstärkung* bezeichnet. Ihr Betrag

$$|v(j\omega)| = \frac{|\mu(j\omega)|}{|1 + \mu(j\omega)\beta(j\omega)|}$$ (6.37)

wird bei hoher Schleifenverstärkung

$$|\mu\beta| \gg 1$$ (6.38a)

fast ausschließlich durch das Rückkopplungsnetzwerk bestimmt:

$$|v(j\omega)| = 1/|\beta(j\omega)| \quad .$$ (6.38b)

Hohe Schleifenverstärkung tritt im Falle rückgekoppelter Operationsverstärker insbesondere bei tiefen Frequenzen bzw. bei Gleichspannung auf. Bezeichnet man die jeweiligen Gleichspannungsgrößen mit μ_0, β_0 und v_0, so gilt mit (6.38)

$$\mu_0 = \mu_0\beta_0 \cdot v_0 \ , \tag{6.39}$$

wobei $\mu_0\beta_0$ die *Gleichspannungsschleifenverstärkung* ist. Das Produkt aus Betriebsverstärkung $v_0=1/\beta_0$ und Schleifenverstärkung $\mu_0\beta_0$ ist konstant und gleich der offenen Gleichspannungsverstärkung μ_0 des Operationsverstärkers, siehe Bild 6.22. Eine Erhöhung der Betriebsverstärkung geht auf Kosten der Schleifenverstärkung und umgekehrt.

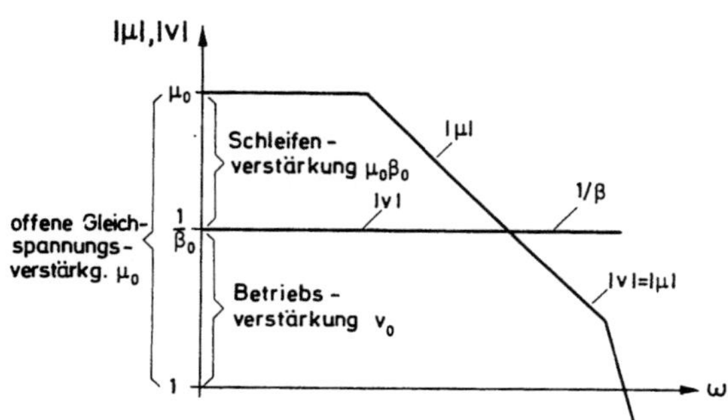

Bild 6.22. Zur Betriebsverstärkung, Schleifenverstärkung und offenen Verstärkung (Achsen logarithmisch skaliert)

Ist die Schleifenverstärkung

$$|\mu\beta| \ll 1 \ , \tag{6.40a}$$

so ist die Betriebsverstärkung nach (6.37) näherungsweise gleich der offenen Verstärkung:

$$|v(j\omega)| = |\mu(j\omega)| \ . \tag{6.40b}$$

Dieser Fall tritt bei hohen Frequenzen ein, siehe Bild 6.22.

Im Übergangsbereich, in der Nähe der Schleifentransitfrequenz, ist

$$|\mu\beta| \approx 1 \ . \tag{6.41}$$

Hier hängt der Betrag $|v(j\omega)|$ der Betriebsverstärkung wesentlich vom Winkel $\mathrm{arc}\{\mu\beta\}$ der Schleifenverstärkung ab. Ist dieser Winkel beispielsweise -90°, so ergibt sich die Betriebsverstärkung nach (6.37) bei der Schleifentransitfrequenz ω_{ST} wegen $|\mu(j\omega_{ST})|=1/\beta$ zu

$$|v(j\omega_{ST})| = \frac{|\mu(j\omega_{ST})|}{|1 + j1|} = \frac{1}{\beta\sqrt{2}} \ . \tag{6.42}$$

Ein Vergleich mit (6.38b) zeigt, daß die Betriebsverstärkung in diesem Fall bei der Schleifentransitfrequenz gegenüber tiefen Frequenzen um 3 dB kleiner geworden ist.

Liegt der Winkel arc{µβ} zwischen -90° und -180°, beziehungsweise nähert sich die Schleifenverstärkung µβ in der komplexen Ebene dem Punkt -1, so kann der Nenner in (6.37) sehr klein und der Verstärkungsfaktor $|v(j\omega)|$ sehr groß werden. In diesem Fall tritt im Übergangsgebiet gegenüber tiefen Frequenzen eine Verstärkungsüberhöhung auf. Sie ist um so stärker, je geringer die Phasenreserve ϕ_r ist. Nimmt der Betrag der Schleifenverstärkung in der Nähe der Schleifentransitfrequenz mit zunehmender Frequenz hinreichend schnell ab, so kann der minimale Abstand der Schleifenverstärkung vom Punkt -1 bei der Schleifentransitfrequenz folgendermaßen abgeschätzt werden:

$$|1 + \mu(j\omega)\beta|_{min} \approx |1 + \mu(j\omega_{ST})\beta| \quad . \tag{6.43}$$

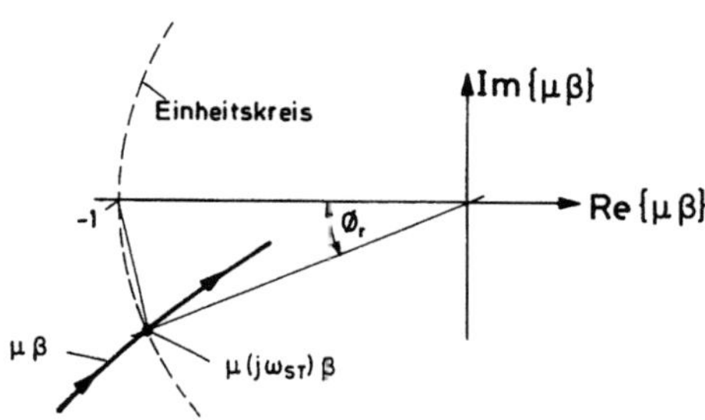

Bild 6.23. Zur Abschätzung des Überhöhungsmaßes ü

Aus Bild 6.23 ist abzulesen, daß dieser Abstand

$$|1 + \mu(j\omega_{ST})\beta| = 2\,\sin\{\phi_r/2\} \tag{6.44}$$

beträgt. Bezieht man für reelle Rückkopplungsfaktoren β die maximal überhöhte Verstärkung auf die Verstärkung bei tiefen Frequenzen, so erhält man in logarithmischer Form ein *Überhöhungsmaß*

$$\ddot{u} = 20\,\lg\frac{|v(j\omega)|_{max}}{v_0} \approx 20\,\lg\frac{1}{2\,\sin\{\phi_r/2\}} \tag{6.45}$$

in dB. Für kleiner werdende Phasenreserven ϕ_r wird die Überhöhung größer und strebt für $\phi_r \rightarrow 0°$ gegen Unendlich (Instabilität).

Beispiel 6.4

Ein Operationsverstärker möge eine Gleichspannungsverstärkung von $\mu_0 = 10^5$ und zwei Pole bei $s_{\infty 1} = -1/T_1 = -1$ und $s_{\infty 2} = -1/T_2 = -10$ haben. Als nichtinvertierender Verstärker

138

geschaltet ergibt sich nach (6.35) eine Betriebsverstärkung von

$$v(s) = \frac{\mu_0}{(1 + sT_1)(1 + sT_2) + \mu_0\beta} \cdot \qquad (6.46)$$

In Bild 6.24 sind der Betrag $|\mu(j\omega)|$ der offenen Verstärkung sowie die Beträge $|v|$ der Betriebsverstärkung für verschiedene Rückkopplungsfaktoren β dargestellt. Die Rückkopplungsfaktoren werden nach folgender Tabelle gewählt.

Tabelle 6.1. Schleifentransitfrequenzen ω_{ST}, Phasenreserven ϕ_r und Überhöhungsmaße ü für verschiedene Rückkopplungsfaktoren β

β	ω_{ST}	ϕ_r	ü exakt	ü nach (6.45)
$3,16 \cdot 10^{-4}$	31,6	$90,0°$	–	–
$1,83 \cdot 10^{-3}$	182	$80,0°$	–	–
$1,42 \cdot 10^{-2}$	1002	$45,0°$	2,35 dB	2,32 dB
$8,05 \cdot 10^{-2}$	2750	$20,0°$	9,18 dB	9,19 dB
$3,27 \cdot 10^{-1}$	5675	$10,0°$	15,17 dB	15,17 dB

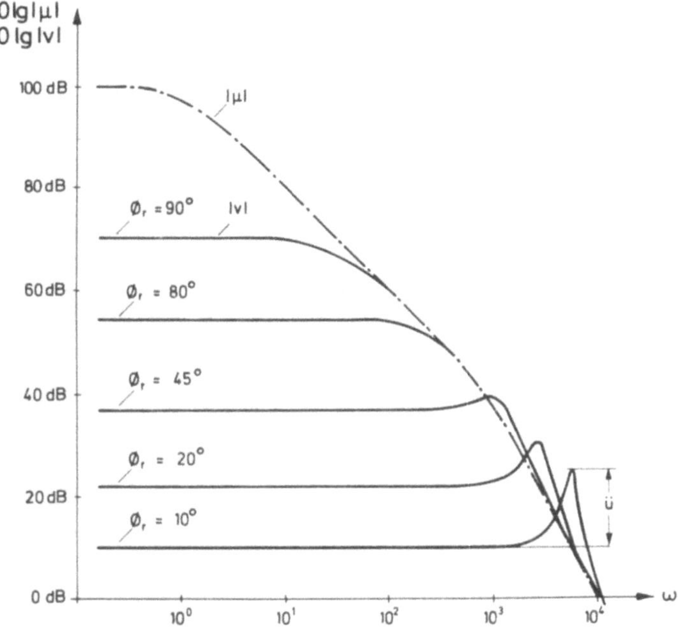

Bild 6.24. Offene Verstärkung $|\mu|$ und Betriebsverstärkung $|v|$ bei verschiedenen Rückkopplungsfaktoren β

Aus Bild 6.24 ist ersichtlich, daß die Verstärkungsüberhöhung mit abnehmender Phasenreserve ϕ_r zunimmt. Das Überhöhungsmaß ü wurde einmal durch exakte Auswertung von (6.46) und zum anderen mit Hilfe der Näherungsbeziehung (6.45) ermittelt. Der Vergleich in Tabelle 6.1 zeigt die gute Übereinstimmung beider Ergebnisse.

Viele Operationsverstärker mit einem dominierenden Pol lassen sich in guter Näherung durch ein *Einpol-Modell* mit der Verstärkerfunktion

$$\mu(s) = \frac{\mu_0}{1 + sT_\mu} \quad , \quad T_\mu = 1/\omega_{\mu gr} \tag{6.47}$$

beschreiben, wobei $\omega_{\mu gr}$ die 3dB-Grenzfrequenz ist. Der Betrag $|\mu(j\omega)|$ der Verstärkung wird bei der sogenannten *Transitgrenzfrequenz* ω_T Eins. Aus (6.47) erhält man

$$|\mu(j\omega_T)| = \frac{\mu_0}{|1 + j\omega_T T_\mu|} = 1 \tag{6.48}$$

und wegen $\mu_0 \gg 1$

$$\omega_T = \mu_0/T_\mu = \mu_0 \omega_{\mu gr} \quad . \tag{6.49}$$

Die Transitgrenzfrequenz ω_T ist beim Einpol-Verstärker um den Gleichspannungsverstärkungsfaktor μ_0 größer als die 3dB-Grenzfrequenz.

Setzt man (6.47) in (6.35) ein, so erhält man auch für den nichtinvertierenden Verstärker eine Verstärkerfunktion mit einem Pol:

$$v(s) = \frac{v_0}{1 + sT} = \frac{\mu_0/(1 + \mu_0\beta)}{1 + sT_\mu/(1 + \mu_0\beta)} \quad , \quad T = 1/\omega_{gr} \quad . \tag{6.50}$$

Unter der fast immer erfüllten Voraussetzung $\mu_0\beta \gg 1$ ist die Gleichspannungsverstärkung durch

$$v_0 = 1/\beta \tag{6.51}$$

und die 3 dB Grenzfrequenz durch

$$\omega_{gr} = \mu_0\beta\omega_{\mu gr} = \omega_T \cdot \beta \tag{6.52}$$

gegeben. Multipliziert man (6.51) mit (6.52), so erhält man

$$v_0\omega_{gr} = \mu_0\omega_{\mu gr} = \omega_T \quad . \tag{6.53}$$

Das sogenannte *Verstärkungs-Bandbreite-Produkt* $v_0\omega_{gr}$ ist konstant und gleich dem Verstärkungs-Bandbreite-Produkt $\mu_0\omega_{\mu gr}$ des Operationsverstärkers. Die Verstärkung v_0 kann nur auf Kosten der Bandbreite erhöht werden und umgekehrt.

Beispiel 6.5

Der in Beispiel 6.3 behandelte Operationsverstärkertyp 741/748 kann mit einem Einpol-Modell beschrieben werden. Die 3 dB Grenzfrequenz wurde bei einer Kompensationskapazität von C_0=30 pF zu $f_{\mu gr}=\omega_{\mu gr}/2\pi$=5 Hz errechnet. Mit der angegebenen Gleichspannungsverstärkung von μ_0=2·10^5 beträgt daher das Verstärkungs-Bandbreite-Produkt $\mu_0 f_{\mu gr}$ bzw. die Transitgrenzfrequenz $f_T=\omega_T/2\pi$ nach (6.53) 1 MHz, siehe auch Bild 6.14.

6.5 Frequenzgangkompensation und Slewrate

Die Anstiegsgeschwindigkeit der Ausgangsspannung (Slewrate) wird durch Lade- und Entladevorgänge von Kapazitäten im Operationsverstärker begrenzt. Die zeitliche Änderung der Spannung u_c an einer Kapazität C beträgt

$$\frac{du_c}{dt} = \frac{i_L}{C} \; , \tag{6.54}$$

wobei i_L der Ladestrom ist. Besteht zwischen der betrachteten Spannung u_c und der Ausgangsspannung u_a eine Spannungsverstärkung μ_2, so gilt für die Änderung der Ausgangsspannung

$$\frac{du_a}{dt} = \mu_2 \frac{i_L}{C} \; . \tag{6.55}$$

Die Beschränkung des Ladestromes i_L wirkt sich auf die Slewrate um so stärker aus, je größer die Kapazität C ist und je kleiner die Verstärkung μ_2 ist, je dichter also die Kapazität am Ausgang des Verstärkers liegt.

Zu den umzuladenden Kapazitäten gehören auch die über externe Anschlüsse angebrachten Kompensationskapazitäten. Im Sinne einer hohen Slewrate sollten solche Kapazitäten daher klein gehalten werden, bzw. die Kompensation, eventuell mit externen Netzwerken, möglichst am Eingang des Operationsverstärkers, wo die Spannungssignale noch klein sind, durchgeführt werden.

Bei der in Bild 6.12 gezeigten Schaltung liegt die "dominierende Beschränkung" der Anstiegsgeschwindigkeit in der Umladung der "Miller-Kapazität C_0" durch die gesteuerte Stromquelle $G_e U_e$ der Eingangsstufe. Die Slewrate eines solchen Operationsverstärkers ist daher in guter Näherung umgekehrt proportional zu der Kapazität C_0.

Beispiel 6.6

Bei dem in Beispiel 6.3 betrachteten Operationsverstärker ist bei einem Rückkopplungsfaktor von β=1 aus Gründen der Stabilität eine Kompensationskapazität von

C_0=30 pF nötig, siehe Bild 6.14. Reicht in diesem Fall die damit gegebene Slewrate nicht aus, so besteht die Möglichkeit, die Kapazität C_0 zu verkleinern und zusätzlich mit der in Bild 6.9 und 6.10 gezeigten Kompensation die Stabilität zu sichern. In Bild 6.25 sind die Verhältnisse für eine Verkleinerung der Kapazität C_0 auf den

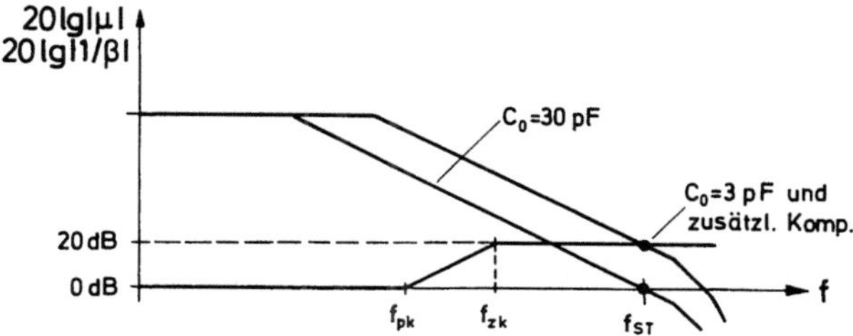

Bild 6.25. Zur Erhöhung der Slewrate durch eine Verkleinerung der "Miller-Kapazität C_0" und eine zusätzliche Kompensation

Wert 3 pF dargestellt. Wählt man $f_{pk}:f_{pz}$=1:10, so bleibt die Schleifentransitfrequenz f_{ST} unverändert. Die Nullstellenfrequenz f_{zk} muß mindestens eine Dekade unterhalb der Frequenz f_{ST} liegen, damit auch die Phasenreserve ϕ_r unverändert bleibt. Die Slewrate jedoch wird durch diese Maßnahme um den Faktor 10 erhöht.

6.6 Zusammenfassung

Wegen der Frequenzabhängigkeit des Verstärkungsfaktors können Rückkopplungsanordnungen mit Operationsverstärkern instabil werden. Die Stabilität solcher Schaltungen untersucht man in Bodediagrammen, in denen die Schleifenverstärkung nach Betrag und Winkel aufgetragen werden. Die Schaltung ist unter bestimmten Nebenbedingungen dann stabil, wenn der Winkel der Schleifenverstärkung bei der Schleifentransitfrequenz positiver als -180° ist. In praktischen Schaltungen fordert man eine Phasenreserve ϕ_r zur Stabilitätsgrenze.

Die verschiedenen Methoden der Frequenzgangkompensation dienen zur Sicherung der Stabilität und zur Beeinflussung der Frequenzgänge von Schleifenverstärkung und Betriebsverstärkung. Bei den Kompensationsverfahren mit nacheilender Phase versucht man, durch Absenken des Betrages der Schleifenverstärkung die Schleifentransitfrequenz in einen Frequenzbereich zu bringen, in dem die gewünschte Phasenreserve ϕ_r ermöglicht werden kann. Dazu können schaltungstechnisch sowohl der Operationsverstärker als auch das Rückkopplungsnetzwerk beeinflußt werden.

Bei den Kompensationsverfahren mit voreilender Phase wird die Phase der Schleifenverstärkung in der Nähe der Schleifentransitfrequenz zu größeren Phasenreserven

hin verändert, ohne dabei die Schleifentransitfrequenz wesentlich zu verschieben.
Zu diesen Verfahren gehören auch die in manchen Fällen notwendige Kompensation
der Eingangskapazität und die Kompensation einer Lastkapazität.

Die Betriebsverstärkung des rückgekoppelten Operationsverstärkers hängt bei
tiefen Frequenzen wegen der im allgemeinen hohen Schleifenverstärkung fast nur
vom Rückkopplungsnetzwerk ab, während sie bei hohen Frequenzen wegen der verschwindenden Schleifenverstärkung gleich der offenen Verstärkung des Operationsverstärkers ist. Im Übergangsgebiet, in der Nähe der Schleifentransitfrequenz, hängt die
Betriebsverstärkung wesentlich vom Winkel der Schleifenverstärkung ab. Mit abnehmender Phasenreserve ϕ_r können hier beträchtliche Überhöhungen in der Verstärkung auftreten.

Die Frequenzgangkompensation hat starken Einfluß auf die Slewrate des Operationsverstärkers. Im Sinne einer hohen Slewrate sollten die Kompensationskapazitäten möglichst klein sein und die Kompensationen möglichst im Bereich kleiner
Signalspannungen in der Nähe des Eingangs vorgenommen werden.

Teil III   Aktive Filter

7. Impedanz-Konverter und -Inverter

Impedanz-Konverter und -Inverter sind Transformationszweitore, die den Toren eines
Netzwerkes vorgeschaltet werden können. Sie transformieren die elektrischen Grös-
sen der Tore in andere elektrische Größen und verändern somit nach außen hin den
Charakter des Netzwerkes. Man kennzeichnet die Konverter und Inverter nach ihren
Eigenschaften bei der Transformation von Eintor-Netzwerken, von Impedanzen. Ver-
wendung finden die Transformationszweitore hauptsächlich in Filternetzwerken.

7.1. Positiv-Impedanz-Inverter (Gyrator)

Ein *Positiv-Impedanz-Inverter*, auch *Gyrator* genannt, wird durch die folgende Kettenmatrix beschrieben:

$$
\begin{bmatrix} U_E \\ I_E \end{bmatrix} = \begin{bmatrix} 0 & 1/G_{21} \\ G_{12} & 0 \end{bmatrix} \begin{bmatrix} U_A \\ -I_A \end{bmatrix} \quad , \quad G_{12}G_{21} > 0 \quad . \tag{7.1}
$$

Das Symbol des Gyrators und die Bezeichnung der Spannungen und Ströme an beiden
Toren geht aus Bild 7.1 hervor. Die beiden konstanten Parameter G_{21} und G_{12} in
der Kettenmatrix werden *Gyrationsleitwerte* genannt.

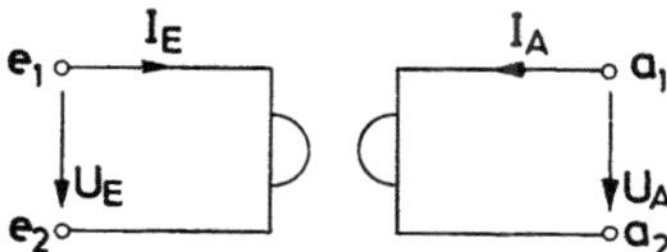

Bild 7.1. Symbol des Gyrators

Schließt man den Gyrator ausgangsseitig mit einer Lastimpedanz Z_L ab,

$$
Z_L = U_A/(-I_A) \quad , \tag{7.2}
$$

so errechnet sich die Eingangsimpedanz Z_E mit Hilfe von (7.1 - 2) zu

$$
Z_E = \frac{U_E}{I_E} = \frac{-I_A/G_{21}}{G_{12}U_A} = \frac{1}{G_{12}G_{21}} \frac{1}{Z_L} \quad . \tag{7.3}
$$

Der Gyrator führt also folgende Transformation durch: Er bildet den Reziprokwert einer Impedanz (Impedanz-Inversion) und bewertet diesen mit einem Proportionalitätsfaktor $1/G_{12}G_{21}$. Da aus einer positiven Impedanz wieder eine positive Impedanz wird, nennt man dieses Zweitor Positiv-Impedanz-Inverter.

Der Gyrator ist ebenso wie die übrigen Inverter und Konverter ein bilaterales Zweitor, d.h. er kann in beiden Richtungen von Signalen durchlaufen werden. Schließt man den gleichen Gyrator statt am Ausgang am Eingang mit der Lastimpedanz Z_L ab, siehe Bild 7.2, so mißt man am Ausgangstor eine Impedanz

$$Z_A = \frac{U_A}{I_A} = \frac{I_E/G_{12}}{-G_{21}U_E} = \frac{1}{G_{21}G_{12}} \frac{1}{Z_L} \quad . \tag{7.4}$$

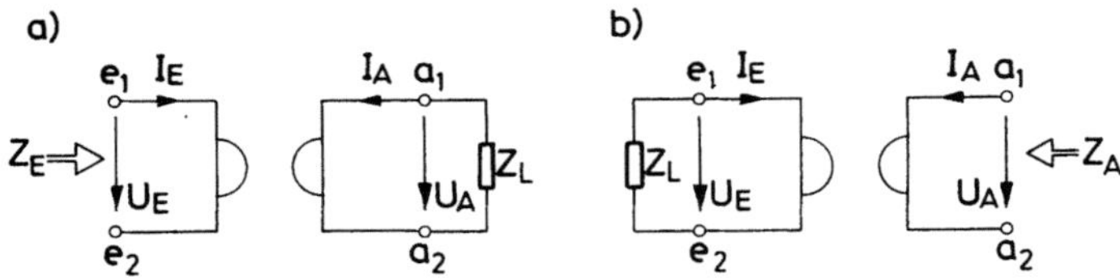

__Bild 7.2.__ Zur Transformation von Impedanzen am Ausgangstor (a) und am Eingangstor (b)

Die Vertauschung der beiden Tore führt wieder auf einen Gyrator, dessen Gyrationsleitwerte G'_{12} und G'_{21} nach der Beziehung

$$G'_{12} = -G_{21} \quad , \quad G'_{21} = -G_{12} \tag{7.5}$$

aus den ursprünglichen Gyrationsleitwerten G_{12} und G_{21} hervorgehen. Die Transformation von Impedanzen bleibt dabei unverändert, siehe (7.3 - 4).

Bild 7.3a zeigt eine Gyratorschaltung mit zwei Operationsverstärkern. Da die Eingangsspannung des Operationsverstärkers μ_2 den Wert Null hat, ist die Gyratorausgangsspannung U_A gleich dem Spannungsabfall über dem Widerstand R_2. Dieser Spannungsabfall ist unabhängig von der Eingangsspannung U_E und hängt allein vom Eingangsstrom I_E ab:

$$U_A = R_2 I_E \quad . \tag{7.6}$$

Der Ausgangsstrom I_A ruft an dem Widerstand R_4 einen Spannungsabfall $I_A R_4$ hervor, unabhängig von der Ausgangsspannung U_A. Die gleiche Spannung liegt an dem Widerstand R_5, da die Eingangsspannung des Operationsverstärkers μ_1 Null ist. Durch den Widerstand R_5 fließt daher der Strom $I_A R_4/R_5$. Der gleiche Strom fließt durch den Widerstand R_6 und hat (auf Masse bezogen) einen Spannungsabfall $-I_A R_6 R_4/R_5$ zur

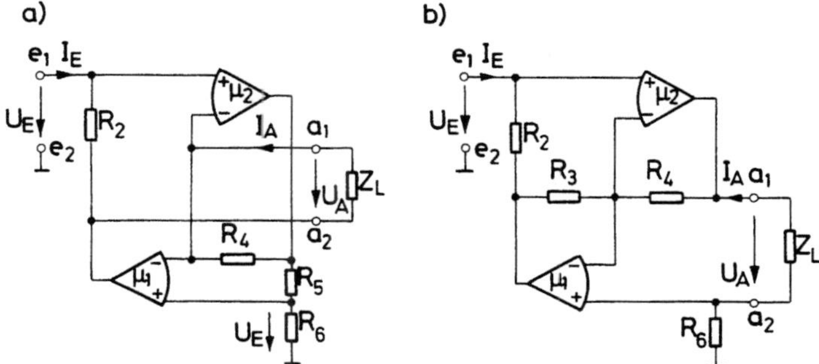

Bild 7.3. Gyratorschaltungen mit zwei Operationsverstärkern

Folge. Da der Widerstand R_6 über die spannungslosen Operationsverstärkereingänge mit dem Eingangsknoten e_1 verbunden ist, gilt

$$U_E = \frac{R_6 R_4}{R_5} \, (-I_A) \quad .\tag{7.7}$$

Ein Vergleich von (7.6 - 7) mit (7.1) zeigt, daß die Gyrationsleitwerte des Gyrators in Bild 7.3a

$$G_{12} = 1/R_2 \quad , \quad G_{21} = R_5/R_6 R_4\tag{7.8}$$

lauten. Es ist zu beachten, daß das Ausgangstor (a_1, a_2) weder erdfrei (unendlich hohe Impedanz zwischen dem Bezugsknoten a_2 und dem Masseknoten) noch geerdet ist (Bezugsknoten a_2 gleich Masseknoten). Der Gyrator muß daher mit einer erdfreien Lastimpedanz Z_L abgeschlossen werden.

Bild 7.3b zeigt eine Schaltungsalternative. Eine Analyse dieser Schaltung führt auf die Gyrationsleitwerte

$$G_{12} = R_3/R_4 R_2 \quad , \quad G_{21} = 1/R_6 \quad .\tag{7.9}$$

Auch diese Gyratorschaltung ist ausgangsseitig nur für erdfreie Abschlußimpedanzen geeignet.

Schließt man den Gyrator mit einer kapazitiven Lastimpedanz $Z_L = 1/sC_L$ ab, so erhält man nach (7.3) eine Eingangsimpedanz

$$Z_E = sL_E \quad , \quad L_E = C_L/G_{12}G_{21} \quad .\tag{7.10}$$

Der mit einer Kapazität abgeschlossene Gyrator simuliert eine Spule bzw. realisiert mit elektronischen Mitteln eine Induktivität. Diese Simulation ist die häufigste Anwendung des Gyrators. Die Schaltung in Bild 7.3a stellt bei kapazitivem Abschluß nach (7.8) und (7.10) eine Induktivität vom Wert

$$L_E = C_L R_6 R_4 R_2/R_5\tag{7.11}$$

dar, die zwischen den Knoten e_1 und e_2 liegt (geerdete Induktivität). Entsprechend führt der Gyrator in Bild 7.3b auf eine Induktivität vom Wert

$$L_E = C_L R_6 R_4 R_2 / R_3 \quad .\tag{7.12}$$

Diese elektronischen Induktivitäten werden vorwiegend zur Realisierung spulenfreier Reaktanzfilter verwendet, siehe beispielsweise Bild 8.1.

7.2 Negativ-Impedanz-Konverter (NIK)

Ein *Negativ-Impedanz-Konverter* wird durch die folgende Kettenmatrix beschrieben:

$$\begin{bmatrix} U_E \\ I_E \end{bmatrix} = \begin{bmatrix} 1/K_{11} & 0 \\ 0 & 1/K_{22} \end{bmatrix} \begin{bmatrix} U_A \\ -I_A \end{bmatrix} \quad , \quad K_{11}K_{22} < 0 \quad .\tag{7.13}$$

Der *Spannungskonversionsfaktor* K_{11} und der *Stromkonversionsfaktor* K_{22} haben stets verschiedenes Vorzeichen. Ist K_{11} positiv und K_{22} negativ, so spricht man von einem strominvertierenden Negativ-Impedanz-Konverter (*INIK*), bei umgekehrten Vorzeichen von einem spannungsinvertierenden Negativ-Impedanz-Konverter (*UNIK*).

Wird der NIK ausgangsseitig mit einer Lastimpedanz Z_L abgeschlossen, siehe Bild 7.4, so errechnet sich die Eingangsimpedanz Z_E mit Hilfe von (7.13) zu

$$Z_E = \frac{U_E}{I_E} = \frac{U_A/K_{11}}{-I_A/K_{22}} = - \frac{|K_{22}|}{|K_{11}|} Z_L = -K Z_L \quad .\tag{7.14}$$

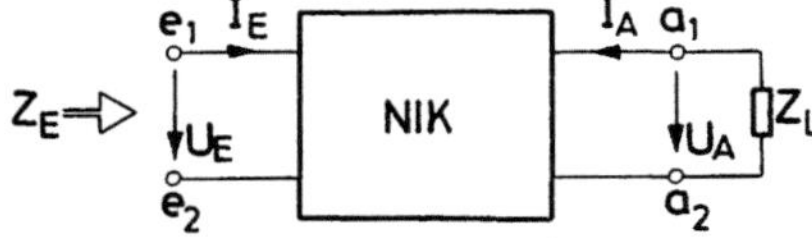

Bild 7.4. Zur Transformation von Impedanzen mit Hilfe von Negativ-Impedanz-Konvertern

Der NIK zeigt also eine zur Lastimpedanz proportionale Eingangsimpedanz. Er wird daher als Konverter bezeichnet. Sein wesentliches Transformationsmerkmal ist die Vorzeichenumkehr der Impedanz: Aus einer positiven Lastimpedanz Z_L wird eine negative Eingangsimpedanz Z_E.

Schließt man das Eingangstor (e_1, e_2) mit der Lastimpedanz Z_L ab, so sieht man am Ausgangstor (a_1, a_2) eine Impedanz

$$Z_A = \frac{U_A}{I_A} = \frac{K_{11}U_E}{-K_{22}I_E} = - \frac{|K_{11}|}{|K_{22}|} Z_L = - \frac{1}{K} Z_L \quad .\tag{7.15}$$

Die Vertauschung der beiden Tore führt wieder auf einen NIK, dessen Konversionsfaktoren K'_{11} und K'_{22} durch Reziprokwertbildung

$$K'_{11} = 1/K_{11} \quad , \quad K'_{22} = 1/K_{22} \tag{7.16}$$

aus den ursprünglichen Konversionsfaktoren K_{11} und K_{22} hervorgehen. Die Lastimpedanz wird weiterhin negiert, jedoch ist der *Impedanzkonversionsfaktor* K durch seinen Reziprokwert zu ersetzen.

Bild 7.5a zeigt die Realisierung eines strominvertierenden Negativ-Impedanz-Konverters mit Hilfe eines Operationsverstärkers. Da die Operationsverstärkereingangsspannung Null ist, gilt

$$U_E = U_A \quad , \quad K_{11} = 1 \quad . \tag{7.17}$$

Die Spannungen an den beiden Widerständen R_1 und R_2 sind gleich groß und haben den Wert

$$I_E \cdot R_1 = U_E - U_a = U_A - U_a = I_A R_2 \quad .$$

Daraus folgt

$$I_E = - \frac{R_2}{R_1} (-I_A) \quad , \quad K_{22} = - \frac{R_1}{R_2} \quad . \tag{7.18}$$

Aus (7.17 - 18) ergibt sich der Impedanzkonversionsfaktor zu

$$K = R_1/R_2 \quad . \tag{7.19}$$

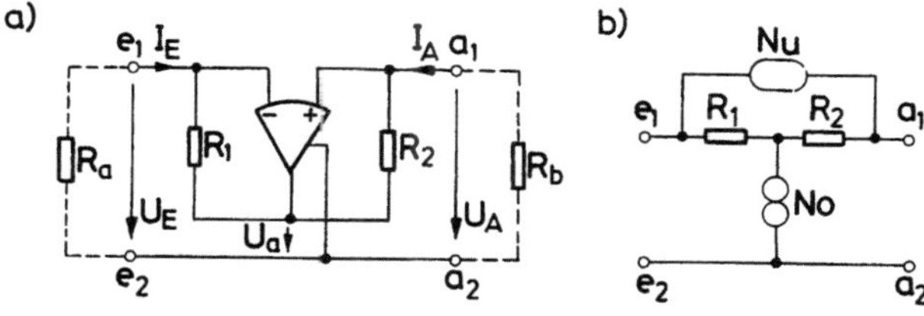

Bild 7.5. Strominvertierender Negativ-Impedanz-Konverter (a) und Nullator-Norator-Ersatzbild dazu (b)

Jeder NIK hat ein leerlaufstabiles und gleichzeitig kurzschlußinstabiles Tor, während das andere Tor dann leerlaufinstabil und kurzschlußstabil ist [7.1]. Dabei versteht man unter Leerlaufstabilität die Stabilität der Schaltungsanordnung unter der Bedingung, daß das betrachtete Tor leerläuft (Abschlußimpedanz Unendlich) und das andere Tor mit einem von Null verschiedenen endlichen positiven Widerstand abgeschlossen ist. Entsprechendes gilt für die Kurzschlußstabilität. Die genannte

Instabilität des NIK wird durch den Tiefpaßcharakter der verwendeten Verstärker verursacht. Nähert man das frequenzabhängige Verhalten des Operationsverstärkers in Bild 7.5 durch ein Einpol-Modell an, so läßt sich der Eigenwert der Schaltungsanordnung in Bild 7.5 durch die folgende Plausibilitätsbetrachtung ermitteln. Mit den Abschlußwiderständen R_a und R_b (in Bild 7.5 gestrichelt eingezeichnet) ergeben sich die beiden Spannungen U_E und U_A in Abhängigkeit von der Operationsverstärkerausgangsspannung U_a zu

$$U_E = \frac{R_a}{R_a + R_1} U_a \quad , \quad U_A = \frac{R_b}{R_b + R_2} U_a \quad . \tag{7.20}$$

Die Spannungsverstärkung des Operationsverstärkers sei

$$\mu(s) = \frac{U_a}{U_d} = \frac{U_a}{U_A - U_E} = \frac{\mu_0}{1 + sT_\mu} \quad . \tag{7.21}$$

Gl.(7.20) in (7.21) eingesetzt und nach U_a aufgelöst ergibt

$$U_a = \frac{\mu_0}{1 + sT_\mu} \left(\frac{R_b}{R_b + R_2} - \frac{R_a}{R_a + R_1} \right) U_a \quad .$$

Daraus folgt

$$1 + sT_\mu = \mu_0 \frac{R_b R_1 - R_a R_2}{(R_b + R_2)(R_a + R_1)} \quad .$$

Wegen $\mu_0 \gg 1$ lautet die Wurzel dieser Gleichung in guter Näherung

$$s_\infty = \omega_T \frac{R_b R_1 - R_a R_2}{(R_b + R_2)(R_a + R_1)} \quad , \tag{7.22}$$

wobei ω_T die Transitgrenzfrequenz des Operationsverstärkers ist, siehe (6.49). Die Schaltungsanordnung ist stabil, wenn dieser Eigenwert negativ ist, wenn also

$$R_a R_2 > R_b R_1 \tag{7.23}$$

ist. Das trifft insbesondere für eingangsseitigen Leerlauf ($R_a \to \infty$) und ausgangsseitigen Kurzschluß ($R_b = 0$) zu. Für eingangsseitigen Kurzschluß und für ausgangsseitigen Leerlauf ist die Schaltung jedoch instabil, was sich auch in praktischen Anwendungen zeigt.

7.3 Negativ-Impedanz-Inverter (NII)

Während der Gyrator im wesentlichen den Kehrwert einer Impedanz bildet, und der Negativ-Impedanz-Konverter im wesentlichen das Vorzeichen einer Impedanz umkehrt, führt der *Negativ-Impedanz-Inverter* (NII) beide Operationen aus. Seine Kettenmatrix lautet

$$\begin{bmatrix} U_E \\ I_E \end{bmatrix} = \begin{bmatrix} 0 & 1/G_{21} \\ G_{12} & 0 \end{bmatrix} \begin{bmatrix} U_A \\ -I_A \end{bmatrix} \quad , \quad G_{12}G_{21} < 0 \quad . \tag{7.24}$$

Die beiden Leitwerte G_{12} und G_{21} haben im Gegensatz zum Gyrator stets verschiedene Vorzeichen.

Schließt man den Negativ-Impedanz-Inverter ausgangsseitig mit einer Lastimpedanz Z_L ab, so mißt man in den Eingang hinein eine Impedanz

$$Z_E = \frac{U_E}{I_E} = \frac{-I_A/G_{21}}{U_A G_{12}} = - \frac{1}{|G_{12}G_{21}|} \frac{1}{Z_L} \quad . \tag{7.25}$$

Beim eingangsseitigen Abschluß mit einer Impedanz Z_L sieht man am Ausgang eine Impedanz

$$Z_A = \frac{U_A}{I_A} = \frac{I_E/G_{12}}{-U_A G_{21}} = - \frac{1}{|G_{21}G_{12}|} \frac{1}{Z_L} \quad . \tag{7.26}$$

Die Vertauschung der beiden Tore führt wieder auf einen NII mit den Leitwerten

$$G_{21}' = - G_{12} \quad , \quad G_{12}' = - G_{21} \quad . \tag{7.27}$$

Der NII läßt sich als T-Glied aus drei betragsmäßig gleich großen Widerständen aufbauen, wobei die Längswiderstände ein anderes Vorzeichen haben müssen als der Querwiderstand, siehe Bild 7.6a. Die Impedanzparameter dieses Zweitors lassen sich

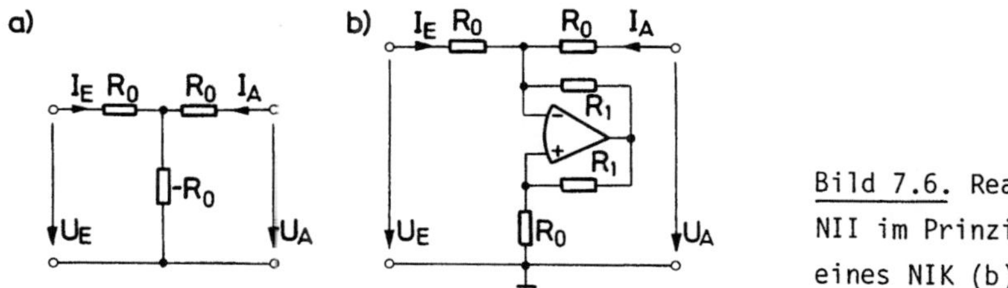

Bild 7.6. Realisierung eines NII im Prinzip (a), mit Hilfe eines NIK (b)

direkt aus Bild 7.6a ablesen, sie lauten $Z_{11}=Z_{22}=0$ und $Z_{12}=Z_{21}=-R_0$. Daraus ergeben sich die Kettenparameter nach Tabelle 1.1 zu $A_{11}=A_{22}=0$, $A_{21}=-1/R_0$ und $A_{12}=R_0$. Der NII in Bild 7.6 besitzt also die Leitwerte

$$G_{12} = -1/R_0 \quad , \quad G_{21} = 1/R_0 \quad . \tag{7.28}$$

150

In Bild 7.6b ist der negative Querwiderstand $-R_0$ mit Hilfe eines INIK mit einem
Konversionsfaktor K=1 und eines positiven Widerstandes R_0 verwirklicht.

7.4 Positiv-Impedanz-Konverter (PIK)

Der *Positiv-Impedanz-Konverter* bildet eine Abschlußimpedanz in eine proportionale
Impedanz gleichen Vorzeichens ab. Seine Kettenmatrix hat die Form

$$\begin{bmatrix} U_E \\ I_E \end{bmatrix} = \begin{bmatrix} 1/K_{11} & 0 \\ 0 & 1/K_{22} \end{bmatrix} \begin{bmatrix} U_A \\ -I_A \end{bmatrix} \quad , \quad K_{11}K_{22} > 0 \quad . \tag{7.29}$$

Wird der PIK ausgangsseitig mit einer Lastimpedanz Z_L abgeschlossen, so sieht
man am Eingang eine Impedanz

$$Z_E = \frac{U_E}{I_E} = \frac{U_A/K_{11}}{-I_A/K_{22}} = \frac{|K_{22}|}{|K_{11}|} Z_L = KZ_L \quad . \tag{7.30}$$

Die Vertauschung beider Tore führt wieder auf einen PIK, dessen Konversionsfaktoren K_{11}' und K_{22}' wie beim NIK durch Reziprokwertbildung

$$K_{11}' = 1/K_{11} \quad , \quad K_{22}' = 1/K_{22} \tag{7.31}$$

aus den ursprünglichen Konversionsfaktoren K_{11} und K_{22} hervorgehen.

Bild 7.7a zeigt die Realisierung eines PIK mit zwei Operationsverstärkern,
Bild 7.7b das zugehörige Ersatzbild mit Nullatoren und Noratoren. Der Operations-
verstärker μ_1 wird durch den Nullator Nu_2 und den Norator No_1 dargestellt, der
Verstärker μ_2 durch den Nullator Nu_1 und den Norator No_2. Da die Knoten e_1 und a_1

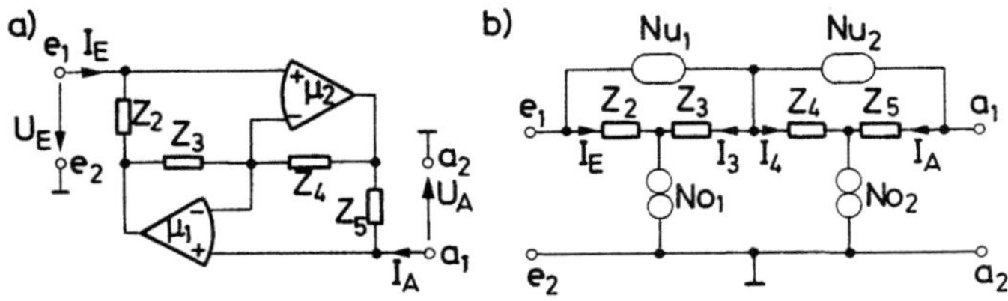

__Bild 7.7.__ Positiv-Impedanz-Konverter mit zwei Operationsverstärkern (a) und zugehöriges Nullator-Norator-Ersatzbild (b)

mit Nullatoren verbunden sind, ist die Eingangsspannung U_E gleich der Ausgangsspannung U_A, so daß

$$U_E = U_A \quad , \quad K_{11} = 1 \tag{7.32}$$

gilt. Der Eingangsstrom verursacht an der Impedanz Z_2 einen Spannungsabfall $Z_2 I_E$. Wegen des Nullators Nu_1 liegt die gleiche Spannung an der Impedanz Z_3. Für den Strom I_3 gilt daher

$$I_3 = I_E Z_2 / Z_3 \quad . \tag{7.33}$$

Entsprechend gilt für den Strom I_4:

$$I_4 = I_A Z_5 / Z_4 \quad . \tag{7.34}$$

Da durch die beiden Nullatoren kein Strom fließt, ist $I_3 = -I_4$ und mit (7.33 - 34)

$$I_E Z_2 / Z_3 = -I_A Z_5 / Z_4 \quad ,$$

$$I_E = \frac{Z_3 Z_5}{Z_2 Z_4} (-I_A) \quad , \quad K_{22} = \frac{Z_2 Z_4}{Z_3 Z_5} \quad . \tag{7.35}$$

Schließt man diesen Positiv-Impedanz-Konverter ausgangsseitig mit einer Lastimpedanz Z_L ab, so erhält man am Eingangstor zwischen den Klemmen e_1 und e_2 gemäß (7.30) eine Impedanz

$$Z_E = \frac{Z_2 Z_4}{Z_3 Z_5} Z_L \quad . \tag{7.36}$$

Zu den Positiv-Impedanz-Konvertern zählt auch der *ideale Übertrager*. Bei einem Spannungsübersetzungsverhältnis $U_E : U_A = 1 : ü$ lauten seine Konversionsfaktoren $K_{11} = 1/K_{22} = ü$.

7.5 Zusammenhänge und Klassifikation

Die in den vier letzten Abschnitten behandelten Transformationszweitore lassen sich nach zwei wesentlichen Operationen klassifizieren, nämlich danach, ob sie den Kehrwert einer Impedanz bilden oder nicht, und ob sie das Vorzeichen der Impedanz ändern oder nicht. Diese Eigenschaften lassen sich direkt aus der Struktur und den Elementen der jeweiligen Kettenmatrizen ablesen. Wird ein Zweitor ausgangsseitig mit einer Impedanz Z_L abgeschlossen, so gilt für die Kettengleichungen mit $(-I_A) = U_A / Z_L$

$$U_E = A_{11} U_A + A_{12} U_A / Z_L \quad ,$$

$$I_E = A_{21} U_A + A_{22} U_A / Z_L \quad .$$

Der Quotient beider Gleichungen ergibt die Eingangsimpedanz

$$Z_E = \frac{A_{11}Z_L + A_{12}}{A_{21}Z_L + A_{22}} \quad . \tag{7.37}$$

Impedanz-Konverter haben Kettenmatrizen mit verschwindenden Nebendiagonalelementen:

$$A_{12} = A_{21} = 0 \quad , \tag{7.38}$$

d.h. es werden unabhängig von den Strömen die Eingangsspannung und die Ausgangsspannung miteinander verknüpft, und unabhängig von den Spannungen der Eingangsstrom mit dem Ausgangsstrom. Eine Lastimpedanz Z_L als Quotient von Ausgangsspannung und Ausgangsstrom wird daher wieder in einen Quotienten von Spannung und Strom transformiert. Die Eingangsimpedanz Z_E ist proportional zur ausgangsseitigen Lastimpedanz Z_L, was sich auch formal durch Einsetzen von (7.38) in (7.37) ergibt:

$$Z_E = \frac{A_{11}}{A_{22}} Z_L \quad . \tag{7.39}$$

Hat entweder der Proportionalitätsfaktor A_{11} zwischen den Spannungen oder der Proportionalitätsfaktor A_{22} zwischen den Strömen negatives Vorzeichen, liegt also ein NIK vor, dann wird auch das Vorzeichen von Z_L verändert. Beim PIK werden sowohl die Spannung als auch der Strom im Vorzeichen geändert, oder beide Vorzeichen bleiben unverändert, so daß auch das Vorzeichen von Z_L unverändert bleibt.

Die in Kapitel 4 behandelten gesteuerten Quellen können als Sonderfälle der Impedanz-Konverter und -Inverter aufgefaßt werden. Zwei Sonderfälle des Konverters sind mit $A_{11}=0$ die stromgesteuerte Stromquelle ($Z_E=0$) und mit $A_{22}=0$ die spannungsgesteuerte Spannungsquelle ($Y_E=1/Z_E=0$).

Impedanz-Inverter haben Kettenmatrizen mit verschwindenden Hauptdiagonalelementen:

$$A_{11} = A_{22} = 0 \quad , \tag{7.40}$$

d.h. es werden die Spannungen mit den Strömen des jeweils anderen Tores verknüpft. Der Quotient von Ausgangsspannung zu Ausgangsstrom wird daher in einen Quotienten von Eingangsstrom zu Eingangsspannung transformiert. Die Eingangsimpedanz Z_E ist umgekehrt proportional zur ausgangsseitigen Lastimpedanz Z_L. Gl.(7.40) in (7.37) eingesetzt ergibt

$$Z_E = \frac{A_{12}}{A_{21}} \frac{1}{Z_L} \quad . \tag{7.41}$$

Sonderfälle des Inverters sind mit $A_{12}=0$ die stromgesteuerte Spannungsquelle ($Z_E=0$) und mit $A_{21}=0$ die spannungsgesteuerte Stromquelle ($Y_E=1/Z_E=0$).

Werden zwei Transformationszweitore in Kette geschaltet, so werden die wesentlichen Operationen nacheinander ausgeführt. Insgesamt wirkt die Kettenschaltung wieder wie eines der vier Transformationszweitore. Aus der Kettenschaltung von einem NIK und einem Gyrator wird ein NII, aus einem NIK und einem NII wird ein Gyrator. Die Kettenschaltung von zwei gleichen Transformationszweitoren führt auf einen PIK.

Beispiel 7.1

Bild 7.5b zeigt das Ersatzbild eines NIK. Werden zwei dieser Netzwerke in Kette geschaltet, so entsteht das Ersatzbild des PIK in Bild 7.7b. Obwohl die Kettenschaltung der praktischen Realisierung mit Operationsverstärker nach Bild 7.5a bereits einen funktionsfähigen PIK ergibt, faßt man aus verschiedenen technischen Gründen die Nullatoren und Noratoren in Bild 7.7b über Kreuz zusammen und gelangt damit zu der Schaltung in Bild 7.7a.

7.6 Verallgemeinerter Impedanz-Konverter (GIC), FDNR und FDNC

In den bisher betrachteten Impedanz-Konvertern treten reelle, frequenzunabhängige Impedanz-Konversionsfaktoren K auf. Erweitert man dieses Konzept auf frequenzabhängige Konversionsfaktoren K(s), so spricht man von einem *verallgemeinerten Impedanz-Konverter* (*GIC* = generalized impedance converter). Seine Transformationseigenschaft wird durch die Beziehung

$$Z_E = K(s) \cdot Z_L \quad \text{bzw.} \quad Z_E : Z_L = K(s) : 1 \tag{7.42}$$

beschrieben, siehe Bild 7.8.

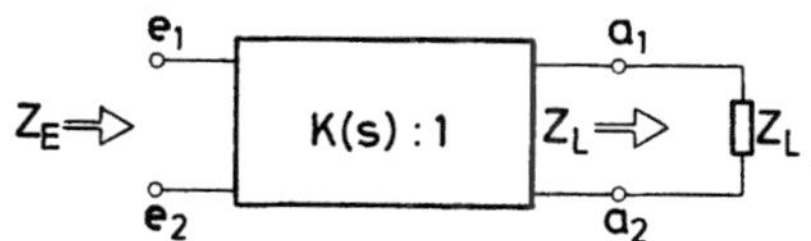

Bild 7.8. Zur Impedanztransformation des verallgemeinerten Impedanz-Konverters

Der Konversionsfaktor des Positiv-Impedanz-Konverters in Bild 7.7 wird nach (7.36) durch die vier passiven Elemente Z_2 bis Z_5 festgelegt:

$$K = \frac{Z_2 Z_4}{Z_3 Z_5} \quad . \tag{7.43}$$

Setzt man für einen oder mehrere dieser vier Elemente statt ohmscher Widerstände Reaktanzen ein, so wird aus dem Positiv-Impedanz-Konverter in Bild 7.7 ein verallgemeinerter Impedanz-Konverter. Beschränkt man sich dabei auf Kapazitäten, so lautet der Konversionsfaktor

154

$$K(s) = s^i K_0 \quad , \quad i = -2, -1, 0, 1 \text{ oder } 2 \quad . \tag{7.44}$$

Für $Z_2=R_2$, $Z_4=R_4$, $Z_3=R_3$ und $Z_5=1/sC_5$ gilt

$$K(s) = sK_0 \text{ mit } K_0 = C_5 R_2 R_4/R_3 \quad . \tag{7.45}$$

Durch Einsetzen von (1.69) und (1.71) in (7.45) erhält man den Konversionsfaktor in normierter Form

$$K_0 = k_0 K_{0n} = c_5 C_n r_2 R_n r_4 R_n / r_3 R_n \tag{7.46}$$

mit

$$k_0 = c_5 r_2 r_4 / r_3 \tag{7.47}$$

und

$$K_{0n} = 1/s_n \quad . \tag{7.48}$$

Entsprechend gilt für $Z_2=R_2$, $Z_4=R_4$, $Z_3=1/sC_3$ und $Z_5=1/sC_5$

$$K(s) = s^2 K_0 \text{ mit } K_0 = C_3 C_5 R_2 R_4 \quad . \tag{7.49}$$

Der Konversionsfaktor K_0 lautet in normierter Form

$$K_0 = k_0 K_{0n} = c_3 C_n c_5 C_n r_2 R_n r_4 R_n \tag{7.50}$$

mit

$$k_0 = c_3 c_5 r_2 r_4 \tag{7.51}$$

und

$$K_{0n} = 1/s_n^2 \quad . \tag{7.52}$$

Vertauscht man die beiden Tore des GIC, so erhält man wieder einen GIC, dessen Konversionsfaktor nach (7.30 - 31) durch Kehrwertbildung aus dem ursprünglichen hervorgeht. Aus der Transformationsbeziehung $K(s):1$ wird $1:K(s)$. Aus den Konversionsfaktoren in (7.45 - 52) werden Konversionsfaktoren proportional zu s^{-1} bzw. s^{-2}. Zum gleichen Ergebnis kommt man gemäß (7.43), wenn man für Z_3 und Z_5 ohmsche Widerstände und für Z_2 und/oder Z_4 Kapazitäten einsetzt. Dieses folgt auch unmittelbar aus der Symmetrie der Konverterschaltung, siehe Bild 7.7b.

Schließt man den Impedanz-Konverter in Bild 7.7a ausgangsseitig mit einer Impedanz $Z_L=Z_6$ ab, so entsteht zwischen den Klemmen e_1 und e_2 eine Impedanz vom Wert

$$Z_E = \frac{Z_2 Z_4 Z_6}{Z_3 Z_5} \quad . \tag{7.53}$$

Geht man davon aus, daß immer eines der drei Elemente Z_2, Z_4 und Z_6 als ohmscher Widerstand und höchstens zwei der übrigen vier Elemente als Kapazität gewählt werden, so erhält man eine Impedanz

$$Z_E(s) = s^i K_0 \quad , \quad i = -2, -1, 0, 1 \text{ oder } 2 \quad . \tag{7.54}$$

Wählt man beispielsweise $Z_3 = 1/sC_3$ und die restlichen Elemente als Widerstände, so erhält man eine geerdete Induktivität mit der Impedanz

$$Z_E(s) = sL \quad , \quad L = C_3 R_2 R_4 R_6 / R_5 \quad . \tag{7.55}$$

Dieses Ergebnis ist identisch mit dem in (7.11), wenn man die Kapazität C_L mit der Kapazität C_3 identifiziert. Ein Vergleich von Bild 7.3a (mit $Z_L = Z_3$) und Bild 7.7a (mit $Z_L = R_6$) bestätigt die Identität beider Schaltungen. Die Simulationsschaltung für die Induktivität läßt sich also in einen Gyrator mit reellen Gyrationsleitwerten und einer kapazitiven Lastimpedanz zerlegen, oder in einen verallgemeinerten Impedanz-Konverter mit einem Konversionsfaktor $K(s) = sK_0$ und einen ohmschen Lastwiderstand, siehe Bild 7.9.

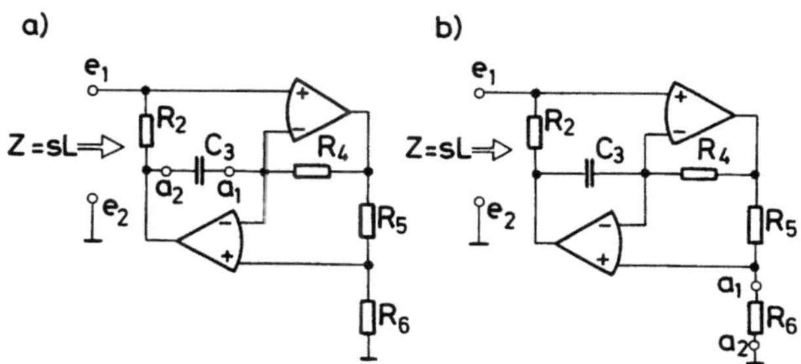

Bild 7.9. Identische Schaltungen zur L-Simulation: mit Gyrator und Abschlußkapazität C_3 (a), mit verallgemeinertem Impedanz-Konverter und Abschlußwiderstand R_6 (b)

Wählt man in (7.53) statt Z_3 die Impedanz Z_5 als Kapazität, so erhält man mit $C_L = C_5$ die Induktivität nach (7.12). Die Schaltung ist dann mit der in Bild 7.3b gezeigten Gyratorschaltung identisch.

Setzt man in (7.53) $Z_2 = R_2$, $Z_4 = R_4$, $Z_6 = R_6$, $Z_3 = 1/sC_3$ und $Z_5 = 1/sC_5$ ein, so erhält man eine Impedanz

$$Z_E(s) = s^2 N \quad , \quad N = C_3 C_5 R_2 R_4 R_6 \quad . \tag{7.56}$$

Diese Impedanz stellt für $s = j\omega$ einen negativen Widerstand dar, der mit dem Quadrat der Frequenz wächst:

$$Z_E(j\omega) = -N\omega^2 \quad . \tag{7.57}$$

Einen solchen Zweipol bezeichnet man daher als *frequenzabhängigen negativen Wider-stand* (*FDNR* = frequency dependent negative resistor). Bild 7.10 zeigt das Symbol und die Schaltung des FDNR. In der Literatur wird der FDNR bisweilen auch als *"Superinduktivität"* bezeichnet.

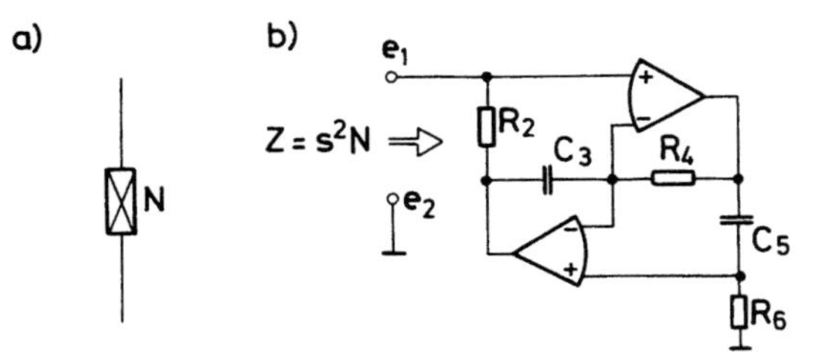

Bild 7.10. Symbol (a) und Reali-sierung (b) des FDNR

Durch Einsetzen von (1.69) und (1.71) in (7.56) erhält man den FDNR in nor-mierter Form:

$$N = nN_n = c_3C_nc_5C_nr_2R_nr_4R_nr_6R_n \tag{7.58}$$

mit

$$n = c_3c_5r_2r_4r_6 \tag{7.59}$$

und

$$N_n = R_n/s_n^2 \quad . \tag{7.60}$$

Wählt man in (7.53) zwei der Zählerelemente als Kapazität, z.B. $Z_2 = 1/sC_2$ und $Z_4 = 1/sC_4$, so erhält man eine Admittanz

$$Y_E(s) = 1/Z_E(s) = s^2D \quad , \qquad D = C_2C_4R_3R_5/R_6 \quad . \tag{7.61}$$

Für Frequenzen $s = j\omega$ stellt diese Admittanz einen negativen Leitwert dar, der mit dem Quadrat der Frequenz wächst:

$$Y_E(j\omega) = -D\omega^2 \quad . \tag{7.62}$$

Man bezeichnet diesen Zweipol daher als *frequenzabhängigen negativen Leitwert* (*FDNC* = frequency dependent negative conductor). Bild 7.11 zeigt das Symbol und die Schaltung des FDNC. Als Pendant zur "Superinduktivität" wird der FDNC auch als *"Superkapazität"* bezeichnet.

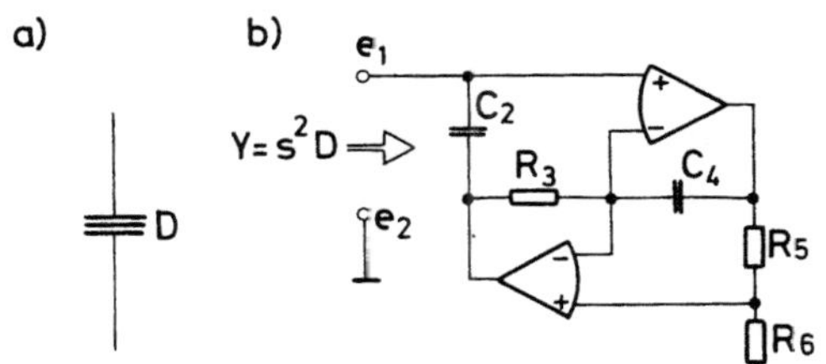

Bild 7.11. Symbol (a) und Realisierung (b) des FDNC

Durch Einsetzen von (1.69) und (1.71) in (7.61) erhält man den FDNC in normierter Form:

$$D = dD_n = c_2C_nc_4C_nr_3R_nr_5R_n/(r_6R_n) \tag{7.63}$$

mit

$$d = c_2c_4r_3r_5/r_6 \tag{7.64}$$

und

$$D_n = 1/(s_n^2 R_n) \quad . \tag{7.65}$$

Der verallgemeinerte Impedanz-Konverter nach Bild 7.8 sowie die in den Bildern 7.9 bis 7.11 gezeigten Realisierungen einer Induktivität, eines FDNR und eines FDNC werden für die im nächsten Kapitel betrachteten RLC-Abzweigschaltungen benötigt. Dabei ist zu beachten, daß sowohl die beiden Tore des Konverters als auch die drei davon abgeleiteten Elemente geerdet sind.

7.7 Zusammenfassung

Impedanz-Konverter und -Inverter sind Transformationszweitore, die die elektrischen Größen eines Netzwerktores in andere elektrische Größen umformen und damit den Charakter des Netzwerkes nach außen hin ändern. Sie werden vorwiegend in Filternetzwerken verwendet.

Allen Transformationszweipolen ist gemeinsam, daß in ihrer Kettenmatrix nur zwei Elemente von Null verschieden sind. Liegen diese beiden Elemente auf der Hauptdiagonalen, so spricht man von Impedanz-Konvertern. In diesem Fall werden die Eingangsspannung mit der Ausgangsspannung und der Eingangsstrom mit dem Ausgangsstrom verknüpft. Die Eingangsimpedanz ist daher proportional zur ausgangsseitigen Lastimpedanz.

In den Kettenmatrizen der Impedanz-Inverter sind die Hauptdiagonalelemente gleich Null und die Nebendiagonalelemente von Null verschieden, d.h. die Inverter verknüpfen die Eingangsspannung mit dem Ausgangsstrom und den Eingangsstrom mit der Ausgangsspannung. Die Eingangsimpedanz ist daher umgekehrt proportional zur Lastimpedanz.

158

Haben die beiden von Null verschiedenen Elemente in der Kettenmatrix gleiches
Vorzeichen, so bleibt das Vorzeichen bei der Impedanztransformation unverändert.
Aus einer positiven Lastimpedanz wird eine positive Eingangsimpedanz. In diesem
Fall spricht man von einem Positiv-Impedanz-Konverter bzw. Positiv-Impedanz-
Inverter oder Gyrator. Dagegen haben die beiden Elemente der Kettenmatrix des
Negativ-Impedanz-Konverters und Negativ-Impedanz-Inverters verschiedenes Vorzei-
chen. Eine positive Lastimpedanz wird daher in eine negative Eingangsimpedanz
transformiert.

Bei einem verallgemeinerten Impedanz-Konverter hängen die Elemente der Kettenmatrix von der Frequenzvariablen s ab. Die Eingangsimpedanz ist gleich der ausgangsseitigen Lastimpedanz multipliziert mit dem frequenzabhängigen Konversionsfaktor $K(s)$. Mit dem in Bild 7.7 gezeigten Impedanz-Konverter aus zwei Operationsverstärkern und 4 Impedanzen lassen sich speziell Konversionsfaktoren der
Form $K(s)=s^i K_0$, $i=-2,-1,0,1,2$, verwirklichen, wobei K_0 frequenzunabhängig ist.
Schließt man diesen Konverter ausgangsseitig ab, so erhält man am Eingangstor
eine Impedanz der Form $Z_E(s)=s^i K_0$. Von besonderem Interesse sind hierbei der frequenzabhängige negative Widerstand (FDNR) mit einer Impedanz $Z_E(s)=s^2 N$ und der
frequenzabhängige negative Leitwert (FDNC) mit einer Admittanz $Y_E(s)=s^2 D$.

8. Simulation von passiven RLC-Filtern

Infolge der Miniaturisierung elektronischer Schaltungen ist man bestrebt, Filter-
probleme möglichst mit spulenfreien Schaltungen zu lösen. Spulen haben insbesondere bei tiefen Frequenzen großes Gewicht und großes Volumen, sind teuer in der
Herstellung und lassen sich nicht in integrierter Technologie realisieren. Als
Alternative werden im Niederfrequenzbereich bis zu einigen hundert Kilohertz aktive Filter verwendet, die neben Widerständen und Kapazitäten noch aktive Bauelemente verwenden.

Ein bedeutender Teil der Entwurfsmethoden für aktive Filter ist der Synthese
passiver RLC-Filter entlehnt. Man verwendet weiterhin konventionelle Reaktanz-
schaltungen, simuliert jedoch Teile der Schaltung, z.B. die Spulen, mit aktiven
Netzwerken. Dabei bleibt die Schaltungstopologie und somit der Vorteil geringer
Bauelementeempfindlichkeiten im Durchlaßbereich solcher Filter [8.1] erhalten.

8.1 Gyrator-C-Filter

Es ist naheliegend, alle Induktivitäten eines Filternetzwerkes mit Gyratoren zu
verwirklichen, die ausgangsseitig mit einer Kapazität abgeschlossen sind. Eine
solche spulenfreie Reaktanzschaltung wird *Gyrator-C-Filter* genannt. In praktischen
Schaltungen ist besonders die Realisierung geerdeter Induktivitäten sinnvoll, da
hierbei Aufwand und Qualität in einem guten Verhältnis stehen. Die direkte Simulation von Spulen findet daher hauptsächlich in Netzwerken mit geerdeten Induktivitäten, z.B. in Hochpässen, Anwendung.

Die passive Filterschaltung kann mit den bekannten Entwurfsmethoden [8.2] ermittelt werden, oder im Fall von Standardapproximationen (Butterworth-, Bessel-,
Tschebyscheff-, Cauer-Filter und ähnliche) Filterkatalogen [8.3-5] entnommen werden. In den Filterkatalogen findet man normierte Tiefpaßschaltungen, die gegebenenfalls zunächst in Hochpässe, Bandpässe oder Bandsperren transformiert werden und
dann bezüglich Impedanz und Frequenz entnormiert werden müssen.

Beispiel 8.1

Gesucht ist die aktive Filterschaltung für einen Cauer-Hochpaß mit einer Durchlaßgrenzfrequenz f_D=1 kHz, einer Sperrgrenzfrequenz $f_S \geq$ 500 Hz, einer Durchlaßdämpfung $a_D \leq$ 0,2 dB und einer Sperrdämpfung $a_S \geq$ 60 dB. Bild 8.1a zeigt qualitativ

160

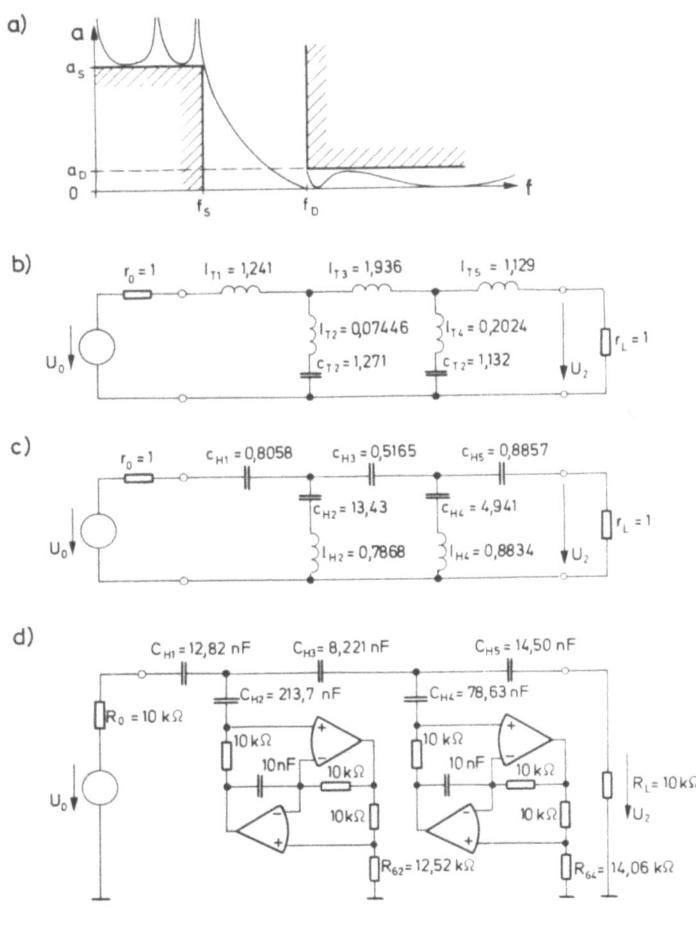

Bild 8.1. Cauer-Hochpaß: Dämpfungsverlauf und Toleranzschema (a), normierter
Tiefpaß aus dem Filterkatalog (b), normierter Hochpaß (c) und entnormierter
Gyrator-C-Hochpaß (d)

das zugehörige Dämpfungstoleranzschema. Der eingangsseitige Quellwiderstand R_0
und der ausgangsseitige Lastwiderstand R_L sollen 10 kΩ betragen.

Man entnimmt einem Filterkatalog [8.3, S.90] einen geeigneten normierten Cauer-
Tiefpaß 5. Grades mit einem Reflexionsfaktor p=20% ($\hat{=}$ $a_D \leq 0,177$ dB) und einer
Sperrdämpfung $a_S \geq 61,4$ dB, siehe Bild 8.1b. Durch eine TP-HP-Transformation erhält man mit (1.81 - 82) die normierte Hochpaßschaltung in Bild 8.1c. Ihr Dämpfungsverlauf ist in das Dämpfungstoleranzschema in Bild 8.1a mit eingezeichnet
(die Dämpfung über der Frequenz ist für f < f_D und für f > f_D mit verschiedenen
Maßstäben aufgetragen).

Die Bauelemente des Filterkataloges sind so normiert, daß die normierte Durch-
laßfrequenz $f'_D = f_D/f_n$ des Tiefpasses den Wert 1 hat. Die Normierungsfrequenz hat
daher den Wert

$$s_n = 2\pi f_n = 2\pi f_D = 2\pi \cdot 10^3/\text{sec} \quad . \tag{8.1}$$

Da die Abschlußwiderstände R_0 und R_L je 10 kΩ betragen sollen, muß der Normierungswiderstand

$$R_n = 10 \text{ k}\Omega \tag{8.2}$$

sein. Aus (8.1 - 2) errechnet man mit (1.71) eine Normierungskapazität von

$$C_n = 1/s_n R_n = 15{,}915 \text{ nF} \quad . \tag{8.3}$$

Die Werte der entnormierten Kapazitäten C_{H1} bis C_{H5} und Abschlußwiderstände R_0
und R_L sind in Bild 8.1d eingetragen. Die beiden Induktivitäten des Hochpasses
werden mit der Gyratorschaltung nach Bild 7.3a realisiert. Ihr Wert beträgt nach
(1.72) und (7.11)

$$L_{Hi} = l_{Hi} L_n = l_{Hi} R_n/s_n = C_L R_{6i} R_4 R_2/R_5 \quad , \quad i = 2, 4 \quad . \tag{8.4}$$

Wählt man $R_2 = R_4 = R_5 = 10$ kΩ und $C_L = 10$ nF, so folgt aus (8.4)

$$R_{6i} = \frac{l_{Hi}}{s_n \, 10 \text{ nF}} \quad . \tag{8.5}$$

Für die Induktivität L_{H2} wird ein Widerstand $R_{62} = 12{,}52$ kΩ benötigt, für L_{H4} ein
Widerstand $R_{64} = 14{,}06$ kΩ. Bild 8.1d zeigt die aktive Filterschaltung. Es ist zu
beachten, daß für die Abschlußkapazität C_L der Gyratoren ein glatter Wert gewählt
werden kann, während der genaue Wert der Induktivität mit dem Widerstand R_6 eingestellt werden kann. Diese Möglichkeit ist insofern nützlich, als Widerstandswerte
im allgemeinen enger gestaffelt zur Verfügung stehen.

Erdfreie Induktivitäten lassen sich nur mit großem Aufwand realisieren. Da die
aktiven Bauelemente wegen der notwendigen Stromversorgung mit dem Masseknoten verbunden sind, müssen die Bauelemente der Simulationsschaltung sorgfältig aufeinander abgestimmt sein, um zwischen den Klemmen des Eingangstores bzw. des Ausgangstores unendlich hohe Impedanzen zu verwirklichen. Zu dieser Art von Simulationsschaltungen gehören auch die erdfreien Induktivitäten, die mit Hilfe von jeweils zwei Transformationszweitoren erzeugt werden.

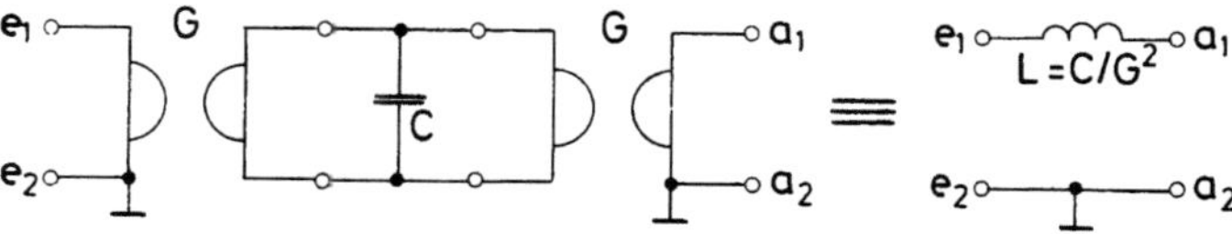

__Bild 8.2.__ Realisierung einer erdfreien Induktivität mit Hilfe zweier erdgebunde-
ner Gyratoren

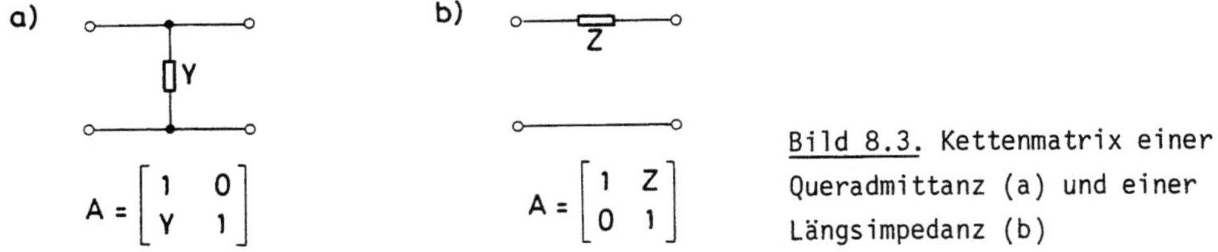

$$A = \begin{bmatrix} 1 & 0 \\ Y & 1 \end{bmatrix} \qquad\qquad A = \begin{bmatrix} 1 & Z \\ 0 & 1 \end{bmatrix}$$

Bild 8.3. Kettenmatrix einer Queradmittanz (a) und einer Längsimpedanz (b)

Bild 8.2 zeigt die Schaltung einer erdfreien Induktivität mit Hilfe zweier Gyratoren und einer Kapazität. Die beiden inneren Tore der Gyratoren brauchen nicht geerdet zu sein. Nimmt man an, daß die Gyrationsleitwerte untereinander und in beiden Gyratoren gleich groß sind, $G_{12}=G_{21}=G$, so lautet die Kettenmatrix der Schaltungsanordnung in Bild 8.2 mit (7.1) und Bild 8.3a

$$A = \begin{bmatrix} 0 & \frac{1}{G} \\ G & 0 \end{bmatrix}\begin{bmatrix} 1 & 0 \\ sC & 1 \end{bmatrix}\begin{bmatrix} 0 & \frac{1}{G} \\ G & 0 \end{bmatrix} = \begin{bmatrix} 1 & sC/G^2 \\ 0 & 1 \end{bmatrix} . \tag{8.6}$$

Ein Vergleich mit Bild 8.3b zeigt, daß damit eine erdfreie Längsinduktivität vom Wert $L=C/G^2$ vorliegt.

Bild 8.4. Realisierung einer erdfreien Induktivität mit Hilfe von zwei gleichen Impedanz-Konvertern

Bild 8.4 zeigt eine Schaltungsalternative mit zwei Impedanz-Konvertern. Verwendet man die Konverterschaltung aus Bild 7.7a, so erhält man die folgende Kettenmatrix:

$$A = \begin{bmatrix} 1 & 0 \\ 0 & \frac{1}{sk_0} \end{bmatrix}\begin{bmatrix} 1 & R \\ 0 & 1 \end{bmatrix}\begin{bmatrix} 1 & 0 \\ 0 & sk_0 \end{bmatrix} = \begin{bmatrix} 1 & sRk_0 \\ 0 & 1 \end{bmatrix} . \tag{8.7}$$

Es entsteht also eine erdfreie Induktivität vom Wert $L=Rk_0$.

Sind die Gyrationsleitwerte der Gyratoren in Bild 8.2 bzw. die Konversionsfaktoren sk_0 der Konverter in Bild 8.4 nicht exakt aufeinander abgestimmt, so erhalten die Hauptdiagonalelemente in den Kettenmatrizen in (8.6 - 7) nicht exakt den Wert 1. Das bedeutet, daß zusätzlich zu der gewünschten Längsinduktivität noch parasitäre Querinduktivitäten am Eingangs- und Ausgangstor entstehen.

8.2 Simulation mit FDNC und FDNR

Das Problem der erdfreien Induktivitäten kann in Netzwerken mit nur geerdeten Kapazitäten, wie z.B. in reinen Tiefpaßnetzwerken, durch eine Erweiterung der in Abschnitt 1.5 beschriebenen *Immittanztransformation* umgangen werden. Dazu ist in Bild 8.5 dargestellt, wie aus den Originalnetzwerkelementen l_0, r_0 und c_0 durch eine Admittanztransformation (Multiplikation aller Admittanzen mit der Frequenzvariablen s) die Elemente r_a, c_a und d_a und durch eine Impedanztransformation

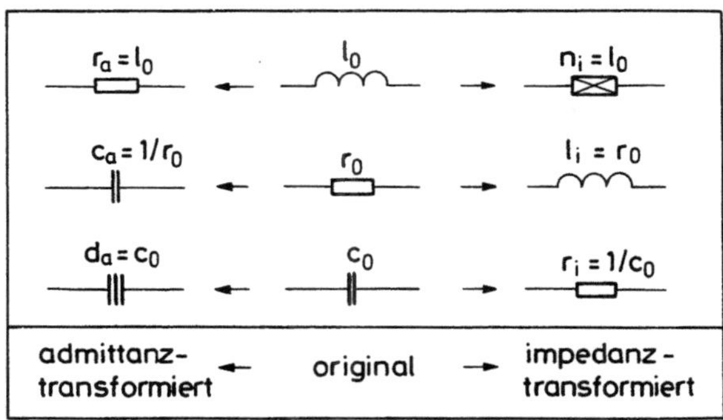

Bild 8.5. Bauelemente der erweiterten Immittanztransformation

(Multiplikation aller Impedanzen mit s) die Elemente n_i, l_i und r_i entstehen. Neu gegenüber dem Abschnitt 1.5 ist die Impedanztransformation der Induktivität in einen FDNR, siehe Abschnitt 7.6, und die Admittanztransformation der Kapazität in einen FDNC.

Wendet man die Admittanztransformation auf ein Tiefpaßnetzwerk an, so werden aus den geerdeten Kapazitäten FDNC, die sich ebenso wie geerdete Induktivitäten mit wenig Aufwand realisieren lassen, siehe Abschnitt 7.6. Aus den erdfreien Induktivitäten werden Widerstände.

Beispiel 8.2

Der in Bild 8.1b gezeigte Cauer-Tiefpaß soll für eine Durchlaßgrenzfrequenz f_D=1 kHz ausgelegt werden. Die Sperrfrequenz liegt damit bei $f_S \leq 2$ kHz, siehe Beispiel 8.1. In Bild 8.6a und b ist die Admittanztransformation des normierten Tiefpasses gezeigt. Mit R_n=10 kΩ und s_n=2π·10³/sec erhält man die in Bild 8.6c eingetragenen Widerstände R_1 bis R_5 und Kapazitäten C_0 und C_L. Für die FDNC nach Bild 7.11 gilt

164

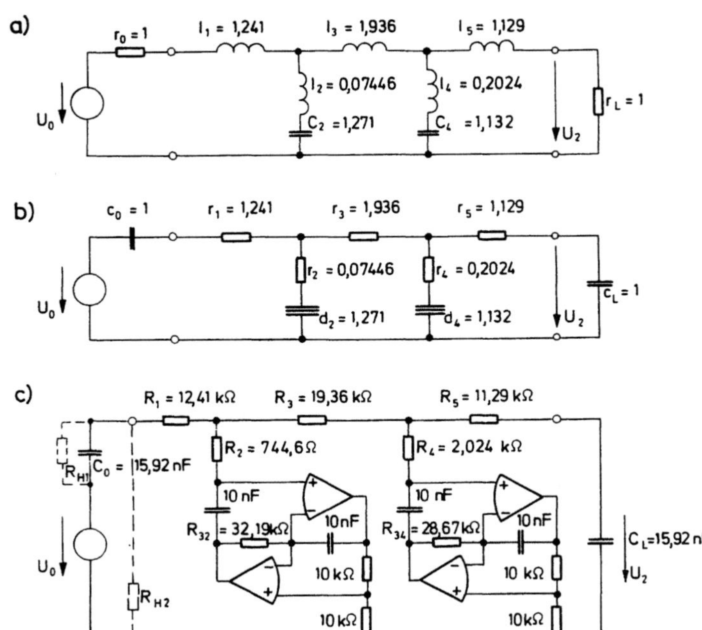

Bild 8.6. Cauer-Tiefpaß: normierter Tiefpaß (a), admittanztransformierter Tiefpaß (b) und entnormierte Schaltung mit FDNC (c)

mit (7.61), (7.63) und (7.65)

$$D_i = d_i D_n = d_i/(s_n^2 R_n) = C_2 C_4 R_{3i} R_5/R_6 \quad , \quad i = 2, 4 \quad . \tag{8.8}$$

Wählt man $R_5 = R_6 = 10$ kΩ und $C_2 = C_4 = 10$ nF, so lautet (8.8) nach dem jeweils zu dimen-
sionierenden Widerstand R_{3i} aufgelöst

$$R_{3i} = \frac{d_i}{s_n^2 R_n (10 \text{ nF})^2} \quad . \tag{8.9}$$

Für den FDNC D_2 wird ein Widerstand $R_{32} = 32,19$ kΩ benötigt, für D_4 ein Widerstand
$R_{34} = 28,67$ kΩ. Bild 8.6c zeigt die endgültige Filterschaltung.

Da die nichtinvertierenden Eingänge der oberen Operationsverstärker in den FDNC
galvanisch nicht mit Masse verbunden sind, müssen wegen der unvermeidbaren Eingangsströme in praktischen Aufbauten Hilfswiderstände R_{H1} und R_{H2} vorgesehen werden, siehe 8.6c. Man wählt die Werte dieser Widerstände erheblich größer als die
der übrigen Widerstände und so, daß der Gleichspannungsübertragungsfaktor mit dem
Grenzwert H(s → 0) der Übertragungsfunktion übereinstimmt.

Durch die Admittanztransformation werden aus den Abschlußwiderständen Kapazitäten. Liegen der Innenwiderstand R_0 der Spannungsquelle und/oder die ausgangsseitige Last jedoch als ohmsche Widerstände fest, so sind sie über zusätzliche Trennverstärker mit dem kapazitiv abgeschlossenen Filter zu verbinden.

In gleicher Weise wie die Admittanztransformation auf Tiefpässe kann die Impedanztransformation auf Hochpässe angewendet werden, siehe Bild 8.7. Dadurch läßt sich die Anzahl der Kapazitäten gegenüber der Schaltungslösung in Bild 8.1d um eins verringern. Überdies können ausschließlich Kapazitäten mit wählbaren glatten Zahlenwerten verwendet werden. Von Nachteil ist die Notwendigkeit, eine erdfreie Induktivität l_0 realisieren zu müssen.

a)

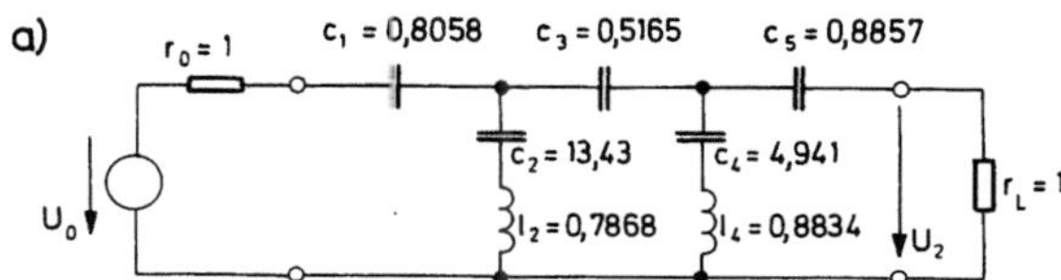

b)

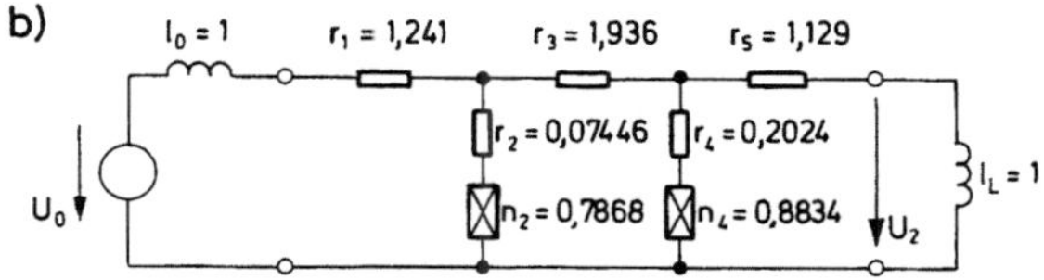

Bild 8.7. Cauer-Hochpaß mit Originalelementen (a) und impedanztransformierten Elementen (b)

Für den Entwurf von Bandpässen und Bandsperren mit Simulationselementen gibt es verschiedene Verfahren. Eines der Verfahren führt über die direkte Tiefpaß-Bandpaß- bzw. Tiefpaß-Bandsperre-Transformation der Netzwerkelemente. Dazu werden im folgenden die in Abschnitt 1.5 behandelten *Frequenztransformationen* auf die Elemente FDNR und FDNC erweitert.

Bei der TP-HP-Transformation wird aus einem FDNR ein FDNC:

$$z_T(s_T) = s_T^2 n_T = \frac{1}{s_H^2}\, n_T = \frac{1}{s_H^2 d_H} = z_H(s_H) \tag{8.10a}$$

mit

$$d_H = 1/n_T \quad . \tag{8.10b}$$

Umgekehrt wird aus einem FDNC ein FDNR:

$$z_T(s_T) = \frac{1}{s_T^2 d_T} = \frac{s_H^2}{d_T} = s_H^2 n_H = z_H(s_H) \tag{8.11a}$$

mit

$$n_H = 1/d_T \quad .$$

(8.11b)

Beispiel 8.3

Ein Vergleich der Bilder 8.6b und 8.7b zeigt, daß die beiden Filterschaltungen durch eine direkte TP-HP-Transformation der Netzwerkelemente ineinander überführt werden können.

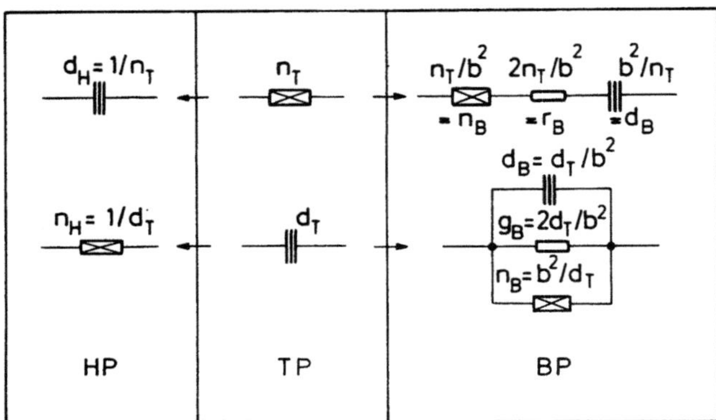

HP   TP   BP

Bild 8.8. Frequenztransformation des FDNR und FDNC

Durch Anwendung der TP-BP-Transformation nach (1.64) auf den FDNR erhält man:

$$z_T(s_T) = s_T^2 n_T = \left(\frac{s_B + 1/s_B}{b}\right)^2 n_T =$$

$$= s_B^2 \frac{n_T}{b^2} + \frac{2n_T}{b^2} + \frac{1}{s_B^2} \frac{n_T}{b^2} = s_B^2 n_B + r_B + \frac{1}{s_B^2 d_B} = z_B(s_B)$$

(8.12a)

mit

$$n_B = n_T/b^2 \quad , \quad r_B = 2n_T/b^2 \quad , \quad d_B = b^2/n_T \quad .$$

(8.12b)

Aus einem FDNR im Tiefpaß wird die Reihenschaltung eines FDNR, eines Widerstandes und eines FDNC im Bandpaß.

Die TP-BP-Transformation des FDNC ergibt

$$y_T(s_T) = s_T^2 d_T = \left(\frac{s_B + 1/s_B}{b}\right)^2 d_T =$$

$$= s_B^2 \frac{d_T}{b^2} + \frac{2d_T}{b^2} + \frac{1}{s_B^2} \frac{d_T}{b^2} = s_B^2 d_B + g_B + \frac{1}{s_B^2 n_B} = y_B(s_B) \tag{8.13a}$$

mit

$$d_B = d_T/b^2 \quad , \quad g_B = 2d_T/b^2 \quad , \quad n_B = b^2/d_T \quad . \tag{8.13b}$$

Aus einem FDNC im Tiefpaß wird die Parallelschaltung eines FDNC, eines Leitwertes und eines FDNR im Bandpaß. Die verschiedenen Frequenztransformationen des FDNR und FDNC sind noch einmal in Bild 8.8 zusammengefaßt.

Beispiel 8.4

Wendet man die TP-BP-Transformation auf die admittanztransformierte Tiefpaßschaltung in Bild 8.6b an, so erhält man einen Bandpaß mit geerdeten Simulationselementen, siehe Bild 8.9. Die fünf Widerstände r_1 bis r_5 bleiben bei der TP-BP-Transformation unverändert. Aus den geerdeten FDNC werden geerdete FDNC, ohmsche

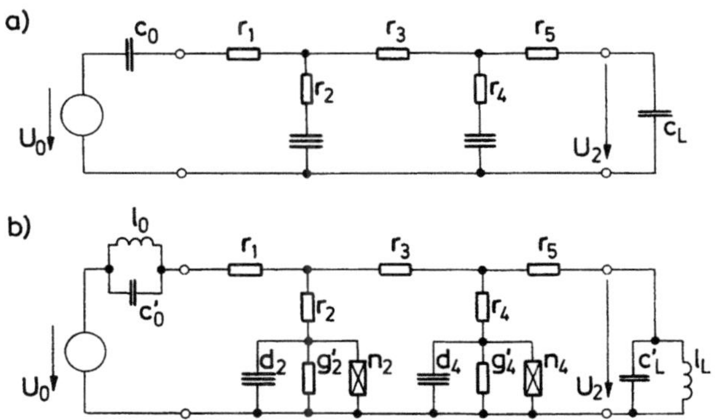

Bild 8.9. Cauer-Bandpaß mit geerdeten Simulationselementen: ursprünglicher Tiefpaß (a) und daraus transformierter Bandpaß (b)

Leitwerte und FDNR. Von Nachteil ist wiederum die erdfreie Induktivität l_0. Überdies läßt sich die Bandpaßschaltung in Bild 8.9b schwer abgleichen und neigt in praktischen Aufbauten zur Instabilität.

8.3 Simulation mit Impedanz-Konvertern

Im letzten Abschnitt wurde gezeigt, wie die Immittanztransformation durch Verändern aller Netzwerkelemente gemäß Bild 8.5 durchgeführt werden kann. Im folgenden wird gezeigt, daß die gleiche Transformation durch Einfügen von verallgemeinerten

168

Impedanz-Konvertern in allen Netzwerktoren erreicht werden kann. Durch diese Alternative lassen sich einige der im letzten Abschnitt genannten Schwierigkeiten überwinden.

Die in Bild 8.4 gezeigte Transformation eines erdfreien Widerstandes in eine erdfreie Induktivität läßt sich verallgemeinern und auf n-Tor-Netzwerke anwenden, siehe Bild 8.10. Die Klemmenspannungen U_1' bis U_n' sowie die Klemmenströme I_1' bis

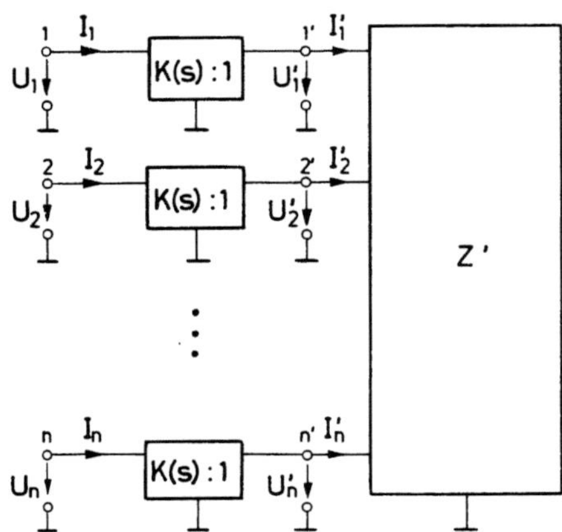

Bild 8.10. Zur Immittanztransformation eines Netzwerkes mit Hilfe von verallgemeinerten Impedanz-Konvertern

I_n' werden zu Vektoren U' und I' zusammengefaßt. Der Zusammenhang beider Vektoren ist durch die Klemmenimpedanzmatrix Z' gegeben:

$$U' = Z'I' \quad . \tag{8.14}$$

Z' kennzeichnet die Eigenschaften des Netzwerkes nach außen hin. Unter der Annahme gleicher Impedanz-Konverter an allen Toren werden alle Klemmenspannungen mit dem gleichen Faktor K_{11} und alle Ströme mit dem gleichen Faktor K_{22} multipliziert, siehe (7.29). Für die Vektoren U und I der äußeren Tore gilt daher

$$U = U'/K_{11} \quad , \quad I = I'/K_{22} \quad . \tag{8.15}$$

Gl.(8.15) in (8.14) eingesetzt ergibt mit (7.30) und (7.42)

$$U = \frac{K_{22}}{K_{11}} Z'I = K(s)Z'I = ZI \quad . \tag{8.16}$$

Das Netzwerk mit Impedanzkonvertern wird nach außen hin durch die Klemmenimpedanzmatrix Z gekennzeichnet, die nach der Beziehung

$$Z = K(s)Z' \tag{8.17}$$

aus der Klemmenimpedanzmatrix Z' des Originalnetzwerkes hervorgeht. Sind die Impedanz-Konverter vom Typ $K(s)=sK_0$, so werden alle Elemente der Matrix Z' mit dem

Faktor sK_0 multipliziert. Ein reines Widerstandsnetzwerk zum Beispiel wirkt nach außen hin wie ein reines Induktivitätsnetzwerk gleicher Topologie, in dem alle Widerstände R_ν durch Induktivitäten vom Wert $L_\nu=K_0R_\nu$ ersetzt sind.

In gleicher Weise kann die Admittanztransformation eines Netzwerkes durch Verwendung von Impedanz-Konvertern vom Typ $K(s)=K_0/s$ durchgeführt werden. Darüberhinaus sind höhere Transformationen mit $K(s)=K_0s^2$ bzw. $K(s)=K_0/s^2$ möglich.

Beispiel 8.5

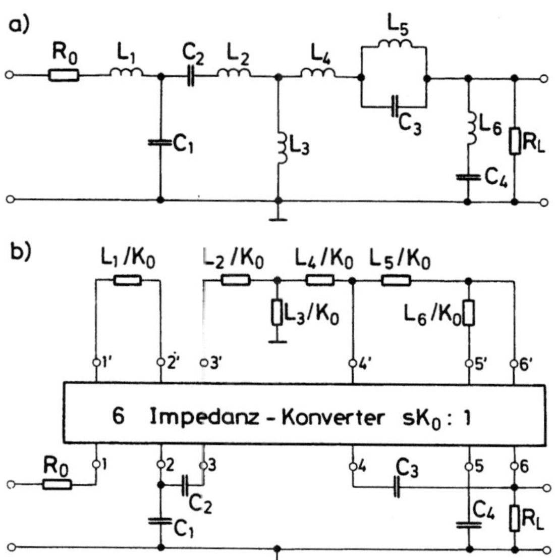

Bild 8.11. Impedanztransformation eines Teilnetzwerks: Originalnetzwerk (a) und spulenfreie Realisierung mit impedanztransformiertem Widerstandsnetzwerk (b)

Bild 8.11a zeigt ein Netzwerk mit sechs Induktivitäten [8.6], die sich zu einem Teilnetzwerk zusammenfassen lassen. Dieses Teilnetzwerk ist über sechs Tore mit dem restlichen Netzwerk verbunden. Schließt man das Teilnetzwerk nicht direkt sondern über sechs Impedanz-Konverter vom Typ $sK_0:1$ an das restliche Netzwerk an, so werden aus den sechs Induktivitäten L_1 bis L_6 Widerstände vom Wert L_1/K_0 bis L_6/K_0. Bild 8.11b zeigt die spulenfreie Realisierung.

Bild 8.12 zeigt eine weitere Anwendung der Immittanztransformation mit verallgemeinerten Impedanz-Konvertern. Das RLC-Netzwerk in Bild 8.12a ist in drei Teilnetzwerke zerlegt, von denen eines nur Widerstände (R_i) enthält, eines nur Kapazitäten (C_i) und eines nur Induktivitäten (L_i). Durch Zwischenschalten geeigneter Impedanz-Konverter können, wie in Bild 8.12b gezeigt, alle drei Teilnetzwerke allein mit Widerständen realisiert werden. Das transformierte Kapazitätsnetzwerk mit den Widerständen R_{Ci} wirkt im benachbarten Induktivitätsnetzwerk wegen der

a)

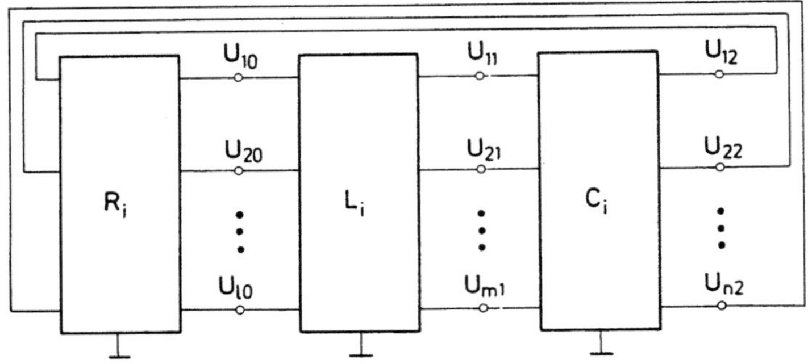

b)

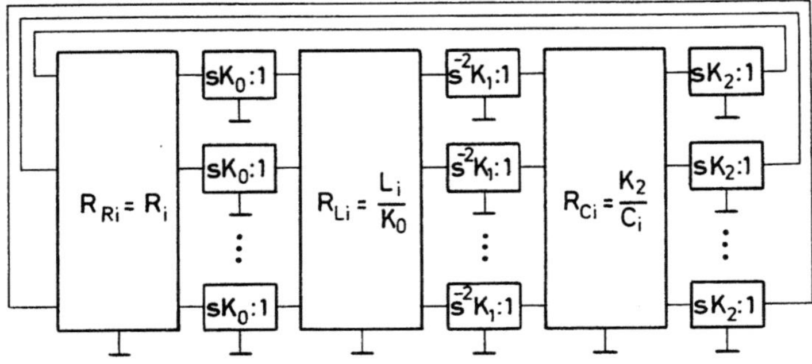

c)

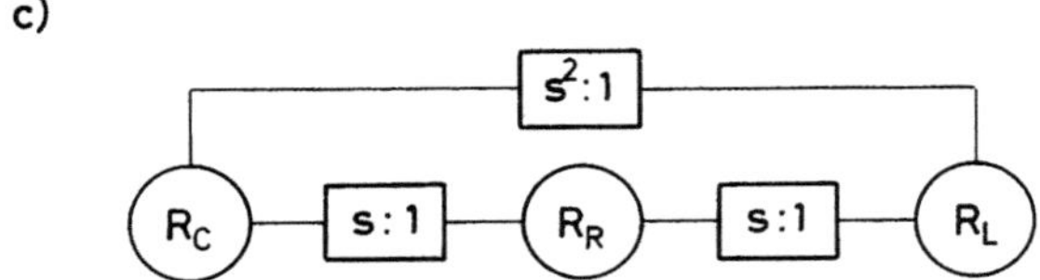

Bild 8.12. Umwandlung eines RLC-Netzwerkes (a) in immittanztransformierte Wider-
standsnetzwerke (b) und symbolische Darstellung dazu (c)

dazwischenliegenden Konverter vom Typ $s^{-2}K_1:1$ wie ein Netzwerk aus FDNC mit der
Impedanz

$$Z(s) = s^{-2}K_1R_{Ci} = 1/s^2D_{Ci} \quad , \quad D_{Ci} = 1/K_1R_{Ci} \quad . \tag{8.18}$$

Das transformierte Induktivitätsnetzwerk wirkt auf das benachbarte Widerstandsnetzwerk wie ein Netzwerk aus Induktivitäten mit der Impedanz

$$Z(s) = sK_0R_{Li} = sL_i \quad , \quad L_i = K_0R_{Li} \quad . \tag{8.19}$$

Zudem wirken die angeschlossenen FDNC auf das Widerstandsnetzwerk wie Kapazitäten mit der Impedanz

$$Z(s) = sK_0/s^2 D_{Ci} = 1/sC_i \quad , \quad C_i = 1/K_0 K_1 R_{Ci} \quad . \tag{8.20}$$

Andererseits ist das transformierte Kapazitätsnetzwerk über Konverter vom Typ $sK_2{:}1$ direkt mit dem Widerstandsnetzwerk verbunden, so daß die Widerstände R_{Ci} auf das Widerstandsnetzwerk wie Kapazitäten mit der Impedanz

$$Z(s) = R_{Ci}/sK_2 = 1/sC_i \quad , \quad C_i = K_2/R_{Ci} \tag{8.21}$$

wirken. Die Gl.(8.20) und (8.21) gelten widerspruchsfrei, wenn dafür gesorgt wird, daß die Beziehung

$$K_0 K_1 K_2 = 1 \tag{8.22}$$

erfüllt ist.

Die Beschreibung der transformierten Teilnetzwerke in (8.18 - 8.21) war auf das Widerstandsnetzwerk mit den Widerständen R_{Ri} bezogen. In gleicher Weise kann man sich auf eines der beiden anderen Teilnetzwerke beziehen. Gl.(8.22) muß allerdings immer gelten.

Die Gleichungen (8.19) und (8.21) stellen gleichzeitig Dimensionierungsvorschriften für die Widerstände der transformierten Teilnetzwerke dar. Diese Beziehungen nach R_{Li} bzw. R_{Ci} aufgelöst sind in Bild 8.12b eingetragen.

Durch die in Bild 8.12 dargestellte Immittanztransformation können die genauen Werte von Induktivitäten und Kapazitäten durch die Realisierung genauer Widerstandswerte simuliert werden. Kapazitäten kommen nur in den Konvertern vor und können frei gewählt werden, beispielsweise alle gleich groß. Die Transformation ist dann besonders günstig, wenn die drei Teilnetzwerke an wenig Klemmen miteinander verbunden sind, da dann nur eine kleine Zahl von Konvertern benötigt wird.

Beispiel 8.6

Bild 8.13a zeigt die Schaltung eines Cauer-Tiefpasses 5. Ordnung, so wie sie einem Schaltungskatalog entnommen werden kann. Durch eine TP-BP-Transformation gelangt man zu dem Bandpaß 10. Ordnung in Bild 8.13b. Dabei werden die Parallel-LC-Kreise im Tiefpaß nicht in Parallelschaltungen von einem Reihen- und einem Parallelkreis transformiert, sondern in eine äquivalente Schaltung aus zwei in Serie geschalteten Parallelkreisen [8.3]. In Bild 8.13c sind die Induktivitäten dieses Netzwerkes zu einem Teilnetzwerk zusammengefaßt und mit Hilfe von fünf Impedanz-Konvertern vom Typ s:1 in einem Widerstandsnetzwerk simuliert. In einem letzten Schritt wird das gesamte Reaktanznetzwerk noch einmal impedanztransformiert und über Konverter vom Typ s:1 nach außen (r_1, r_{16}) angeschlossen. Aus den Kapazitäten werden dadurch Widerstände, die Konverter zum induktiven Simulationsnetzwerk hin werden in den Typ $s^2{:}1$ umgewandelt.

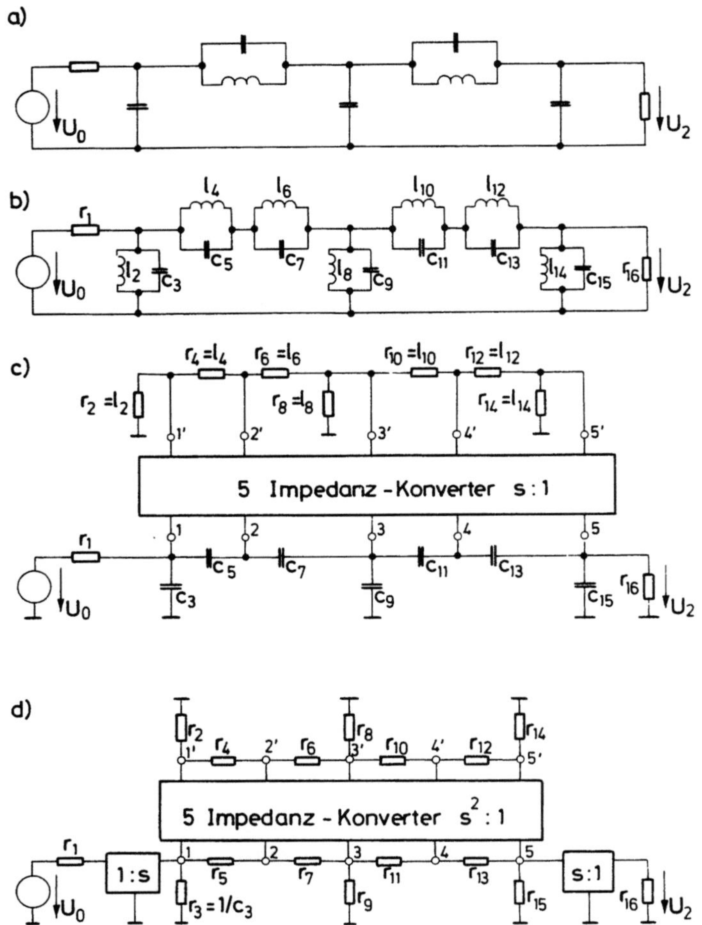

Bild 8.13. Cauer-Bandpaß 10. Ordnung: zugrundeliegende Tiefpaßschaltung (a), TP-BP-Transformation (b), Simulation der Induktivitäten (c) und Simulation von Induktivitäten und Kapazitäten (d)

Die normierten Konversionsfaktoren $k_2 = K_2/K_{2n}$ und $k_1 = K_1/K_{2n}$, siehe (7.46) und (7.50), sind zu Eins gewählt worden. Die normierten Widerstände im induktiven Simulationsnetzwerk lauten daher nach (8.19) $r_{Li} = l_i$ und die im kapazitiven Simulationsnetzwerk nach (8.21) $r_{Ci} = 1/C_i$.

Für die im vorliegenden Abschnitt genannten Immittanztransformationen mit Hilfe von Impedanz-Konvertern gilt prinzipiell das gleiche wie für die Realisierung einer erdfreien Induktivität nach Bild 8.4: Die Konverter müssen untereinander exakt gleich sein. Das gilt beispielsweise für die beiden Konverter zur Simulation der Induktivität L_1 in Bild 8.11. Treten jedoch erdfreie Induktivitäten zusammen mit geerdeten Induktivitäten auf, so stören die parasitären Induktivitäten im allgemeinen nicht mehr als die sonstigen Bauelementefehler. Die Genauigkeit der Konverterbauelemente kann dann im Rahmen der übrigen Elemente liegen. Zur Erzeugung möglichst vieler Querinduktivitäten in Abzweigschaltungen läßt sich mit Erfolg die Norton-Transformation [8.4] anwenden. So läßt sich beispielsweise zeigen [8.7], daß Bandpässe mit Nullstellen nur im Ursprung und im Unendlichen durch Kettenschaltung von rein induktiven und rein kapazitiven π-Gliedern verwirklicht werden können.

Im Gegensatz zur Simulation mit FDNR und FDNC kann bei der Simulation mit verallgemeinerten Impedanz-Konvertern erreicht werden, daß sich das simulierte Filter nach außen hin in "Original-Impedanzlage" befindet. Das wird beispielsweise beim Vergleich von Bild 8.6b und Bild 8.13d deutlich. Für reine Spannungs- und Stromübertragungsfunktionen besteht diesbezüglich kein Vorteil bei der einen oder anderen Simulationsmethode. Sind jedoch Forderungen an die Torimpedanzen gestellt, oder sollen Transimpedanzen und -admittanzen realisiert werden, dann ist die Simulationsmethode mit Impedanz-Konvertern vorteilhafter.

Die Flexibilität bei der Schaltungsauswahl kann dadurch erhöht werden, daß man beide Simulationsmethoden miteinander kombiniert. Dabei werden in den Teilnetzwerken, die durch Impedanz-Konverter miteinander verknüpft sind, außer Widerständen noch geerdete FDNC und/oder FDNR verwendet. Diese zusätzliche Freiheit kann zur Minimierung der Anzahl der Operationsverstärker oder der Anzahl der Kapazitäten ausgenutzt werden.

Beispiel 8.7

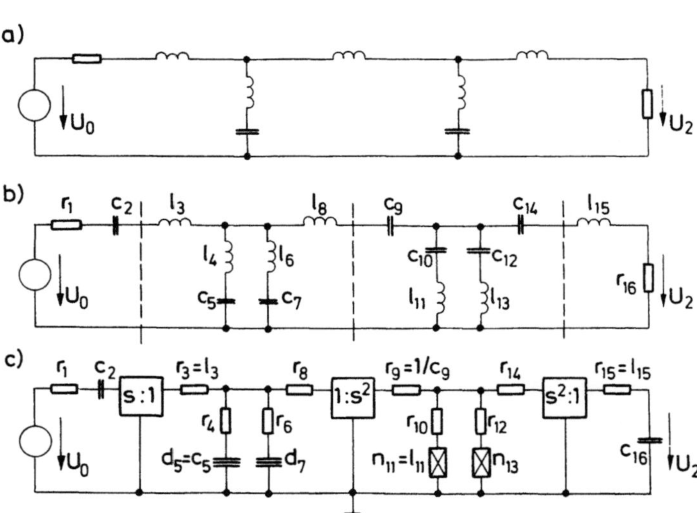

Bild 8.14. Cauer-Bandpaß 10. Ordnung: zugrundeliegende Tiefpaßschaltung (a), TP-BP-Transformation (b) und Simulationsschaltung mit Impedanz-Konvertern, FDNC und FDNR (c)

174

Bild 8.14 deutet eine Transformation an, bei der sowohl Impedanz-Konverter als
auch FDNC und FDNR verwendet werden. Nach der TP-BP-Transformation, bei der die
TP-Serienkreise in Parallelschaltungen von Serienkreisen übergehen [8.3], wird
das Netzwerk in überwiegend induktive und überwiegend kapazitive Teile zerlegt.
Die Kapazitäten im induktiven Teil werden mit FDNC simuliert, die Induktivitäten
im kapazitiven Teil mit FDNR.

8.4 Zusammenfassung

Spulenfreie aktive Filter können in Form von RLC-Netzwerken realisiert werden,
in denen Teile der Schaltung durch aktive Netzwerke simuliert werden. Zu dieser
Klasse von simulierten Filtern gehören die Gyrator-C-Filter, in denen alle Spulen
des Netzwerkes durch Gyratoren ersetzt werden, die ausgangsseitig mit einer Kapazität abgeschlossen sind. Diese Simulationstechnik ist besonders für geerdete Induktivitäten geeignet. Dagegen ist die Simulation erdfreier Induktivitäten schwie-
rig und aufwendig.

Bei der Simulation mit FDNC und FDNR können erdfreie Induktivitäten weitgehend
vermieden werden. Dazu wird das gesamte Netzwerk durch eine Immittanztransformation so umgeformt, daß aus den erdfreien Induktivitäten Widerstände werden, und
daß die Simulationselemente FDNC und FDNR nur in geerdeter Schaltung vorkommen.
Durch eine Erweiterung der Frequenztransformation auf FDNC und FDNR können auch
immittanztransformierte Simulationsschaltungen direkt TP-BP-transformiert werden.
Die somit erhaltenen Bandpaß-Filter bestehen im wesentlichen wieder aus Widerständen und geerdeten FDNC und FDNR.

Im Gegensatz zur elementweisen Immittanztransformation können ganze Netzwerke
immittanztransformiert werden, indem in alle Tore nach außen hin verallgemeinerte
Impedanz-Konverter eingefügt werden. Mit Hilfe von Impedanz-Konvertern vom Typ
$sK_0:1$ wirkt beispielsweise ein Widerstandsnetzwerk nach außen hin wie ein Induktivitätsnetzwerk. Zerlegt man ein RLC-Netzwerk in drei Teilnetzwerke, von denen eines
nur Widerstände enthält, eines nur Kapazitäten und eines nur Induktivitäten, so
können die drei Teilnetzwerke mit Widerstandsnetzwerken simuliert werden, die untereinander über Impedanz-Konvertern verbunden sind. In dieser Simulationstechnik
treten Kapazitäten nur in den Impedanz-Konvertern auf. Ihre Werte sind frei wählbar.

Kombiniert man die Simulationsmethode mit FDNC und FDNR mit der Simulationsmethode mit Impedanz-Konvertern, so erhält man eine hohe Flexibilität bei der Schaltungsauswahl, die dazu genutzt werden kann, die Anzahl der Operationsverstärker
und die Anzahl der Kapazitäten zu minimieren.

9. Aktive Filter in Stufentechnik

Aktive Filter in *Stufentechnik* stellen eine Alternative zu den simulierten RLC-
Filtern dar. Sie werden als Kettenschaltung von Filtern erster und zweiter Ordnung aufgebaut. Solche Filter lassen sich leicht überprüfen und abgleichen, da
zwischen der Übertragungsfunktion und den Bauelementen ein einfacher und durch-
sichtiger Zusammenhang besteht. Dieser einfache Zusammenhang hat allerdings auch
zur Folge, daß die Empfindlichkeiten gegenüber den Bauelementen im allgemeinen
höher sind als die der RLC-Filter.

Das vorliegende Kapitel beschäftigt sich mit den Fragen, die im Zusammenhang
mit der Stufentechnik auftreten. Die wesentlichen Bausteine der aktiven Filter
in Stufentechnik, die verschiedenen *Filterstufen* zweiter Ordnung, werden dann in
den folgenden Kapiteln behandelt.

9.1 Zerlegung der Übertragungsfunktion

Ausgangspunkt der Filter in Stufentechnik ist die Zerlegung der zu realisierenden
Übertragungsfunktion H(s) in das Produkt von p Teilübertragungsfunktionen $H_\nu(s)$
erster oder zweiter Ordnung:

$$H(s) = \prod_{\nu=1}^{p} H_\nu(s) \tag{9.1}$$

mit

$$H_\nu(s) = \frac{a_2' s^2 + a_1' s + a_0'}{b_2' s^2 + b_1' s + b_0'} \ . \tag{9.2}$$

Jede der Teilübertragungsfunktionen $H_\nu(s)$ wird durch ein Zweitor (eine Filterstufe)
mit der speziellen Kettenmatrix

$$A_\nu = \begin{bmatrix} 1/H_\nu(s) & 0 \\ A_{21} & 0 \end{bmatrix} \tag{9.3}$$

176

realisiert. Bei der Kettenschaltung aller Filterstufen werden deren Kettenmatrizen miteinander multipliziert. Da nur die Matrixelemente $A_{11}=1/H_\nu(s)$ und A_{21} von
Null verschieden sind, erhält man wieder eine Kettenmatrix vom gleichen Typ mit
$A_{11}=1/H(s)$ und $H(s)$ nach (9.1). Die Übertragungsfunktion wird gewissermaßen durch
die Kettenschaltung von Spannungsverstärkern mit endlicher Eingangsimpedanz realisiert, die einen Verstärkungsfaktor $v=H_\nu(s)$ besitzen, siehe Bild 9.1.

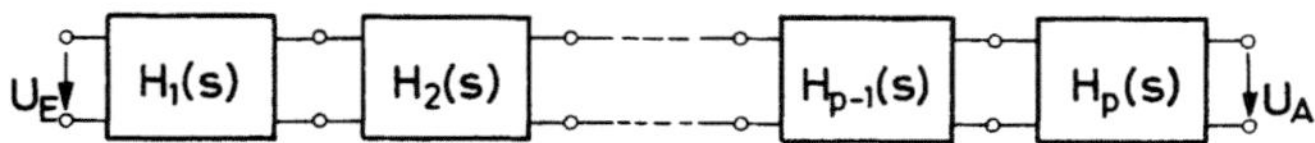

<u>Bild 9.1.</u> Realisierung einer Spannungsübertragungsfunktion $H(s)=U_A/U_E$ in Stufen-
technik

Reelle Pole und Nullstellen der Übertragungsfunktion $H(s)$ lassen sich zu Teilübertragungsfunktionen $H_\nu(s)$ erster Ordnung zusammenfassen. Hierbei haben die Koeffizienten a_2' und b_2' in (9.2) den Wert Null. Hat die Übertragungsfunktion mehrere
reelle Pole, so ist es in der Regel nicht zweckmäßig, jeden Pol in einer getrenn-
ten Filterstufe zu realisieren. Vielmehr können alle reellen Pole durch ein passi-
ves RC-Netzwerk verwirklicht werden, dem ein Trennverstärker nachgeschaltet ist.
In diesem Netzwerk können gleichzeitig reelle und komplexe Nullstellen der Übertragungsfunktion realisiert werden [8.2].
Häufig geht man beim Filterentwurf gar nicht von der Übertragungsfunktion $H(s)$
aus, sondern von deren Polen und Nullstellen. In diesen Fällen braucht die Zerlegung nach (9.1) nicht durchgeführt zu werden. Bei Butterworth-, Tschebyscheff-
oder Cauer-Approximationen beispielsweise errechnet man sich aus den vorgegebenen
Forderungen primär die Pole und Nullstellen oder entnimmt sie einem Filterkatalog
[9.1, 8.4]. Jedem Polpaar wird dann gegebenenfalls zusammen mit einer und zwei
Nullstellen eine Filterstufe zugeordnet.
Bei der Stufentechnik verwirklicht man primär die Pole und Nullstellen der
Übertragungsfunktion. Das Produkt der Konstanten K_ν der Teilübertragungsfunktionen,
siehe (1.47), stimmt dann meist nicht mit der geforderten Konstanten K der Gesamtübertragungsfunktion überein, siehe (1.13). Überdies ist die Konstante K oft
nicht direkt gegeben, sondern indirekt durch die *Durchlaßdämpfung (Grunddämpfung)*
eines Filters. In solch einem Fall errechnet man sich die nötige Konstante K für
die geforderte Durchlaßdämpfung und vergleicht sie mit der realisierten Konstanten, dem Produkt der K_ν aller Filterstufen. Aus dem Vergleich ergibt sich ein
Korrekturfaktor, der durch einen Vor-, Zwischen- oder Nachverstärker realisiert
wird.

Beispiel 9.1

Ein normierter ⁻schebyscheff-Bandpaß 4. Ordnung mit 0,5 dB Dämpfungsschwankung im Durchlaßbereich, einer Mittenfrequenz $\omega=1$ und einer relativen Bandbreite $b=0,1$ hat nach [8.2] und Abschnitt 1.5 eine Übertragungsfunktion

$$H(s) = K \cdot \frac{s}{s^2 + d_{\infty 1}|s_{\infty 1}|s + |s_{\infty 1}|^2} \cdot \frac{s}{s^2 + d_{\infty 2}|s_{\infty 2}|s + |s_{\infty 2}|^2} \qquad (9.4a)$$

mit

$$d_{\infty 1} = d_{\infty 2} = 0,071191 \qquad (9.4b)$$

und

$$|s_{\infty 1}| = 1/|s_{\infty 2}| = 1,051495 \quad . \qquad (9.4c)$$

Gefordert sei bei der Mittenfrequenz $\omega=1$ eine Durchlaßdämpfung von $a_D=0$ dB bzw. $|H(j1)|=1$. Die Ausrechnung von (9.4) zeigt, daß für $K=1$

$$|H(j1)|\Big|_{K=1} = 65,954 \qquad (9.5)$$

gilt. Zur Einhaltung der geforderten Durchlaßdämpfung ist daher eine Konstante

$$K_{soll} = 1/|H(j1)| = 0,015162 \qquad (9.6)$$

nötig. Verwendet man Filterstufen mit einer Übertragungsfunktion

$$H_\nu(s) = \frac{K_\nu s}{s^2 + d_{\infty\nu}|s_{\infty\nu}|s + |s_{\infty\nu}|^2} \quad , \quad K_\nu = 2d_{\infty\nu}|s_{\infty\nu}| \quad , \qquad (9.7)$$

siehe Abschnitt 11.3, so wird damit eine Konstante

$$K_{ist} = K_1 K_2 = 4d_{\infty 1}d_{\infty 2}|s_{\infty 1}||s_{\infty 2}|$$

$$= 4d_{\infty 1}^2 = 0,020273 \qquad (9.8)$$

verwirklicht. Da das Ergebnis in (9.8) nicht mit dem in (9.6) übereinstimmt, ist ein zusätzlicher Verstärker, z.B. ein Vorverstärker, mit dem Verstärkungsfaktor

$$v = K_{soll}/K_{ist} = 0,747896 \qquad (9.9)$$

nötig.

9.2 Dynamik

Die Zerlegung einer Übertragungsfunktion in Teilübertragungsfunktionen erster und
zweiter Ordnung und ihre Darstellung als Kettenschaltung von Filterstufen ist
nicht eindeutig. Einmal können die Pole und Nullstellen auf verschiedene Weisen
einander zugeordnet werden. Zum anderen können die Filterstufen in verschiedener
Reihenfolge angeordnet werden. Darüberhinaus können bei einigen Filterschaltungen
erster und zweiter Ordnung die Konstanten K_i frei gewählt werden.

Ideale lineare Netzwerke zeigen unabhängig von der gewählten Zerlegung immer
das gleiche Übertragungsverhalten vom Eingangstor zum Ausgangstor. In praktischen
Filterschaltungen jedoch hat die Zerlegung wegen des Rauschens und wegen der Begrenzung der Ausgangsspannung der Operationsverstärker einen entscheidenden Einfluß auf die *Dynamik* des Filters. Unter der Dynamik soll grob das Verhältnis der
maximalen Ausgangsspannung des Filters, ohne Übersteuerung eines Verstärkers, und
der Ausgangsrausch(stör)spannung bei nicht ausgesteuertem Filter verstanden werden. Geht man davon aus, daß der Durchlaßbereich eines Filters gleichmäßig ausgesteuert ist (z.B. durch weißes Rauschen), so ist dafür zu sorgen, daß die maximal auftretende Ausgangsspannung eines jeden Operationsverstärkers die Übersteuerungsgrenze nicht überschreitet, und daß die minimal auftretenden Spannungen im
Durchlaßbereich, zumindest an den Ausgängen der Filterstufen, möglichst groß sind.
Da verschiedene Zerlegungen verschiedene (Zwischen-) Spannungen an den Ausgängen
der Filterstufen zur Folge haben, hängt die Dynamik des Filters stark von der gewählten Zerlegung ab.

In [9.2 - 3] findet man allgemeine Lösungswege für dieses Problem. Im Falle
von Standardapproximationen (Butterworth-, Bessel-, Tschebyscheff-Filter etc.)
läßt sich meist mit Plausibilitätsbetrachtungen eine im Sinne der Dynamik optimale
Zerlegung finden. In der Regel paßt man den Eingangs- und Ausgangspegel durch Vor-
und Nachverstärker (bzw. Abschwächer) an die Aussteuerungsfähigkeit des Filters
an und ordnet die Filterstufen mit steigender Güte an. In der ersten Stufe wird
das Polpaar mit der niedrigsten Güte realisiert, in der nächsten Stufe das mit
der nächsthöheren Polgüte usw.

Beispiel 9.2

Ein Tschebyscheff-Tiefpaß 5. Ordnung mit 0,5 dB Dämpfungsschwankung im Durchlaßbereich soll mit Sinussignalen ausgesteuert werden, deren Effektivwerte im gesamten Durchlaßbereich nicht größer als 1 V sind. Die Dämpfung bei der Frequenz $\omega=0$
soll 0 dB betragen. Es stehen Operationsverstärker mit einer maximalen Ausgangsspannung von $\pm$12 V (Spitzenwert) zur Verfügung. Die Operationsverstärkerausgänge
sollen identisch mit den Ausgängen der Filterstufen sein (siehe Kapitel 10). Da
die Nullstellen des Tiefpasses allesamt im Unendlichen liegen, besteht hier allein
die Aufgabe, eine günstige Reihenfolge für die drei Filterstufen zu finden.

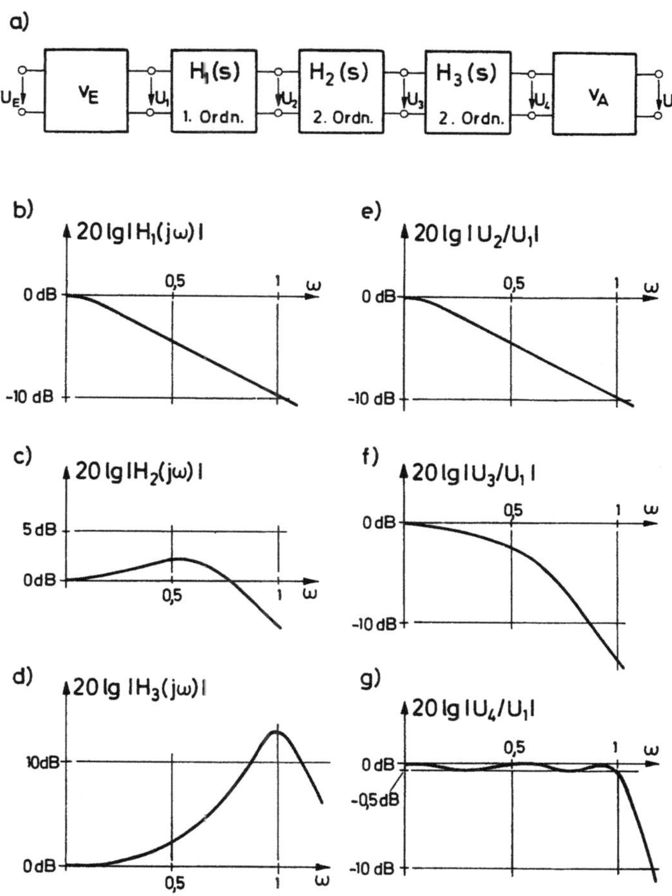

Bild 9.2. Tschebyscheff-Tiefpaß 5. Ordnung in Stufenschaltung: Blockschaltbild (a)
und verschiedene Teilübertragungsfunktionen (b-g)

Bild 9.2a zeigt das Blockschaltbild des Stufenfilters. Die drei Filterstufen
sind zwischen einem Eingangsverstärker v_E und einem Ausgangsverstärker v_A eingebettet. In Bild 9.2b-d sind die Übertragungsfunktionen der drei Filterstufen dem
Betrage nach aufgetragen. Dabei wird der Einfachheit halber angenommen, daß sich
die Konstanten K_i jeder Stufe so wählen lassen, daß die Gleichspannungsdämpfung
bei jeder Stufe 0 dB beträgt. In Bild 9.2e-g sind die Ausgangspegel der drei Stufen bezogen auf den Pegel am Eingang der ersten Stufe aufgetragen. Da in der ersten
Stufe der reelle Pol, in der zweiten Stufe das Polpaar mit der niedrigeren Güte
und in der dritten Stufe das Polpaar mit der höheren Güte realisiert sind, über-
steigen die drei Ausgangspegel bei keiner Frequenz den Wert 0 dB. Dieser Wert kann
daher mit der maximalen Aussteuerung identifiziert werden.

Bei Sinussignalen darf der Effektivwert maximal $12/\sqrt{2}$ V=8.485 V betragen. Da die maximale Eingangsspannung 1 V beträgt, wird die Eingangsverstärkung zu v_E=8,485 gewählt (oder ein etwas kleinerer glatter Zahlenwert) und die Ausgangsverstärkung zu v_A=1/v_E=0,1179.

Lassen sich die Gleichspannungsdämpfungen (Grunddämpfungen) der Filterstufen nicht genau auf 0 dB einstellen, so muß durch eine entsprechende Wahl von v_E und v_A dafür gesorgt werden, daß der an den verschiedenen Stufen maximal auftretende Gleichspannungspegel die Übersteuerungsgrenze gerade nicht überschreitet. In diesem Fall sind eine oder zwei Stufen nicht optimal ausgesteuert.

Die Zuordnung der Nullstellen und die Reihenfolge der Stufen hat nicht nur Einfluß auf die maximal mögliche Aussteuerung des Filters, sondern auch auf das Rauschen. Besteht ein Filter sowohl aus Hochpaßstufen als auch aus Tiefpaß- oder Bandpaßstufen, so ist als letzte Stufe nach Möglichkeit ein Tiefpaß oder Bandpaß zu setzen, der dann eine Bandbegrenzung für das in den vorhergehenden Stufen erzeugte Rauschen darstellt. In manchen Anwendungen kann mit einer Tiefpaß- oder Bandpaßstufe am Eingang vermieden werden, daß bei sprungförmigen Eingangssignalen die maximale Slewrate der Operationsverstärker überschritten wird.

9.3 Filterstufen erster Ordnung

Einzelne reelle Pole oder Nullstellen können mit der in Bild 9.3 gezeigten Filterstufe erzeugt werden. Sie entsteht aus dem invertierenden Verstärker nach Bild 4.4, indem die Widerstände R_0 und R_1 durch Parallelschaltungen von Widerständen

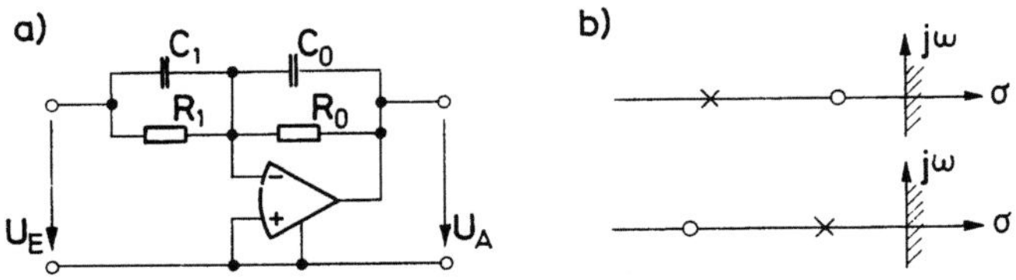

<u>Bild 9.3.</u> Filterstufe 1. Ordnung (a) und mögliche Pol-Nullstellenpläne dazu (b)

und Kondensatoren ersetzt werden. Sinngemäß erhält man aus (4.6) die Übertragungsfunktion

$$H(s) = \frac{U_A}{U_E} = - \frac{Z_0}{Z_1} = H_0 \frac{1 + sT_{11}}{1 + sT_{00}} \qquad (9.10)$$

mit

$$H_0 = -R_0/R_1 \quad , \quad T_{00} = R_0C_0 \quad , \quad T_{11} = R_1C_1 \quad . \tag{9.11}$$

Die reelle Nullstelle $s_0 = -1/T_{11}$ liegt stets auf der negativen σ-Achse *(minimalphasiges Netzwerk)*, ebenso der reelle Pol $s_\infty = -1/T_{00}$. Pol und Nullstelle sind völlig getrennt voneinander einstellbar.

In einigen Standardapproximationen, wie beispielsweise in Butterworth-, Tschebyscheff- oder Bessel-Filtern, mit ungeradzahliger Ordnung muß ein einziger reeller Pol realisiert werden. Verwendet man eingangsseitig einen invertierenden Verstärker, so kann das durch Hinzunahme einer Kapazität C_0 nach Bild 9.3 erreicht werden. Der Vorverstärker v_E in Bild 9.2a und die erste Filterstufe mit der Teilübertragungsfunktion $H_1(s)$ fallen dann zusammen.

Sonderfälle der Filterstufe in Bild 9.3 sind der ideale *Integrierer* und der ideale *Differenzierer*, siehe Bild 9.4. Der Integrierer hat mit $C_1 = 0$ und $R_0 \to \infty$

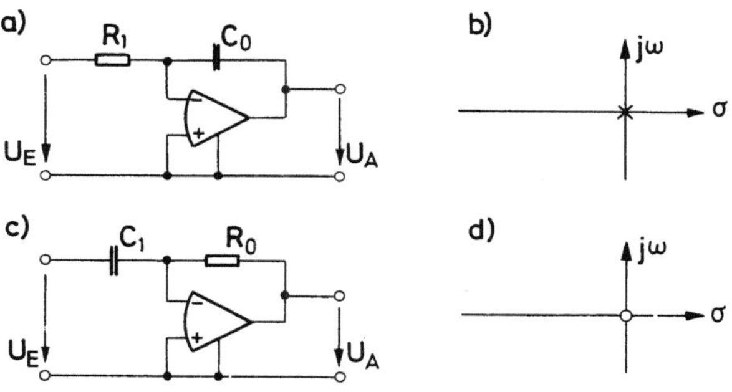

Bild 9.4. Idealer Integrierer (a) mit Pol- Nullstellenplan (b) und idealer Differenzierer (c) mit Pol- Nullstellenplan (d)

nach (9.10 - 11) die Übertragungsfunktion

$$H(s) = -1/sT_{01} \quad , \quad T_{01} = C_0R_1 \quad . \tag{9.12}$$

Transformiert man (9.12) in den Zeitbereich [z.B. 1.1], so sieht man, daß die Ausgangsspannung $u_A(t)$ das mit $-1/T_{01}$ gewichtete Integral der Eingangsspannung $u_E(t)$ darstellt.

Das Gegenstück dazu ist der Differenzierer in Bild 9.4c mit der Übertragungsfunktion

$$H(s) = -sT_{10} \quad , \quad T_{10} = C_1T_0 \quad . \tag{9.13}$$

Es läßt sich zeigen [z.B. 1.2], daß die Differenziererschaltung in Bild 9.4c bereits mit einem Einpol-Operationsverstärker nach (6.47) keine Phasenreserve ϕ_r mehr hat, d.h. an die Stabilitätsgrenze kommt. In praktischen Aufbauten ist diese

Schaltung stets instabil. Man kommt aber durch Hinzunahme eines Widerstandes R_1 in Reihe mit der Kapazität C_1 zu einer stabilen Schaltung [1.2]. Die Eigenschaft des Differenzierens wird dann allerdings durch die Zeitkonstante $T_{11}=R_1C_1$ nach hohen Frequenzen hin begrenzt.

Ebenso wie den invertierenden Verstärker kann man auch den nichtinvertierenden Verstärker nach Bild 4.7b durch Hinzunahme von Kapazitäten zu einer Filterstufe 1. Ordnung ausbauen, siehe Bild 9.5. Diese Schaltung hat gegenüber der in Bild 9.3a

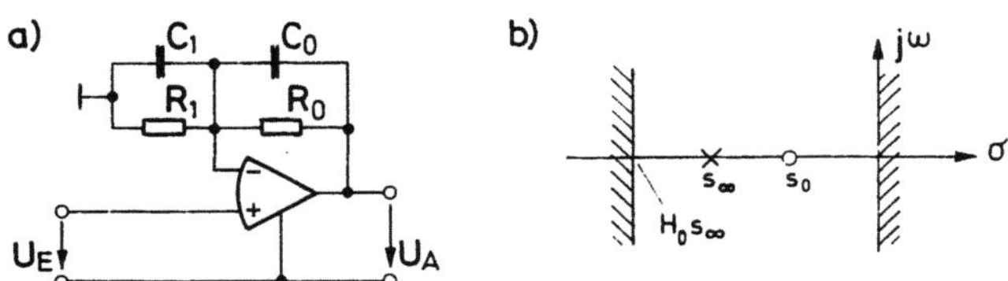

Bild 9.5. Filterstufe erster Ordnung mit hohem Eingangswiderstand (a) und Pol-Nullstellenplan dazu (b) (schraffiert die Grenzen der Nullstelle)

den Vorteil des hohen Eingangswiderstandes. Von Nachteil kann die Verknüpfung des Poles mit der Nullstelle sein. Aus (4.13) erhält man sinngemäß die Übertragungsfunktion

$$H(s) = \frac{U_A}{U_E} = H_0 \frac{1 + sT_x}{1 + sT_{00}} \tag{9.14}$$

mit

$$H_0 = 1 + \frac{R_0}{R_1} \quad , \quad T_{00} = R_0C_0 \quad , \quad T_x = (C_0 + C_1)\frac{R_0R_1}{R_0 + R_1} \quad . \tag{9.15}$$

Aus (9.14 - 15) folgen

$$s_\infty = - \frac{1}{T_{00}}$$

und

$$s_0 = - \frac{1}{T_x} = s_\infty H_0 \frac{C_0}{C_0 + C_1} \quad . \tag{9.16}$$

Die Nullstelle läßt sich mit C_1 einstellen, ohne den Pol zu verändern. Das ist allerdings nur in bestimmten Grenzen möglich, siehe Bild 9.5b.

Bild 9.6a zeigt eine *Allpaßschaltung erster Ordnung*. Ihr liegt die Spannungsverstärkerschaltung in Bild 4.2 zugrunde. Schaltet man beide Eingangsklemmen zusammen ($U_{E1}=U_{E2}=U_E$), so erhält man mit $R_1=R_0$, R_2 und $Z_3=1/sC_3$ statt R_3 aus (4.5)

$$H(s) = \frac{1 - sT_{32}}{1 + sT_{32}} \quad , \quad T_{32} = C_3 R_2 \quad . \tag{9.17}$$

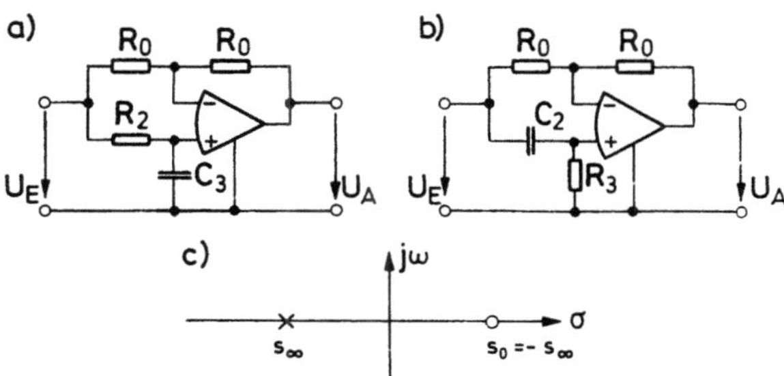

Bild 9.6. Allpaßschaltungen erster Ordnung (a und b) und gemeinsamer Pol- Nullstellenplan (c)

Die Übertragungsfunktion der Allpaßschaltung in Bild 9.6b unterscheidet sich nur im Vorzeichen:

$$H(s) = - \frac{1 - sT_{23}}{1 + sT_{23}} \quad , \quad T_{23} = C_2 R_3 \quad . \tag{9.18}$$

Allen Filterstufen in Bild 9.3 bis Bild 9.6 ist gemeinsam, daß der verwendete Operationsverstärker jeweils den Ausgang bildet. Wegen des verschwindenden Ausgangswiderstandes hängt die Ausgangsspannung nicht von dem (in eine ausgangsseitige Lastimpedanz fließenden) Ausgangsstrom ab, sondern allein von der Eingangsspannung bzw. dem Eingangsstrom. Die Schaltungen haben daher die in (9.3) gezeigte Form der Kettenmatrix.

9.4 Abgleich

In vielen Anwendungsfällen ist es nötig, ein Filter nach der Fertigstellung *abzugleichen*, d.h. die Filterparameter so zu korrigieren, daß die Filtereigenschaften mit den gewünschten Eigenschaften übereinstimmen. Da die Filterstufen in ihrer Wirkung untereinander entkoppelt sind, können sie unabhängig voneinander abgeglichen werden. Voraussetzung ist allerdings, daß man Zugriff zu den einzelnen Filterstufen hat.

Der Abgleich einer Filterstufe erfolgt in zwei Schritten. Im ersten Schritt werden durch Messungen an der Filterstufe die tatsächlich realisierten Parameter (Ist-Parameter) ermittelt. Durch einen Vergleich mit den gewünschten Parametern (Soll-Parameter) erhält man die aktuellen Parameterabweichungen. In einem zweiten Schritt wird durch einen gezielten Eingriff in die Schaltung (Änderung von Widerstands- und/oder Kapazitätswerten) versucht, die Parameterabweichungen zu beseitigen. Die beiden Schritte sind gegebenenfalls einmal oder mehrmals zu wiederholen.

184

Im folgenden wird die Messung der Ist-Parameter behandelt. Die Möglichkeiten der gezielten Parameteränderung lassen sich aus den Dimensionierungsvorschriften der verschiedenen Filterstufen ableiten, die in den Kapiteln 10 bis 12 behandelt werden.

Die minimalphasige Übertragungsfunktion erster Ordnung

$$H(s) = H_0 \frac{1 + sT_1}{1 + sT_2} \qquad (9.19)$$

wird durch die drei Parameter H_0, T_1 und T_2 beschrieben. Um diese drei Parameter zu bestimmen, wird der Betrag der Übertragungsfunktion bei drei frei wählbaren Frequenzen f_1, f_2 und f_3 gemessen, siehe Bild 9.7:

$$|H(j\omega_\nu)|^2 = H_0^2 \frac{1 + \omega_\nu^2 T_1^2}{1 + \omega_\nu^2 T_2^2} \quad , \quad \omega_\nu = 2\pi f_\nu \quad , \quad \nu = 1,2,3 \quad . \qquad (9.20)$$

Durch Einsetzen der Meßwerte $H_\nu = |H(j2\pi f_\nu)|$ in (9.20) erhält man ein nichtlineares Gleichungssystem aus drei Gleichungen, das im folgenden nach den drei gesuchten Parametern aufgelöst wird. Nach dem Einsetzen der Meßwertpaare (f_ν, H_ν) werden

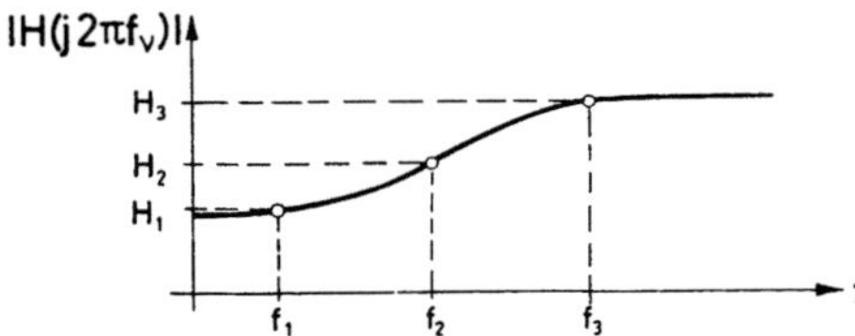

Bild 9.7. Zur Messung der Übertragungsfunktion

die drei Gleichungen nach T_1^2 aufgelöst:

$$T_1 = [H_\nu^2(1 + \omega_\nu^2 T_2^2)/H^2 - 1]/\omega_\nu^2 \quad . \qquad (9.21)$$

Durch Subtraktion von jeweils zwei Gleichungen erhält man zwei Gleichungen, in denen T_1^2 eliminiert ist. Im nächsten Schritt wird nach H_0^2 aufgelöst und H_0^2 durch Gleichsetzen eliminiert. Es bleibt eine Gleichung übrig, in der nur noch die Unbekannte T_2 auftritt. Diese Gleichung lautet nach T_2 aufgelöst:

$$T_2 = \sqrt{\frac{(\omega_2^2 - \omega_3^2)(\omega_2^2 H_1^2 - \omega_1^2 H_2^2) + (\omega_1^2 - \omega_2^2)(\omega_2^2 H_3^2 - \omega_3^2 H_2^2)}{(\omega_2^2 - \omega_1^2)\,\omega_2^2 \omega_3^2 (H_3^2 - H_2^2) + (\omega_3^2 - \omega_2^2)\,\omega_1^2 \omega_2^2 (H_1^2 - H_2^2)}} \quad . \qquad (9.22)$$

Setzt man dieses Ergebnis in eine der beiden nach H_0^2 aufgelösten Gleichungen ein, so läßt sich daraus H_0 bestimmen:

$$H_0 = \sqrt{\frac{\omega_2^2 H_1^2 (1 + \omega_1^2 T_2^2) - \omega_1^2 H_2^2 (1 + \omega_2^2 T_2^2)}{\omega_2^2 - \omega_1^2}} \quad . \tag{9.23}$$

Schließlich werden T_2 und H_0 in (9.21) eingesetzt und eine der drei Gleichungen nach T_1 aufgelöst:

$$T_1 = \frac{1}{\omega_1} \sqrt{H_1^2 (1 + \omega_1^2 T_2^2)/H_0^2 - 1} \quad . \tag{9.24}$$

Nach der meßtechnischen Ermittlung der sechs Werte ω_1, ω_2, ω_3, H_1, H_2 und H_3 werden diese in (9.22 - 24) eingesetzt und daraus nacheinander T_2, H_0 und T_1 berechnet.

Das genannte Verfahren läßt sich prinzipiell auch auf Übertragungsfunktionen höherer Ordnung anwenden, wird jedoch bereits bei der allgemeinen Übertragungsfunktion zweiter Ordnung mit fünf Parametern sehr komplex. Für die häufig verwendeten Funktionen

$$H(s) = K \frac{s^i}{s^2 + d_\infty |s_\infty| s + |s_\infty|^2} \quad , \quad i = 0,1,2 \quad , \tag{9.25}$$

(Tiefpaß, Bandpaß, Hochpaß zweiter Ordnung) lassen sich ähnliche Formeln angeben [9.4] wie die in (9.22 - 24).

Als Beispiel wird im folgenden die Tiefpaßfunktion

$$H(s) = H_0 \frac{|s_\infty|^2}{s^2 + d_\infty |s_\infty| s + |s_\infty|^2} \tag{9.26}$$

betrachtet. Ihr Betrag H_ν bei einer Frequenz $\omega_\nu = 2\pi f_\nu$ lautet

$$H_\nu = H_0 |s_\infty|^2 / \sqrt{(|s_\infty|^2 - \omega_\nu^2)^2 + d_\infty^2 |s_\infty|^2 \omega_\nu^2} \quad . \tag{9.27}$$

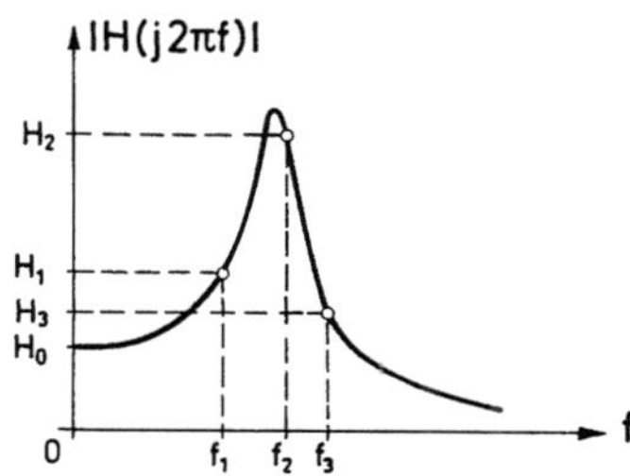

Bild 9.8. Betrag der Tiefpaßfunktion zweiter Ordnung

Bild (9.8) zeigt die Betragsfunktion des Tiefpasses, aus der bei drei frei wählbaren Frequenzen f_1, f_2 und f_3 meßtechnisch Proben entnommen werden. Die Wertepaare werden in (9.27) eingesetzt und das somit erhaltene Gleichungssystem der Reihe nach nach dem Polbetrag $|s_\infty|$, der Gleichspannungsverstärkung H_0 und dem Dämpfungsfaktor d_∞ aufgelöst. Das Ergebnis lautet [9.4]

$$|s_\infty| = \sqrt[4]{\frac{\alpha_{23}(\omega_1^2 - \omega_2^2) - \alpha_{12}(\omega_2^2 - \omega_3^2)}{\alpha_{12}(\frac{1}{\omega_2^2} - \frac{1}{\omega_3^2}) - \alpha_{23}(\frac{1}{\omega_1^2} - \frac{1}{\omega_2^2})}} \qquad (9.28)$$

mit

$$\alpha_{ij} = \frac{1}{H_i^2\omega_i^2} - \frac{1}{H_j^2\omega_j^2} \quad , \qquad (9.29)$$

$$H_0 = \sqrt{\frac{1}{\alpha_{12}}(\frac{1}{\omega_1^2} - \frac{1}{\omega_2^2}) + \frac{\omega_1^2 - \omega_2^2}{|s_\infty|^4\alpha_{12}}} \qquad (9.30)$$

und

$$d_\infty = \sqrt{\frac{H_0^2|s_\infty|^2}{H_1^2\omega_1^2} - \frac{(|s_\infty|^2 - \omega_1^2)^2}{|s_\infty|^2\omega_1^2}} \quad . \qquad (9.31)$$

Für den Bandpaß und für den Hochpaß lassen sich entsprechende Ausdrücke herleiten.

9.5 Zusammenfassung

Aktive Filter in Stufentechnik werden durch Kettenschaltung von Filterstufen erster und zweiter Ordnung realisiert, die in ihrer Wirkung untereinander entkoppelt sind. Die Übertragungsfunktionen der Filterstufen erhält man durch eine Zerlegung der Gesamtübertragungsfunktion in das Produkt von Teilübertragungsfunktionen erster und zweiter Ordnung. Häufig geht man beim Filterentwurf von den Polen und Nullstellen der Übertragungsfunktion aus und ordnet diese in geeigneter Weise den Filterstufen zu.

Die maximale Aussteuerbarkeit und damit auch die Dynamik des Filters hängen von der Art und Weise ab, wie die Pole und Nullstellen einander zugeordnet werden, und von der Reihenfolge der Filterstufen. Bei Filtern mit den bekannten Standardapproximationen ordnet man die Stufen vom Eingang zum Ausgang hin mit steigender Güte an. Darüberhinaus können die zu erwartenden Signalpegel durch Eingangs- und Ausgangsverstärker an die Aussteuerbarkeit des Filters angepaßt werden.

Filterstufen erster Ordnung lassen sich durch Hinzunahme von Kapazitäten aus dem invertierenden und nichtinvertierenden Verstärker ableiten. Sonderfälle sind der ideale Integrierer und der ideale Differenzierer. Allpässe erster Ordnung können aus einem Differenzverstärker abgeleitet werden.

Häufig ist es nötig, Filter nach der Fertigstellung abzugleichen. Bei den betrachteten Filtern können die Filterstufen getrennt voneinander abgeglichen werden.
Durch Messung der Filterstufe bei verschiedenen Frequenzen und Einsetzen der Meß-
werte in die Betragsfunktion erhält man ein Gleichungssystem, das nach den gesuchten Ist-Parametern aufgelöst wird. Durch einen Vergleich mit den gewünschten
Soll-Parametern erhält man die Parameterabweichungen, die dann durch einen gezielten Eingriff in die Schaltung beseitigt werden können.

10. Filterstufen mit einem Operationsverstärker

Die zuerst von Sallen und Key [10.1] vorgeschlagenen Netzwerke zweiter Ordnung
mit einem Verstärker gehören zu den gebräuchlichsten RC-aktiven Filterschaltungen.
Sie sind vor allem durch geringen schaltungstechnischen Aufwand und einem einfachen durchsichtigen Zusammenhang zwischen den Bauelementen und den Parametern
der Übertragungsfunktion gekennzeichnet.

10.1 Allgemeine Schaltung und Komplementärtransformation

10.1.1 Allgemeine Rückkopplungsanordnung

Bild 10.1 zeigt das den Sallen-Key-Schaltungen zugrunde liegende Blockschaltbild.
Es besteht aus einem RC-Dreitor und einem Spannungsverstärker, die zu einer Rückkopplungsanordnung zusammengeschaltet sind.

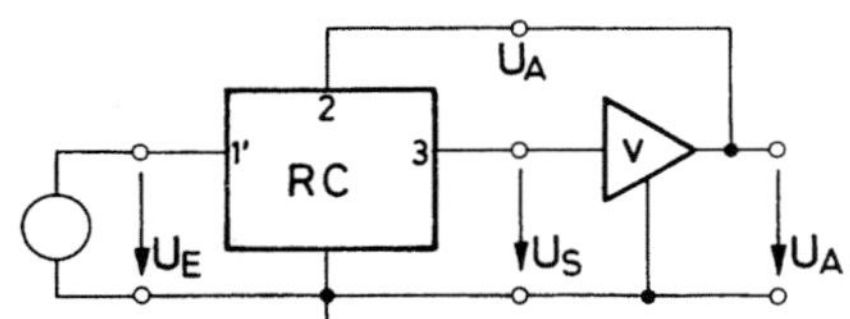

Bild 10.1. Allgemeine Rückkopplungsanordnung

Die Spannungsübertragungsfunktion $H(s)=U_A/U_E$ der gesamten Schaltung läßt sich
mit Hilfe der Eingangsübertragungsfunktion

$$H_E(s) = \left.\frac{U_S}{U_E}\right|_{U_A \equiv 0} = \frac{N_E(s)}{D_E(s)} \tag{10.1}$$

des RC-Dreitors, der Rückkopplungsübertragungsfunktion

$$H_R(s) = \left.\frac{U_S}{U_A}\right|_{U_E \equiv 0} = \frac{N_R(s)}{D_R(s)} \tag{10.2}$$

des RC-Dreitors und der Spannungsverstärkung

$$v = \frac{U_A}{U_S} \qquad (10.3)$$

ausdrücken. Für die in Bild 10.1 gezeigte Zusammenschaltung gilt

$$U_S = H_E(s) \cdot U_E + H_R(s) \cdot U_A \quad . \qquad (10.4)$$

Da die beiden in (10.1 - 2) am RC-Dreitor definierten Übertragungsfunktionen jeweils gleiche Abschlußimpedanzen vorsehen (Klemmen 1' und 2 gegenüber Masse kurzgeschlossen, Klemme 3 Leerlauf), sind die beiden Nennerpolynome gleich: $D_E(s)=D_R(s)$. Gl.(10.1 - 3) in (10.4) eingesetzt, ergibt die Spannungsübertragungsfunktion der gesamten Schaltungsanordnung

$$H(s) = \frac{N(s)}{D(s)} = \frac{vN_E(s)}{D_R(s) - vN_R(s)} \quad . \qquad (10.5)$$

Aus (10.5) ist ersichtlich, daß der Nenner allein von der Rückkopplungsschleife (Rückkopplungsübertragungsfunktion des RC-Dreitors und Spannungsverstärker) abhängt, während der Zähler im wesentlichen durch den Zähler der Eingangsübertragungsfunktion gegeben ist.

10.1.2 Komplementärtransformation

In vielen Filterschaltungen zweiter Ordnung wird die Übertragungsfunktion fast ausschließlich durch das Nennerpolynom bestimmt. Der Rückkopplungsübertragungsfunktion ist daher vorrangige Bedeutung beizumessen. Im folgenden wird eine Gesetzmäßigkeit, die zwischen verschiedenen Rückkopplungsschaltungen besteht, näher untersucht. Zur Betrachtung der Rückkopplungsschleife wird das Eingangstor kurzgeschlossen ($U_E=0$). Die Eingangsklemme 1' und die Masseklemme des RC-Netzwerkes in Bild 10.1 werden zu einer mit 1 bezeichneten Klemme zusammengefaßt. Bild 10.2a zeigt eine Rückkopplungsanordnung, in der der Verstärker mit einem Nullator Nu, einem Norator No und vier Widerständen R_{v0} bis R_{v3} dargestellt ist (siehe auch Abschnitt 4.1). Die Rückkopplungsschleife kann durch die Beziehung

$$v \cdot H_R(s) = 1 \qquad (10.6)$$

beschrieben werden, siehe Bild 10.2b, was mit dem Nennerausdruck in (10.5) übereinstimmt.

Bild 10.2c zeigt noch einmal die gleiche Rückkopplungsanordnung. Einziger Unterschied: anstelle der Klemme 1 ist die Klemme 2 geerdet (Masseknoten, Referenzknoten). Bezieht man die Klemmenspannungen auf den neuen Referenzknoten, so wird

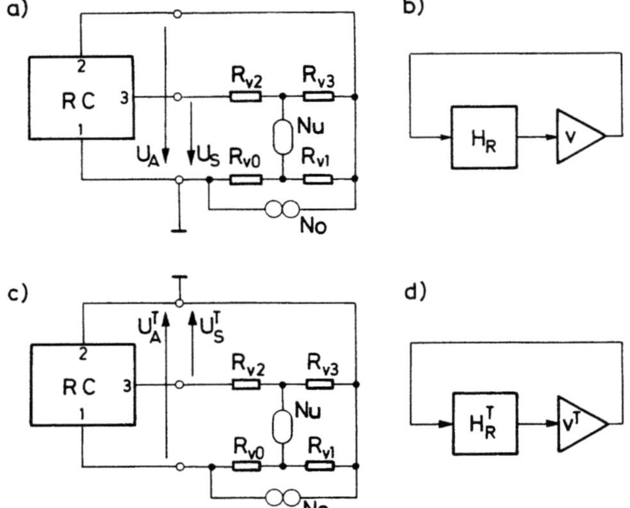

Bild 10.2. Zur Komplementärtransformation

das RC-Zweitor durch die Rückkopplungsübertragungsfunktion

$$H_R^T(s) = \frac{N_R^T(s)}{D_R^T(s)} = \frac{U_S^T}{U_A^T} \tag{10.7}$$

und der Verstärker durch den Ausdruck

$$v^T = \frac{U_A^T}{U_S^T} \tag{10.8}$$

beschrieben. Für die Rückkopplungsschleife gilt damit

$$v^T \cdot H_R^T(s) = 1 \quad , \tag{10.9}$$

siehe Bild 10.2d, bzw. in Analogie zu (10.5 - 6)

$$D^T(s) = D_R^T(s) - v^T N_R^T(s) \quad . \tag{10.10}$$

Ein Vergleich von Bild 10.2a mit Bild 10.2c zeigt:

$$U_A^T = -U_A \quad , \quad U_S^T = U_S - U_A \tag{10.11}$$

und damit

$$H_R^T(s) = \frac{U_S - U_A}{-U_A} = 1 - \frac{U_S}{U_A} = 1 - H_R(s) \quad , \tag{10.12}$$

$$\frac{N_R^T(s)}{D_R^T(s)} = \frac{D_R(s) - N_R(s)}{D_R(s)} \quad . \tag{10.13}$$

Da die RC-Netzwerke in beiden Rückkopplungsanordnungen identische Abschlußimpedanzen besitzen, sind auch ihre charakteristischen Gleichungen identisch:

$$D_R^T(s) = D_R(s) \quad . \tag{10.14}$$

Gl.(10.14) in (10.13) eingesetzt ergibt

$$N_R^T(s) = D_R(s) - N_R(s) \quad . \tag{10.15}$$

Für den Verstärkungsfaktor v^T erhält man mit (10.11)

$$v^T = \frac{-U_A}{U_S - U_A} = \frac{U_A/U_S}{U_A/U_S - 1} = \frac{v}{v - 1} \quad . \tag{10.16}$$

Das transformierte Nennerpolynom $D^T(s)$ nach (10.10) läßt sich mit Hilfe der Transformationsvorschrift (10.14 - 16) aus den Komponenten des ursprünglichen Nennerpolynoms $D(s)$ nach (10.5) berechnen. Da die transformierte Rückkopplungsübertragungsfunktion $H_R^T(s)$ bezüglich der Zahl Eins das Komplement zur ursprünglichen Rückkopplungsübertragungsfunktion $H_R(s)$ darstellt, siehe (10.12), wird diese Transformation Komplementärtransformation [10.2] genannt.

Da sich die beiden Rückkopplungsanordnungen in Bild 10.2 nur durch die Wahl des Referenzknotens unterscheiden, müssen sie gleiche Eigenwerte haben. Auch ist der Zusammenhang zwischen den Eigenwerten und den Netzwerkbauelementen in beiden Fällen gleich (z.B. Empfindlichkeiten). Die beiden Polynome $D(s)$ und $D^T(s)$ sind daher bis auf einen skalaren Vorfaktor gleich, was sich durch Einsetzen von (10.14 - 16) in (10.10) leicht zeigen läßt. Sie sind jedoch bezüglich des Verstärkungsfaktors v bzw. v^T verschieden zerlegt.

Die schaltungstechnische Interpretation der Komplementärtransformation führt auf Netzwerke, die auf den ersten Blick unterschiedlich zu sein scheinen.

Beispiel 10.1

Bild 10.3a zeigt eine Schaltungsanordnung mit einem überbrückten T-Glied in der Rückführung und einem invertierenden Operationsverstärker ($R_{v0}=R_{v2}=0$, $R_{v1}=R_{v3}=\infty$). Die Komplementärtransformation der Schaltung kann gemäß Bild 10.2 durchgeführt werden. Beim RC-Rückkopplungsnetzwerk werden die Eingangs- und die Bezugsklemme miteinander vertauscht. Da die Ausgangsspannung eines Operationsverstärkers immer auf Masse bezogen sein muß (siehe Abschnitt 3.1), wird aus dem invertierenden

192

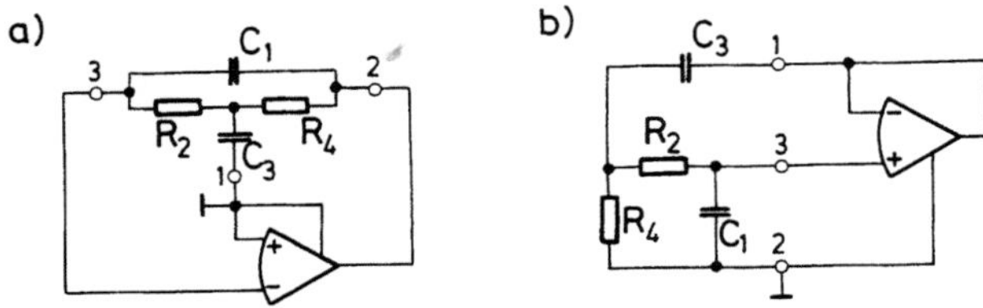

__Bild 10.3.__ Beispiel zur Komplementärtransformation

Operationsverstärker ein Spannungsfolger. Das Ergebnis ist in Bild 10.3b aufgezeichnet. Wie sich später zeigen wird (siehe Bild 10.5), liegt die transformierte
Rückkopplungsschaltung in Bild 10.3b den Sallen-Key-Tiefpässen zugrunde.

Wendet man die Komplementärtransformation zweimal hintereinander auf eine Rückkopplungsanordnung an, so erhält man wieder die ursprüngliche Schaltung, was sich
mit (10.14 - 16) leicht zeigen läßt. Jeder Rückkopplungsschaltung mit einem Verstärker ist eindeutig eine komplementäre Schaltung zugeordnet. Man kann daher mit
Hilfe der Komplementärtransformation zu einer vorgelegten Rückkopplungsschaltung
eine weitere Schaltung mit gleichen Eigenschaften finden bzw. zeigen, daß zwei
scheinbar verschiedene Schaltungen die gleiche Rückkopplung haben.

10.1.3 Allgemeine Filterschaltung

Für die folgenden Betrachtungen wird die in Bild 10.4 gezeigte Filterschaltung
mit einem Spannungsverstärker verwendet.

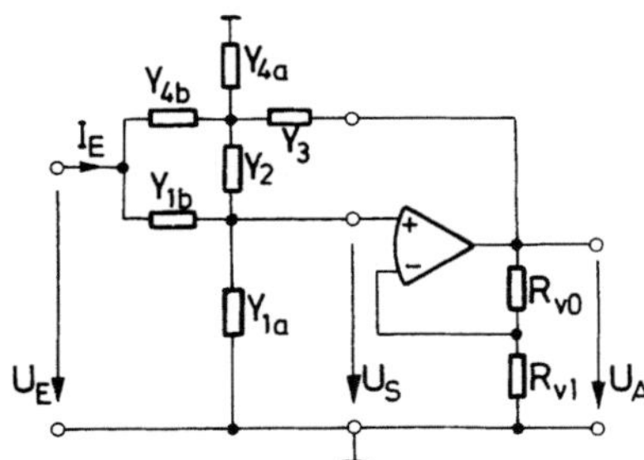

__Bild 10.4.__ Allgemeine Filterschaltung mit
einem Verstärker

Die Analyse des passiven Dreitornetzwerkes ergibt eine Eingangsübertragungsfunktion

$$H_E(s) = \frac{Y_{1b}(Y_2 + Y_3 + Y_4) + Y_2 Y_{4b}}{Y_1(Y_2 + Y_3 + Y_4) + Y_2 Y_4 + Y_2 Y_3} \tag{10.17}$$

und eine Rückkopplungsübertragungsfunktion

$$H_R(s) = \frac{Y_2 Y_3}{Y_1(Y_2 + Y_3 + Y_4) + Y_2 Y_4 + Y_2 Y_3} \qquad (10.18)$$

mit

$$Y_1 = Y_{1a} + Y_{1b} \quad , \quad Y_4 = Y_{4a} + Y_{4b} \quad . \qquad (10.19)$$

Mit dem Verstärkungsfaktor

$$v = \frac{U_A}{U_S} = 1 + \frac{R_{v0}}{R_{v1}} \qquad (10.20)$$

nach (4.12) und mit (10.5) erhält man die Spannungsübertragungsfunktion

$$H(s) = v\,\frac{Y_{1b}(Y_2 + Y_3 + Y_4) + Y_2 Y_{4b}}{Y_1(Y_2 + Y_3 + Y_4) + Y_2 Y_4 + Y_2 Y_3(1 - v)} \quad . \qquad (10.21)$$

In ähnlicher Weise kann die Eingangsimpedanz der Filterschaltung in Bild 10.4 ermittelt werden. Als Ergebnis erhält man

$$Z_E(s) = \frac{U_E}{I_E} = \frac{Y_1(Y_2 + Y_3 + Y_4) + Y_2 Y_4 + Y_2 Y_3(1 - v)}{D_{ZE}(s)} \qquad (10.22a)$$

mit

$$D_{ZE}(s) = Y_{1b}[Y_{1a}(Y_2 + Y_3 + Y_4) + Y_{4a}Y_2 + Y_2 Y_3(1 - v)]$$

$$+ Y_{4b}[Y_{4a}(Y_1 + Y_2) + Y_{1a}(Y_2 + Y_3) + Y_2 Y_3(1 - v)]$$

$$+ Y_{1b}Y_{4b}Y_3(1 - v) \quad . \qquad (10.22b)$$

10.2 Tiefpässe

Wählt man die sechs passiven Elemente des Dreitornetzwerkes in Bild 10.4 zu $Y_{1a}=sC_1$, $Y_{1b}=0$, $Y_2=G_2$, $Y_3=sC_3$, $Y_{4a}=0$ und $Y_{4b}=G_4$, so erhält man die in Bild 10.5 gezeigte Tiefpaßschaltung zweiter Ordnung.

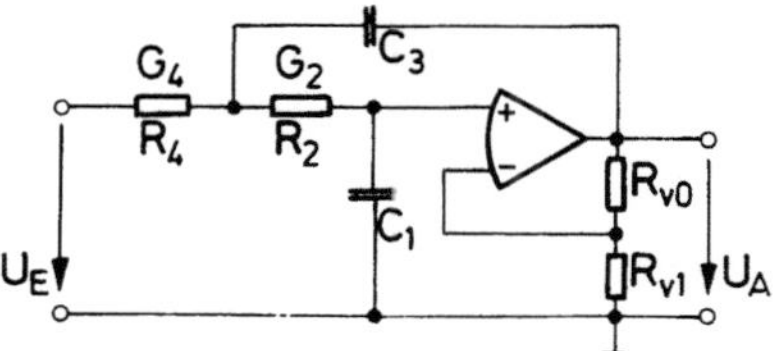

Bild 10.5. Tiefpaß zweiter Ordnung nach Sallen und Key

Die Spannungsübertragungsfunktion nach (10.21) lautet für diese Schaltung

$$H(s) = \frac{U_A}{U_E} = \frac{v \cdot G_2 G_4}{s^2 C_1 C_3 + s[C_1 G_2 + C_1 G_4 + C_3 G_2 (1 - v)] + G_2 G_4}$$

$$= \frac{v \cdot s_n^2}{s^2 + s s_n [\beta + \alpha^{-1} + \alpha(1 - v)] + s_n^2} \qquad (10.23)$$

mit den Abkürzungen

$$s_n = \sqrt{\frac{G_2 G_4}{C_1 C_3}} \quad , \qquad \alpha = \sqrt{\frac{C_3 G_2}{C_1 G_4}} \quad , \qquad \beta = \sqrt{\frac{C_1 G_2}{C_3 G_4}} \quad . \qquad (10.24)$$

Durch einen Vergleich von (10.23) mit (1.57a) erhält man den Zusammenhang zwischen den Funktionsparametern H_0, $|s_\infty|$ und d_∞ und den Netzwerkparametern v, s_n, α und β:

$$H_0 = v \quad , \qquad (10.25)$$

$$|s_\infty| = s_n \quad , \qquad (10.26)$$

$$d_\infty = 1/Q_\infty = \beta + \alpha^{-1} + \alpha(1 - v) \quad . \qquad (10.27)$$

Bezieht man die Frequenzvariable s auf die Normierungsfrequenz s_n, so erhält man die normierte Tiefpaßübertragungsfunktion

$$H(s') = \frac{v}{s'^2 + d_\infty s' + 1} \qquad (10.28)$$

mit d_∞ nach (10.27).

10.2.1 Schaltungsentwurf

Beim Filterentwurf werden die Polparameter $|s_\infty|$ und d_∞ vorgegeben. Auf die Vorgabe des konstanten Faktors H_0 verzichtet man in der Regel, denn mit H_0 wird nach (10.25) der Verstärkungsfaktor v festgelegt. Da der Verstärkungsfaktor einen großen Einfluß auf die Polempfindlichkeiten hat, legt man ihn besser nach anderen Gesichtspunkten fest. Im folgenden wird der Entwurf der Tiefpaßschaltung nach Bild 10.5 in drei Schritten durchgeführt.

Erster Entwurfsschritt: Berechnung der vier Netzwerkparameter. Den vorgegebenen Polparametern $|s_\infty|$ und d_∞ stehen die vier zu berechnenden Netzwerkparameter v, s_n, α und β gegenüber, so daß zwei weitere Vorschriften frei gewählt werden müssen. Diese freie Wahl kann unter verschiedenen technischen Gesichtspunkten erfolgen und zu völlig verschiedenen Schaltungseigenschaften führen. Im folgenden werden vier verschiedene Fälle dieser Wahl diskutiert.

<u>Fall I</u>: $v = 1$, $\alpha^{-1} = \beta$. $\qquad\qquad$ (10.29)

Die Wahl des Verstärkers als Spannungsfolger hat den Vorteil des geringen Schaltungsaufwandes, da die beiden Widerstände R_{v0} und R_{v1} entfallen. Als Nachteil ist zu werten, daß dadurch die Möglichkeit, den Dämpfungsfaktor d_∞ nachträglich durch Änderung von v zu korrigieren, siehe (10.27), entfällt. Die Wahl der Parameter $\alpha^{-1}=\beta$ führt wegen $\alpha\beta=1$ auf gleich große Widerstände $R_2=R_4$, siehe (10.24). Gl.(10.29) in (10.27) eingesetzt ergibt

$$d_\infty = 2\beta \qquad\qquad (10.30a)$$

und damit

$$\beta = \alpha^{-1} = d_\infty/2 \quad . \qquad\qquad (10.30b)$$

Die Normierungsfrequenz ist gemäß (10.26) $s_n=|s_\infty|$. Damit sind die vier Netzwerkparameter v, s_n, α und β festgelegt.

<u>Fall II</u>: $v = 1$, $C_3/C_1 = \alpha/\beta$ vorgegeben . $\qquad\qquad$ (10.31)

Da man sich im zweiten Entwurfsschritt eine der beiden Kapazitäten C_1 und C_3 vorgeben kann, ist durch (10.31) die Möglichkeit gegeben, beide Kapazitäten wählen zu können, was in vielen Anwendungen als vorteilhaft gewertet wird. Setzt man (10.31) in (10.27) ein, so erhält man

$$d_\infty = \beta + \alpha^{-1} = \sqrt{C_1/C_3}\ (k + 1/k) \qquad\qquad (10.32)$$

mit

$$k = \sqrt{\alpha\beta}\ \sqrt{G_2/G_4} \quad . \qquad\qquad (10.33)$$

Gl.(10.32) nach k aufgelöst ergibt

$$k = \frac{d_\infty}{2}\ \sqrt{\frac{C_3}{C_1}} \pm \sqrt{\frac{d_\infty^2 C_3}{4 C_1} - 1} \quad . \qquad\qquad (10.34)$$

Aus (10.32) folgt

$$\alpha = k \cdot \sqrt{C_3/C_1} \quad , \quad \beta = k \cdot \sqrt{C_1/C_3} \quad . \qquad\qquad (10.35)$$

Der Parameter k ist nur dann reell (und führt auf reelle Bauelementewerte), wenn der Radikant in (10.34) nicht negativ ist. Daher muß

$$C_3/C_1 \geq 4Q_\infty^2 = 4/d_\infty^2 \qquad\qquad (10.36)$$

gelten. Ausgehend von vorhandenen Kapazitätswerten wählt man zweckmäßigerweise

196

das kleinste Verhältnis, das (10.36) noch erfüllt. Gl.(10.34) führt auf zwei Lösungen für k. Es läßt sich zeigen, daß in den beiden Lösungen die Widerstandswerte von R_2 und R_4 vertauscht sind.

$\underline{\text{Fall III:}}$ $\quad \beta = \alpha^{-1}$, $\quad \beta = d_\infty$. $\hfill (10.37)$

Wie später gezeigt wird, stellt dieser Fall einen Kompromiß zwischen den verschiedenen Fällen dar. Setzt man (10.37) in (10.27) ein, so erhält man daraus den Verstärkungsfaktor

$$v = 1 + d_\infty^2 \ . \hfill (10.38)$$

$\underline{\text{Fall IV:}}$ $\quad \beta = \alpha^{-1}$, $\quad \beta = 1$. $\hfill (10.39)$

Es zeigt sich, daß in diesem Fall die beiden Kapazitäten $C_1 = C_3$ und die beiden Widerstände $R_2 = R_4$ jeweils gleich groß sind. Aus (10.39) und (10.27) folgt

$$v = 3 - d_\infty \ . \hfill (10.40)$$

Zweiter Entwurfsschritt: Mit den drei im ersten Entwurfsschritt ermittelten Parametern α, β und s_n sind die vier Bauelemente des Dreitornetzwerkes zu bestimmen. Einer der vier Bauelemente kann frei gewählt werden. Durch diese Wahl wird das Widerstandsniveau des Dreitornetzwerkes festgelegt (Widerstandsnormierung). Die restlichen drei Bauelemente werden aus (10.24) errechnet. Es ergibt sich für

C_1 vorgegeben:
$$G_2 = \alpha s_n C_1 \ , \quad C_3 = \alpha C_1 / \beta \ , \quad G_4 = s_n C_1 / \beta \ , \hfill (10.41)$$

G_2 vorgegeben:
$$C_1 = G_2 / \alpha s_n \ , \quad C_3 = G_2 / \beta s_n \ , \quad G_4 = G_2 / \alpha \beta \hfill (10.42)$$

C_3 vorgegeben:
$$C_1 = \beta C_3 / \alpha \ , \quad G_2 = \beta s_n C_3 \ , \quad G_4 = s_n C_3 / \alpha \ , \hfill (10.43)$$

G_4 vorgegeben:
$$C_1 = \beta G_4 / s_n \ , \quad G_2 = \alpha \beta G_4 \ , \quad C_3 = \alpha G_4 / s_n \ . \hfill (10.44)$$

Dritter Entwurfsschritt: Mit dem im ersten Entwurfsschritt ermittelten Verstärkungsfaktor v sind die beiden Verstärkerwiderstände R_{v0} und R_{v1} zu bestimmen. Dieser Schritt entfällt im Falle von v=1. Einer der beiden Widerstände kann frei gewählt werden. Da das Widerstandsnetzwerk des Verstärkers vom Dreitornetzwerk entkoppelt ist, kann in den beiden Netzwerken ein unterschiedliches Widerstandsniveau gewählt werden (siehe Abschnitt 1.4). Gibt man den Widerstand R_{v1} vor, so folgt aus (10.20)

$$R_{v0} = R_{v1}(v - 1) \ . \hfill (10.45)$$

Beispiel 10.2

Eine Tiefpaßfilterstufe soll einen Polbetrag $|s_\infty|=2\pi\cdot 10^4$/sec und eine Polgüte $Q_\infty=5$ haben und mit der Schaltung in Bild 10.5 realisiert werden. Wie sehen die verschiedenen Dimensionierungen aus?

Fall I: Aus (10.30) folgt $\beta=\alpha^{-1}=d_\infty/2=0,1$. Wählt man $R_2=1/G_2=10$ kΩ, so erhält man aus (10.42):

$$C_1 = 1/(R_2\alpha s_n) = 1/(10 \text{ k}\Omega\cdot 10\cdot 2\pi\cdot 10^4/\text{sec}) = 159,15 \text{ pF} \quad ,$$

$$C_3 = 1/(R_2\beta s_n) = 15,915 \text{ nF} \quad ,$$

$$R_4 = \alpha\beta R_2 = R_2 = 10 \text{ k}\Omega \quad .$$

Wegen $v=1$ ist der Widerstand R_{v1} wegzulassen und der Widerstand R_{v0} durch einen Kurzschluß zu ersetzen.

Fall II: Es seien die Kapazitäten $C_1=150$ pF und $C_3=22$ nF vorgegeben. Aus (10.34) folgt damit

$$k_{1,2} = 1,2111 \pm 0,6831 \quad ,$$

$$k_1 = 1,8942 \quad , \quad k_2 = 0,5279 \quad .$$

Aus k_1 folgen die Parameter

$$\alpha_1 = 22,940 \text{ und } \beta_1 = 0,15641$$

und mit $C_1 = 150$ pF folgt aus (10.41)

$$R_2 = 4,625 \text{ k}\Omega \quad , \quad C_3 = 22 \text{ nF und } R_4 = 16,596 \text{ k}\Omega$$

Aus der zweiten Lösung k_2 folgen die Parameter

$$\alpha_2 = 6,3936 \text{ und } \beta_2 = 0,04359$$

und mit $C_1 = 150$ pF folgt aus (10.41)

$$R_2 = 16,596 \text{ k}\Omega \quad , \quad C_3 = 22 \text{ nF und } R_4 = 4,625 \text{ k}\Omega \quad .$$

Die Werte von R_2 und R_4 sind in den beiden Lösungen untereinander vertauscht.

Fall III: Aus (10.37) ergeben sich folgende Parameter

$$\beta = d_\infty = 0,2 \quad , \quad \alpha = d_\infty^{-1} = 5 \quad .$$

Der Verstärkungsfaktor ergibt sich aus (10.38) zu

$$v = 1 + d_\infty^2 = 1,04 \quad .$$

Unter Vorgabe von $R_2 = 10$ kΩ folgt aus (10.42)

$$C_1 = 318,3 \text{ pF} \quad , \quad C_3 = 7,958 \text{ nF und } R_4 = 10 \text{ k}\Omega \quad .$$

Weiterhin erhält man den Verstärkerwiderstand R_{vO} bei Vorgabe von $R_{v1}=10$ kΩ aus (10.45) zu

$$R_{vO} = 400 \ \Omega \ .$$

Fall IV: Aus (10.39 - 40) folgen die Parameter

$$\beta = \alpha = 1 \text{ und } v = 2,8 \ .$$

Wählt man $R_2=10$ kΩ und $R_{v1}=10$ kΩ, so folgen die restlichen Bauelemente aus (10.42) und (10.45):

$$C_1 = C_3 = 1,5915 \text{ nF} \ , \quad R_4 = R_2 = 10 \text{ kΩ und}$$

$$R_{vO} = 18 \text{ kΩ} \ .$$

10.2.2 Eingangsimpedanz

Neben der Spannungsübertragungsfunktion der Filterschaltung in Bild 10.5 interessiert noch die Eingangsimpedanz $Z_E(s)$. Sie wird benötigt, um die Belastung der erregenden Eingangsspannungsquelle abschätzen zu können. Aus (10.22) folgt für die Tiefpaßschaltung

$$Z_E(s) = R_4 \frac{s^2 C_1 C_3 + s[C_1 G_2 + C_1 G_4 + C_3 G_2(1 - v)] + G_2 G_4}{s^2 C_1 C_3 + s[C_1 G_2 + C_3 G_2(1 - v)]} =$$

$$= R_4 \frac{s^2 + s s_n d_\infty + s_n^2}{s^2 + s s_n (d_\infty - \alpha^{-1})} \ . \tag{10.46}$$

Für kleine Dämpfungsfaktoren d_∞ liegt das betragsmäßige Minimum der Eingangsimpedanz in der Nähe der Frequenz $\omega = s_n$. Für $s = j s_n$ folgt aus (10.46)

$$|Z_E(j s_n)| = \frac{R_4 d_\infty}{\sqrt{1 + (d_\infty - \alpha^{-1})^2}} \ . \tag{10.47}$$

Mit dieser Beziehung läßt sich die minimal auftretende Eingangsimpedanz dem Betrage nach näherungsweise bestimmen.

Beispiel 10.3

Für die in Beispiel 10.2 angegebenen Dimensionierungen ergeben sich die folgenden Abschätzungen für die Eingangsimpedanz:

Fall I: Mit $R_4 = 10$ kΩ , $d_\infty = 0,2$ und $\alpha^{-1} = 0,1$ folgt aus (10.47)

$$|Z_E(j\omega)|_{min} \approx |Z_E(j s_n)| = 1,990 \text{ kΩ} \ .$$

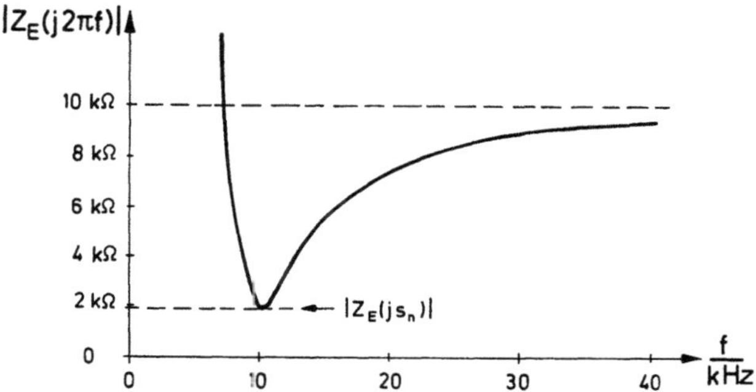

Bild 10.6. Betrag der Eingangsimpedanz der Tiefpaßschaltung nach Bild 10.5 für die in Fall I angegebene Dimensionierung

Bild 10.6 zeigt den Verlauf der Eingangsimpedanz über der Frequenz. Das tatsächliche Minimum liegt bei $\omega = 1,01\ s_n$ (f=10,1 kHz) und hat den Wert 1,980 kΩ.

$\underline{\text{Fall II}}$: In diesem Fall liegen zwei Lösungen vor. Für $\alpha_1^{-1} = 1/22,940$ und $R_4 = 16,596$ kΩ ergibt sich $|Z_E(js_n)| = 3,280$ kΩ. Die zweite Lösung mit $\alpha_2^{-1} = 1/6,3936$ und $R_4 = 4,625$ kΩ führt auf $|Z_E(js_n)| = 924\ \Omega$.

$\underline{\text{Fall III}}$: Wegen $\alpha^{-1} = d_\infty$ folgt aus (10.47)

$$|Z_E(js_n)| = R_4 d_\infty = 2\ \text{k}\Omega\ .$$

$\underline{\text{Fall IV}}$: Aus $\alpha^{-1} = 1$ und $R_4 = 10$ kΩ folgt

$$|Z_E(js_n)| = 1,562\ \text{k}\Omega$$

10.2.3 Empfindlichkeiten

Die Empfindlichkeiten der Funktionsparameter H_0, $|s_\infty|$ und d_∞ gegenüber den Bauelementen C_1, R_2, C_3, R_4, R_{V0} und R_{V1} werden über die Netzwerkparameter v, s_n, α und β berechnet. Die Gleichspannungsübertragung H_0 hängt nach (10.25) nur von v ab, daher ist nur die Empfindlichkeit

$$\hat{S}_v^{H_0} = 1 \tag{10.48}$$

zu berücksichtigen. Der Polbetrag $|s_\infty|$ hängt bei der gewählten Normierung allein von der Normierungsfrequenz s_n ab, siehe (10.26). Daher ist nur die Empfindlichkeit

$$\hat{S}_{s_n}^{|s_\infty|} = 1 \tag{10.49}$$

200

zu berücksichtigen. Der Dämpfungsfaktor d_∞ hängt von α, β und v ab. Aus (10.27) folgen mit den Rechenregeln in (2.14 - 22) die drei Empfindlichkeiten

$$\hat{S}_\beta^{d_\infty} = \beta/d_\infty \quad , \tag{10.50}$$

$$\hat{S}_\alpha^{d_\infty} = \frac{\alpha(1 - v) - \alpha^{-1}}{d_\infty} \tag{10.51}$$

und

$$\hat{S}_v^{d_\infty} = -\alpha v/d_\infty \quad . \tag{10.52}$$

Im zweiten Schritt werden die Empfindlichkeiten der Netzwerkparameter gegenüber den Bauelementen berechnet. Aus (10.20) erhält man

$$\hat{S}_{R_{v0}}^v = \frac{R_{v0}}{R_{v0} + R_{v1}} = \frac{v - 1}{v} \quad , \tag{10.53}$$

$$\hat{S}_{R_{v1}}^v = -1 + \frac{R_{v1}}{R_{v0} + R_{v1}} = -\frac{v - 1}{v} \quad . \tag{10.54}$$

Ferner erhält man aus (10.24)

$$\hat{S}_{C_1}^{S_n} = \hat{S}_{R_2}^{S_n} = \hat{S}_{C_3}^{S_n} = \hat{S}_{R_4}^{S_n} = -1/2 \quad , \tag{10.55}$$

$$\hat{S}_{C_1}^\alpha = \hat{S}_{R_2}^\alpha = -\hat{S}_{C_3}^\alpha = -\hat{S}_{R_4}^\alpha = -1/2 \quad , \tag{10.56}$$

$$\hat{S}_{C_1}^\beta = -\hat{S}_{R_2}^\beta = -\hat{S}_{C_3}^\beta = \hat{S}_{R_4}^\beta = 1/2 \quad . \tag{10.57}$$

Durch Verknüpfung der Empfindlichkeiten in (10.48 - 52) mit denen in (10.53 - 57) gemäß (2.17) erhält man die gesuchten Empfindlichkeiten der Funktionsparameter gegenüber den Bauelementen. Für die Empfindlichkeit des Dämpfungsfaktors gegenüber der Kapazität C_1 gilt

$$\hat{S}_{C_1}^{d_\infty} = \hat{S}_\beta^{d_\infty} \hat{S}_{C_1}^\beta + \hat{S}_\alpha^{d_\infty} \hat{S}_{C_1}^\alpha + \hat{S}_v^{d_\infty} S_{C_1}^v$$

$$= \frac{\beta}{d_\infty} \cdot \frac{1}{2} + \frac{\alpha(1 - v) - \alpha^{-1}}{d_\infty} \cdot (- \frac{1}{2}) + \frac{-\alpha v}{d_\infty} \cdot 0$$

$$= \frac{\beta + \alpha^{-1} + \alpha(1 - v) - 2\alpha(1 - v)}{2d_\infty} = \frac{1}{2} + \frac{\alpha(v - 1)}{d_\infty} \quad .$$

Die übrigen Empfindlichkeiten werden in gleicher Weise berechnet. Das Ergebnis lautet

$$\hat{S}^{H_0}_{R_{v0}} = -\,\hat{S}^{H_0}_{R_{v1}} = \frac{v-1}{v} \quad , \tag{10.58}$$

$$\hat{S}^{|s_\infty|}_{C_1} = \hat{S}^{|s_\infty|}_{R_2} = \hat{S}^{|s_\infty|}_{C_3} = \hat{S}^{|s_\infty|}_{R_4} = -1/2 \quad , \tag{10.59}$$

$$\hat{S}^{d_\infty}_{C_1} = -\hat{S}^{d_\infty}_{C_3} = \frac{1}{2} + \frac{\alpha(v-1)}{d_\infty} \quad , \tag{10.60}$$

$$\hat{S}^{d_\infty}_{R_2} = -\hat{S}^{d_\infty}_{R_4} = -\,\frac{1}{2} + \frac{\alpha^{-1}}{d_\infty} \quad , \tag{10.61}$$

$$\hat{S}^{d_\infty}_{R_{v0}} = -\hat{S}^{d_\infty}_{R_{v1}} = -\,\frac{\alpha(v-1)}{d_\infty} \quad . \tag{10.62}$$

Alle in (10.58 - 62) nicht genannten Empfindlichkeiten der Parameter H_0, $|s_\infty|$ und d_∞ haben den Wert Null. Mit den in (10.58 - 62) gegebenen Parameterempfindlichkeiten und den in Tabelle 2.4 genannten Dämpfungs- und Phasenempfindlichkeiten gegenüber den Funktionsparametern können nach (2.94 - 95) die Dämpfungs- und Phasenempfindlichkeiten der Tiefpaßschaltung in Bild 10.5 gegenüber den sechs passiven Bauelementen zusammengestellt werden.

Beispiel 10.4

Die Empfindlichkeiten von H_0 gegenüber den Verstärkerwiderständen sind für $v \geq 1$ immer kleiner als eins. Die Empfindlichkeiten des Polbetrages haben immer den Wert 1/2. Größere Unterschiede bei verschiedenen Dimensionierungen sind nur von den Empfindlichkeiten des Dämpfungsfaktors d_∞ zu erwarten. Wie sehen diese Empfindlichkeiten für die in Beispiel 10.2 genannten Dimensionierungen aus?

Fall I: Mit $d_\infty=0,2$, $\alpha=10$ und $v=1$ folgt aus (10.60 - 61)

$$\hat{S}^{d_\infty}_{C_1} = 0,5 \quad , \qquad \hat{S}^{d_\infty}_{R_2} = 0 \quad .$$

Fall II: Aus der ersten Lösung mit $\alpha_1=22,940$ folgt

$$\hat{S}^{d_\infty}_{C_1} = 0,5 \quad , \qquad \hat{S}^{d_\infty}_{R_2} = -0,282 \quad ,$$

aus der zweiten Lösung mit $\alpha_2=6,3936$ folgt

$$\hat{S}^{d_\infty}_{C_1} = 0,5 \quad , \qquad \hat{S}^{d_\infty}_{R_2} = 0,282 \quad .$$

Fall III: Mit $\alpha=5$ und $v=1,04$ erhält man aus (10.60 - 62)

$$\hat{S}^{d_\infty}_{C_1} = 1,5 \quad , \qquad \hat{S}^{d_\infty}_{R_2} = 0,5 \quad , \qquad \hat{S}^{d_\infty}_{R_{v0}} = -1 \quad .$$

<u>Fall IV</u>: Mit $\alpha=1$ und $v=2,8$ erhält man

$$\hat{S}_{C_1}^{d_\infty} = 9,5 \quad , \quad \hat{S}_{R_2}^{d_\infty} = 4,5 \quad , \quad \hat{S}_{R_{v0}}^{d_\infty} = -9 \quad .$$

10.2.4 Einfluß nichtidealer Operationsverstärker

Bei den bisherigen Betrachtungen wurden ideale Spannungsverstärker vorausgesetzt.
Von den nichtidealen Verstärkereigenschaften hat insbesondere die Frequenzabhängigkeit der Verstärkung einen großen Einfluß auf das Übertragungsverhalten des
Filters. Setzt man für den Verstärker ein Einpol-Modell mit der Spannungsverstär-
kungsfunktion

$$v(s) = \frac{v_0}{1 + sT} \quad , \quad T = 1/\omega_{gr} \quad , \tag{10.63}$$

an, wobei v_0 die Gleichspannungsverstärkung und ω_{gr} die 3dB-Grenzfrequenz sind,
so erhält man durch Einsetzen von (10.63) in (10.23) die Filterübertragungsfunk-
tion mit nichtidealem Verstärker:

$$H(s) = \frac{v_0 s_n^2}{D(s)} \tag{10.64a}$$

mit

$$D(s) = s^3 T + s^2[1 + s_n T(\beta + \alpha^{-1} + \alpha)] +$$
$$+ ss_n[\beta + \alpha^{-1} + \alpha(1 - v_0) + s_n T] + s_n^2 \quad . \tag{10.64b}$$

Zu den (verschobenen) Polen des Filters mit idealem Verstärker tritt ein weiterer,
reeller Pol hinzu. Ist die Verschiebung des ursprünglichen Polpaares klein, so
läßt sich die folgende Abschätzung anwenden. Ausgehend vom Nennerpolynom

$$D_i(s) = s^2 + b_1 s + b_0 =$$
$$= s^2 + ss_n[\beta + \alpha^{-1} + \alpha(1 - v)] + s_n^2 \tag{10.65}$$

der Übertragungsfunktion mit idealem Verstärker läßt sich (10.64b) wie folgt
schreiben

$$D(s) = s^3 \delta_3 + s^2(1 + \delta_2) + s(b_1 + \delta_1) + (b_0 + \delta_0) \tag{10.66a}$$

mit

$$\delta_3 = T, \quad \delta_2 = s_n T(\beta + \alpha^{-1} + \alpha), \quad \delta_1 = s_n^2 T, \quad \delta_0 = 0 \quad . \tag{10.66b}$$

Für Frequenzen in der Nachbarschaft der ursprünglichen Pole $s \approx s_\infty$ ist das Polynom $D_i(s) \approx 0$. Aus (10.65) folgt daher für $s \approx s_\infty$

$$s_\infty^2 \approx s^2 \approx -b_1 s - b_0 \quad . \tag{10.67}$$

Der Term $s^3\delta_3$ in (10.66a) kann daher in erster Näherung durch den Ausdruck

$$\delta_3 s^3 \approx \delta_3 s s_\infty^2 \approx -\delta_3(b_1 s^2 + b_0 s) \tag{10.68}$$

ersetzt werden, und $D(s)$ in (10.66a) daher durch

$$D(s) \approx s^2(1 + \delta_2 - \delta_3 b_1) + s(b_1 + \delta_1 - \delta_3 b_0) + (b_0 + \delta_0) \quad . \tag{10.69}$$

Mit Hilfe von (1.52b) ist daraus der veränderte Polbetrag $|s_\infty|$ abzulesen:

$$|s_\infty| = \sqrt{\frac{b_0 + \delta_0}{1 + \delta_2 - \delta_3 b_1}} \quad . \tag{10.70}$$

Bezeichnet man den ursprünglichen Polbetrag aus $D_i(s)$ mit

$$|s_\infty|_i = \sqrt{b_0} \quad , \tag{10.71}$$

so folgt aus (10.70 - 71) näherungsweise

$$\frac{\Delta|s_\infty|}{|s_\infty|_i} = \frac{|s_\infty| - |s_\infty|_i}{|s_\infty|_i} = \sqrt{b_0 \frac{1 + \delta_0/b_0}{1 + \delta_2 - \delta_3 b_1}} - \sqrt{b_0}$$

$$\approx \delta_0/2b_0 - \delta_2/2 + \delta_3 b_1/2 \quad . \tag{10.72}$$

Gl.(10.66b) in (10.72) eingesetzt ergibt

$$\frac{\Delta|s_\infty|}{|s_\infty|_i} \approx -\alpha v_0 s_n T/2 \quad . \tag{10.73}$$

Die gleiche Überlegung führt bei dem Dämpfungsfaktor d_∞ auf

$$\frac{\Delta d_\infty}{d_{\infty i}} \approx -\alpha v_0 s_n T/2 \quad . \tag{10.74}$$

Der Polbetrag und Dämpfungsfaktor erfahren also aufgrund der endlichen Grenzfrequenz des Verstärkers die gleiche prozentuale Änderung.

Beispiel 10.5

Mit den in Beispiel 10.2 gewählten Dimensionierungen und einem Operationsverstärker mit einer Transitfrequenz von

$$\omega_t = v_0 \cdot \omega_{gr} = v_0/T = 2\pi \cdot 10^6/\text{sec}$$

erhält man die folgenden Abschätzungen für die Polverschiebung:

$$\text{Fall I} \quad : \quad \Delta|s_\infty|/|s_\infty|_i \approx \Delta d_\infty/d_{\infty i} \approx$$

$$\approx -\frac{\alpha}{2} v_0^2 \frac{s_n}{\omega_t} = -5\%$$

$$\text{Fall II} \quad : \quad \Delta|s_\infty|/|s_\infty|_i \approx -11,5\% \quad \text{für } \alpha_1$$

$$\Delta|s_\infty|/|s_\infty|_i \approx -3,2\% \quad \text{für } \alpha_2$$

$$\text{Fall III} \quad : \quad \Delta|s_\infty|/|s_\infty|_i \approx -2,7\%$$

$$\text{Fall IV} \quad : \quad \Delta|s_\infty|/|s_\infty|_i \approx -3,9\%$$

Beispiel 10.6

Die wichtigsten Ergebnisse der Beispiele 10.2 bis 10.5 sind in Tabelle 10.1 noch einmal zusammengefaßt.

Tabelle 10.1. Zusammenstellung der wichtigsten Ergebnisse aus den Beispielen 10.2 bis 10.5

	Fall I	Fall II mit α_1	Fall II mit α_2	Fall III	Fall IV
C_3/C_1	100	147	147	25	1
$\dfrac{|Z_E(js_n)|}{\Omega}$	1990	3280	924	2000	1562
$\hat{S}_{C_1}^{d_\infty}$	0,5	0,5	0,5	1,5	9,5
$\hat{S}_{R_2}^{d_\infty}$	0	-0,282	0,282	0,5	4,5
$\dfrac{\Delta|s_\infty|}{|s_\infty|_i}$	-5%	-11,5%	-3,2%	-2,7%	-3,9%

Die Streuung der Kapazitätswerte ist in den Fällen I bis III sehr hoch, im Fall IV dagegen besonders günstig (gleich große Kapazitäten). Die größte und kleinste Eingangsimpedanz findet man im Fall II. Bezüglich der Empfindlichkeiten sind die Fälle I bis III günstig, während im Fall IV sehr hohe Empfindlichkeiten auftreten. Im Fall II hängt nicht nur die Eingangsimpedanz davon ab, welche der beiden Lösungen man wählt, sondern auch in starkem Maß der Einfluß der Verstärkergrenzfrequenz auf die Polparameter. Die jeweils günstigen Eigenschaften treffen allerdings nicht zusammen. Überhaupt läßt sich keine der Dimensionierungen als die optimale bezeichnen. Die Wahl der Dimensionierungsart hat danach zu erfolgen welchen Eigenschaften man Priorität beimißt. Der mit Fall III bezeichnete Dimensionierungsweg stellt bezüglich aller Eigenschaften einen gewissen Kompromiß dar.

10.3 Bandpässe

Wählt man die sechs passiven Elemente des Dreitornetzwerkes in Bild 10.4 zu $Y_{1a}=G_1$, $Y_{1b}=0$, $Y_2=sC_2$, $Y_3=G_3$, $Y_{4a}=sC_4$ und $Y_{4b}=G_4$, so erhält man die in Bild 10.7 gezeigte Bandpaßschaltung zweiter Ordnung.

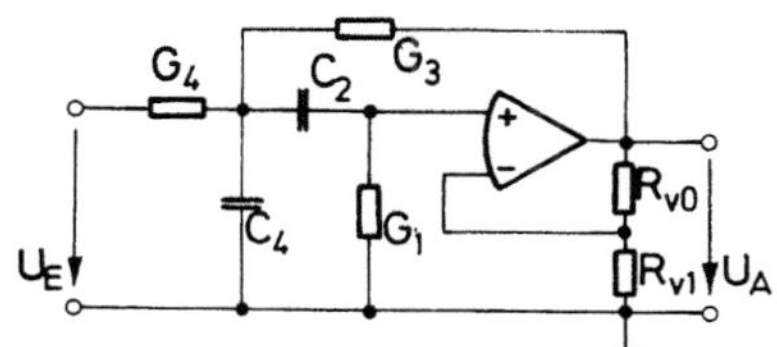

Bild 10.7. Bandpaß zweiter Ordnung

Die Spannungsübertragungsfunktion dieser Schaltung lautet nach (10.21)

$$H(s) = \frac{U_A}{U_E} = \frac{sC_2G_4v}{s^2C_2C_4+s[C_2G_1+C_2G_4+C_4G_1+C_2G_3(1-v)]+G_1(G_3+G_4)}$$

$$= \frac{ss_n\gamma\alpha^{-1}v}{s^2 + ss_n[\beta+\alpha+\alpha^{-1}(1-v+\gamma v)] + s_n^2} \tag{10.75}$$

mit

$$s_n = \sqrt{\frac{G_1G_{34}}{C_2C_4}} \ , \quad \alpha = \sqrt{\frac{G_1C_4}{G_{34}C_2}} \ , \quad \beta = \sqrt{\frac{G_1C_2}{G_{34}C_4}} \ , \tag{10.76}$$

$$\gamma = G_4/(G_3 + G_4) \ , \quad G_{34} = G_3 + G_4 \ . \tag{10.77}$$

Ein Vergleich von (10.75) mit (1.59a) ergibt die drei Funktionsparameter

$$H_0 = \gamma\alpha^{-1}v \ , \tag{10.78}$$

$$|s_\infty| = s_n \tag{10.79}$$

und

$$d_\infty = 1/Q_\infty = \beta + \alpha + \alpha^{-1}\{1 - v(1 - \gamma)\} \ . \tag{10.80}$$

Beim Filterentwurf werden aus den vorgegebenen Polparametern $|s_\infty|$ und d_∞ die fünf Netzwerkparameter v, s_n, α, β und γ berechnet, und im zweiten Schritt daraus die passiven Bauelemente der Schaltung. Die Freiheiten im ersten Entwurfsschritt können für verschiedene praktische Zielsetzungen ausgenutzt werden. Im folgenden werden drei Fälle genannt.

$\underline{\text{Fall I}}$: $v = 1$, $\alpha = \beta$, $\gamma = \alpha^2$. $\hspace{4cm}$ (10.81)

Die Wahl $\alpha=\beta$ führt, wie sich leicht zeigen läßt, auf gleich große Kapazitäten $C_2=C_4$. Setzt man (10.81) in (10.80) ein, so erhält man

$$\alpha = \beta = d_\infty/3 \ , \quad \gamma = d_\infty^2/9 \ . \hspace{3cm} (10.82)$$

Die Normierungsfrequenz s_n folgt nach (10.79) unmittelbar aus dem Polbetrag.

$\underline{\text{Fall II}}$: $v = 1 + 2d_\infty^2$, $\alpha = \beta$, $\alpha = d_\infty$. $\hspace{2cm}$ (10.83)

Dieser Fall stellt ähnlich wie der Fall III beim Tiefpaß einen Kompromiß zwischen verschiedenen Eigenschaften dar. Aus (10.80) und (10.83) läßt sich der noch fehlende Parameter γ berechnen:

$$\gamma = d_\infty^2/(1 + 2d_\infty^2) \ . \hspace{3cm} (10.84)$$

$\underline{\text{Fall III}}$: $\alpha = \beta = 1/\sqrt{2}$, $\gamma = 1/2$. $\hspace{3cm}$ (10.85)

Dieser Fall führt auf gleich große Widerstände $R_1=R_3=R_4$ und gleich große Kapazitäten $C_2=C_4$. Setzt man (10.85) in (10.80) ein, so erhält man den Verstärkungsfaktor v zu

$$v = 4 - d_\infty\sqrt{2} \ . \hspace{3cm} (10.86)$$

Im zweiten Entwurfsschritt werden die passiven Bauelemente des Dreitornetzwerks berechnet. Eines davon kann zunächst frei gewählt werden. Es ergibt sich für

G_1 vorgegeben:
$$C_2 = G_1/\alpha s_n \ , \quad G_{34} = G_1/\alpha\beta \ , \quad C_4 = G_1/\beta s_n \ , \hspace{1.5cm} (10.87)$$

C_2 vorgegeben:
$$G_1 = \alpha s_n C_2 \ , \quad G_{34} = s_n C_2/\beta \ , \quad C_4 = \alpha C_2/\beta \ , \hspace{1.5cm} (10.88)$$

G_3 vorgegeben: $G_{34} = G_3/(1 - \gamma)$, G_4 vorgegeben: $G_{34} = G_4/\gamma$
$$G_1 = \alpha\beta G_{34} \ , \quad C_2 = \beta G_{34}/s_n \ , \quad C_4 = \alpha G_{34}/s_n \ , \hspace{1.5cm} (10.89)$$

C_4 vorgegeben:
$$G_1 = \beta s_n C_4 \ , \quad C_2 = \beta C_4/\alpha \ , \quad G_{34} = s_n C_4/\alpha \ . \hspace{1.5cm} (10.90)$$

Aus G_{34} und γ folgen schließlich

$$G_3 = G_{34}(1 - \gamma) \ , \quad G_4 = \gamma G_{34} \ . \tag{10.91}$$

Im dritten Entwurfsschritt werden wie beim Tiefpaß die Verstärkerwiderstände festgelegt, siehe (10.45).

Die Eingangsimpedanz der Bandpaßschaltung nach Bild 10.7 kann mit Hilfe von
10.22 berechnet werden:

$$Z_E(s) = R_4 \frac{s^2 C_2 C_4 + s[C_2 G_1 + C_4 G_1 + C_2 G_4 + C_2 G_3(1-v)] + G_1(G_3+G_4)}{s^2 C_2 C_4 + s[C_2 G_1 + C_4 G_1 + C_2 G_3(1-v)] + G_1 G_3}$$

$$= R_4 \frac{s^2 + s s_n[\beta+\alpha+\alpha^{-1}(1-v+\gamma v)] + s_n^2}{s^2 + s s_n[\beta+\alpha+\alpha^{-1}(1-v)(1-\gamma)] + (1-\gamma)s_n^2} \ . \tag{10.92}$$

Bei hohen Polgüten kann das Betragsminimum der Eingangsimpedanz an der Stelle
$s=j s_n$ abgeschätzt werden:

$$|Z_E(j s_n)| = R_\angle d_\infty [(d_\infty - \gamma\alpha^{-1})^2 + \gamma^2]^{-1/2} \ . \tag{10.93}$$

Die Empfindlichkeiten der Funktionsparameter H_0, $|s_\infty|$ und d_∞ gegenüber den Bau-
elementen R_1, C_2, R_3, C_4, R_4, R_{v0} und R_{v1} werden über die Netzwerkparameter v,
s_n, α, β und γ ermittelt. Die Rechnung erfolgt wie beim Tiefpaß und führt auf folgende Empfindlichkeiten:

$$\hat{S}_{R_1}^{H_0} = \hat{S}_{C_2}^{H_0} = \hat{S}_{C_4}^{H_0} = \frac{1}{2} \ , \tag{10.94}$$

$$\hat{S}_{R_3}^{H_0} = \frac{1}{2}(1 - \gamma) \ , \quad \hat{S}_{R_4}^{H_0} = \frac{1}{2}\gamma - 1 \ , \tag{10.95}$$

$$\hat{S}_{R_{v0}}^{H_0} = -\hat{S}_{R_{v1}}^{H_0} = \frac{v - 1}{v} \ , \tag{10.96}$$

$$\hat{S}_{R_1}^{|s_\infty|} = \hat{S}_{C_2}^{|s_\infty|} = \hat{S}_{C_4}^{|s_\infty|} = -\frac{1}{2} \ , \tag{10.97}$$

$$\hat{S}_{R_3}^{|s_\infty|} = \frac{1}{2}(\gamma - 1) \ , \quad \hat{S}_{R_4}^{|s_\infty|} = -\frac{1}{2}\gamma \ , \tag{10.98}$$

$$\hat{S}_{C_2}^{d_\infty} = -\hat{S}_{C_4}^{d_\infty} = \frac{1}{2} - \frac{\alpha}{d_\infty} \ , \tag{10.99}$$

$$\hat{S}_{R_1}^{d_\infty} = -\frac{1}{2} + \frac{\alpha^{-1}(1 - v + \gamma v)}{d_\infty} \ , \tag{10.100}$$

$$\hat{S}_{R_3}^{d_\infty} = (\gamma - 1)(-\frac{1}{2} + \frac{\alpha^{-1}(1 - v)}{d_\infty}) \ . \ , \tag{10.101}$$

$$\hat{S}_{R_4}^{d_\infty} = \gamma(\frac{1}{2} - \frac{\alpha^{-1}}{d_\infty}) \quad , \tag{10.102}$$

$$\hat{S}_{R_{v0}}^{d_\infty} = -\hat{S}_{R_{v1}}^{d_\infty} = \alpha^{-1}(\gamma - 1)(v - 1)/d_\infty \quad . \tag{10.103}$$

Alle in (10.94 - 103) nicht aufgeführten Empfindlichkeiten der Parameter H_0, $|s_\infty|$ und d_∞ haben den Wert Null.

Der Einfluß der Verstärkergrenzfrequenz auf den Polbetrag $|s_\infty|$ und den Dämpfungsfaktor d_∞ kann in gleicher Weise wie bei der Tiefpaßschaltung abgeschätzt werden. Die relativen Änderungen ergeben sich zu

$$\frac{\Delta|s_\infty|}{|s_\infty|_i} \approx \frac{\Delta d_\infty}{d_{\infty i}} \approx -\alpha^{-1}v_0(1 + \gamma)s_n T/2 \quad , \tag{10.104}$$

wobei v_0 die Gleichspannungsverstärkung und T der Reziprokwert der 3dB-Grenzfrequenz ω_{gr} des aus den Widerständen R_{v0} und R_{v1} und dem Operationsverstärker aufgebauten Spannungsverstärker in Bild 10.7 sind.

10.4 Hochpässe

Setzt man in der allgemeinen Filterschaltung in Bild 10.4 die passiven Elemente $Y_{1a}=G_1$, $Y_{1b}=0$, $Y_2=sC_2$, $Y_3=G_3$, $Y_{4a}=0$ und $Y_{4b}=sC_4$, so erhält man die Hochpaßschaltung zweiter Ordnung in Bild 10.8.

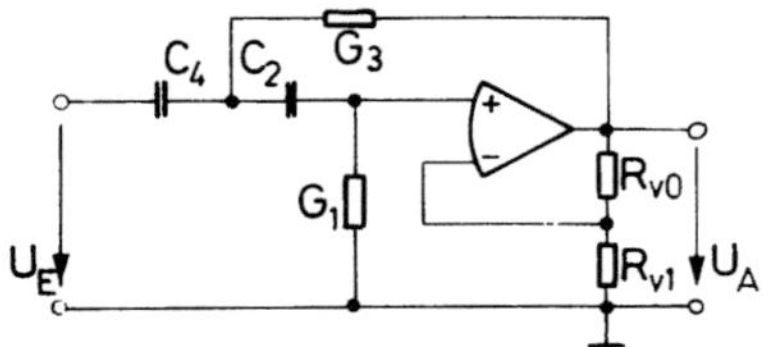

Bild 10.8. Hochpaß zweiter Ordnung

Die Spannungsübertragungsfunktion dieser Schaltung lautet nach (10.21)

$$H(s) = \frac{U_A}{U_E} = \frac{s^2 C_2 C_4 v}{s^2 C_2 C_4 + s[C_2 G_1 + C_4 G_1 + C_2 G_3(1-v)] + G_1 G_3}$$

$$= \frac{v s^2}{s^2 + s s_n[\beta + \alpha + \alpha^{-1}(1-v)] + s_n^2} \tag{10.105}$$

mit

$$s_n = \sqrt{\frac{G_1 G_3}{C_2 C_4}} \quad , \quad \alpha = \sqrt{\frac{G_1 C_4}{G_3 C_2}} \quad , \quad \beta = \sqrt{\frac{G_1 C_2}{G_3 C_4}} \quad . \tag{10.106}$$

Die drei Funktionsparameter lauten

$$H_0 = v \quad , \tag{10.107}$$

$$|s_\infty| = s_n \tag{10.108}$$

und

$$d_\infty = 1/Q_\infty = \beta + \alpha + \alpha^{-1}(1 - v) \quad . \tag{10.109}$$

Die Schaltung in Bild (10.8) stellt die RC-CR-Transformierte der Tiefpaßschaltung in Bild 10.5 dar. Normiert man in der Übertragungsfunktion in (10.105) die Frequenzvariable s mit der Normierungsfrequenz s_n, so erhält man daher die TP-HP-Transformierte zu der normierten Tiefpaßübertragungsfunktion in (10.28). Der Entwurf der Hochpaßschaltung kann prinzipiell folgendermaßen durchgeführt werden: Normierung der Hochpaßfunktion, HP-TP-Transformation, Entwurf des normierten Tiefpasses mit dem in Abschnitt 10.2 genannten Verfahren, RC-CR-Transformation der normierten Schaltung und Entnormierung der Hochpaßschaltung.

Beispiel 10.7

Gesucht ist die Dimensionierung der Hochpaßschaltung nach Bild 10.8 für die Übertragungsfunktion

$$H_{HP}(s) = \frac{H_0 s^2}{s^2 + s s_n d_\infty + s_n^2} \tag{10.110}$$

mit $d_\infty = 0,2$ und $s_n = 2\pi \cdot 10^3/sec$. Mit $s' = s/s_n$ folgt aus (10.110) die HP-TP-transformierte Funktion

$$H_{TP}(s') = \frac{H_0}{s'^2 + s' d_\infty + 1} \quad . \tag{10.111}$$

Entscheidet man sich beim TP-Entwurf für den Fall III, so erhält man die Netzwerkparameter

$$\beta = 0,2 \ , \quad \alpha = 5 \quad \text{und} \quad v = 1,04 \tag{10.112}$$

(siehe Beispiel 10.2). Da in der normierten Schaltung der Polbetrag $|s_\infty| = 1$ zu realisieren ist, ist in (10.41 - 10.44) formal $s_n = s'_n = 1$ zu setzen. Gibt man das normierte Bauelement $g_2 = 1$ vor (normierte Bauelemente werden mit kleinen Buchstaben bezeichnet), so folgt aus (10.42)

$$c_1 = g_2/\alpha s'_n = 0,2 \ , \quad c_3 = 5 \quad \text{und} \quad g_4 = 1 \quad . \tag{10.113}$$

Mit den in Abschnitt 1.5 genannten Transformationsregeln erhält man aus (10.113) die Elemente des normierten Hochpasses nach Bild 10.8.

$$g_1 = 1/r_1 = c_1 = 0{,}2 \quad , \quad c_2 = g_2 = c_4 = g_4 = 1 \quad , \quad g_3 = c_3 = 5 \quad . \tag{10.114}$$

Wählt man eine Normierungskapazität $C_n = 10$ nF, so erhält man mit $s_n = 2\pi \cdot 10^3/\text{sec}$ aus (1.71) den Normierungswiderstand $R_n = 15915\ \Omega$. Damit ergeben sich die entnormierten Bauelemente der Hochpaßschaltung zu

$$R_1 = r_1 R_n = 79577\ \Omega \quad , \quad C_2 = C_4 = 10\ \text{nF} \quad , \quad R_3 = 3183\ \Omega \quad . \tag{10.115}$$

Das Widerstandsnetzwerk des Verstärkers ist vom übrigen Netzwerk entkoppelt und kann daher getrennt behandelt werden. Statt eines kapazitiven Spannungsteilers wird ein Widerstandsteiler mit den Werten $R_{v0} = 400\ \Omega$ und $R_{v1} = 10\ \text{k}\Omega$ verwendet (siehe Beispiel 10.2).

Für einen direkten Entwurf der Hochpaßschaltung und für weitere Untersuchungen sind im folgenden die wichtigsten Formeln zusammengestellt.

Erster Entwurfsschritt: Wie beim Tiefpaß- und Bandpaßentwurf werden Fallunterscheidungen getroffen.

$$\text{Fall I} \ : \ v = 1 \ , \ \alpha = \beta = d_\infty/2 \ , \tag{10.116}$$

$$\text{Fall II} \ : \ \alpha = \beta = d_\infty \ , \ v = 1 + d_\infty^2 \tag{10.117}$$

$$\text{Fall III}: \ \alpha = \beta = 1 \ , \ v = 3 - d_\infty \ . \tag{10.118}$$

Der Fall II des Tiefpaßentwurfes hat beim Hochpaßentwurf keine Bedeutung.

Zweiter Entwurfsschritt: Die passiven Bauelemente des Dreitornetzwerkes ergeben sich aus (10.106) für

G_1 vorgegeben:

$$C_2 = G_1/\alpha s_n \ , \ G_3 = G_1/\alpha\beta \ , \ C_4 = G_1/\beta s_n \ , \tag{10.119}$$

C_2 vorgegeben:

$$G_1 = \alpha s_n C_2 \ , \ G_3 = s_n C_2/\beta \ , \ C_4 = \alpha C_2/\beta \ , \tag{10.120}$$

G_3 vorgegeben:

$$G_1 = \alpha\beta G_3 \ , \ C_2 = \beta G_3/s_n \ , \ C_4 = \alpha G_3/s_n \ , \tag{10.121}$$

C_4 vorgegeben:

$$G_1 = \beta s_n C_4 \ , \ C_2 = \beta C_4/\alpha \ , \ G_3 = s_n C_4/\alpha \ . \tag{10.122}$$

Die Dimensionierung des Verstärkers erfolgt wie beim Tiefpaß und beim Bandpaß.

Die Eingangsimpedanz der Hochpaßschaltung ergibt sich aus (10.22) zu

$$Z_E(s) = \frac{1}{sC_4} \cdot \frac{s^2 C_2 C_4 + s[C_2 G_1 + C_4 G_1 + C_2 G_3(1-v)] + G_1 G_3}{s[C_2 G_1 + C_2 G_3(1-v)] + G_1 G_3}$$

$$= \frac{1}{sC_4} \cdot \frac{s^2 + s s_n d_\infty + s_n^2}{s s_n(d_\infty - \alpha) + s_n^2} \cdot \qquad (10.123)$$

Bei hohen Polgüten kann das Betragsminimum der Eingangsimpedanz an der Stelle $s = js_n$ abgeschätzt werden:

$$|Z_E(js_n)| = \frac{1}{s_n C_4} \cdot \frac{d_\infty}{[(d_\infty - \alpha)^2 + 1]^{1/2}} \cdot \qquad (10.124)$$

Die Empfindlichkeiten der drei Funktionsparameter H_0, $|s_\infty|$ und d_∞ gegenüber den sechs passiven Bauelementen der Hochpaßschaltung in Bild 10.8 lauten

$$\hat{S}_{R_{v0}}^{H_0} = -\hat{S}_{R_{v1}}^{H_0} = \frac{v-1}{v} \quad , \qquad (10.125)$$

$$\hat{S}_{R_1}^{|s_\infty|} = \hat{S}_{C_2}^{|s_\infty|} = S_{R_3}^{|s_\infty|} = S_{C_4}^{|s_\infty|} = -\frac{1}{2} \quad , \qquad (10.126)$$

$$\hat{S}_{R_1}^{d_\infty} = -\hat{S}_{R_3}^{d_\infty} = -\frac{1}{2} - \frac{\alpha^{-1}(v-1)}{d_\infty} \quad , \qquad (10.127)$$

$$\hat{S}_{C_2}^{d_\infty} = -\hat{S}_{C_4}^{d_\infty} = \frac{1}{2} - \frac{\alpha}{d_\infty} \quad , \qquad (10.128)$$

$$\hat{S}_{R_{v0}}^{d_\infty} = -\hat{S}_{R_{v1}}^{d_\infty} = -\frac{\alpha^{-1}(v-1)}{d_\infty} \qquad (10.129)$$

Der Einfluß der Verstärkergrenzfrequenz auf die Polparameter wird in erster Näherung durch den Ausdruck

$$\frac{\Delta|s_\infty|}{|s_\infty|_i} \approx \frac{\Delta d_\infty}{d_{\infty i}} \approx -\alpha v_0 s_n T/2 \quad , \qquad (10.130)$$

abgeschätzt, wobei v_0 die Gleichspannungsverstärkung und T der Reziprokwert der 3dB-Grenzfrequenz ω_{gr} des Spannungsverstärkers in Bild 10.8 sind.

10.5 Filter mit Nullstellen in der linken s-Halbebene

Wählt man die passiven Bauelemente der allgemeinen Filterschaltung in Bild 10.4
zu $Y_{1a}=sC_{1a}$, $Y_{1b}=sC_{1b}$, $Y_2=G_2$, $Y_3=sC_3$, $Y_{4a}=G_{4a}$ und $Y_{4b}=G_{4b}$, so erhält man die Filterschaltung in Bild 10.9. Die Übertragungsfunktion dieser Schaltung lautet

$$H(s) = v \; \frac{s^2_n + ss_n\eta(\beta + \alpha^{-1}) + \rho s^2_n}{s^2 + ss_n[\beta+\alpha^{-1}+\alpha(1-v)] + s^2_n} \qquad (10.131)$$

mit s_n, α und β nach (10.24) und

$$\eta = C_{1b}/C_1 \; , \quad C_1 = C_{1a} + C_{1b} \; , \qquad (10.132)$$

$$\rho = G_{4b}/G_4 \; , \quad G_4 = G_{4a} + G_{4b} \; . \qquad (10.133)$$

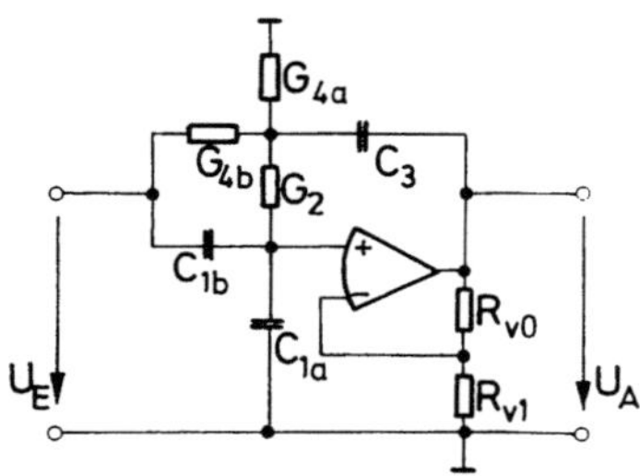

Bild 10.9. Filterschaltung mit Nullstellen in der linken s-Halbebene

Für den Sonderfall $\eta=0$ und $\rho=1$ geht die Filterschaltung in Bild 10.9 in die Tiefpaßschaltung von Bild 10.5 und die Übertragungsfunktion in (10.131) in die Übertragungsfunktion von (10.23) über.

Wählt man $\eta=1$ und $\rho=0$ und bezieht man die Frequenzvariable s auf die Normierungsfrequenz s_n, so erhält man die normierte Übertragungsfunktion

$$H(s') = H_0 \; \frac{s'(s' - s'_0)}{s'^2 + s'd_\infty + 1} \qquad (10.134)$$

mit einer Nullstelle im Ursprung und einer Nullstelle auf der negativ-reellen
Achse. Ihre Parameter lauten

$$H_0 = v \; , \qquad (10.135)$$

$$s'_0 = s_0/s_n = -(\beta + \alpha^{-1}) \; , \qquad (10.136)$$

$$|s'_\infty| = |s_\infty|/s_n = 1 \; , \qquad (10.137)$$

$$d_\infty = \beta + \alpha^{-1} + \alpha(1 - v) \; . \qquad (10.138)$$

Beim Entwurf setzt man zunächst $|s_\infty|=s_n$. Der Ausdruck $(\beta+\alpha^{-1})$ wird durch die reelle Nullstelle festgelegt. Wählt man beispielsweise $\beta=\alpha^{-1}$, so folgt aus (10.136)

$$\beta = \alpha^{-1} = -s_0'/2 \quad . \tag{10.139}$$

Den Verstärkungsfaktor v erhält man dann aus (10.138) zu

$$v = (\beta + \alpha^{-1} + \alpha - d_\infty)/\alpha \quad . \tag{10.140}$$

Wegen $\eta=1$ und $\rho=0$ entfallen die Elemente C_{1a} und G_{4b}. Die restlichen sechs Elemente $C_{1b}=C_1$, G_2, C_3, $G_{4a}=G_4$, R_{v0} und R_{v1} werden mit den Dimensionierungsformeln (10.41 - 45) berechnet.

Für $0 < \eta \leq 1$ und $0 < \rho \leq 1$ erhält man die normierte Übertragungsfunktion

$$H(s') = H_0 \frac{s'^2 + s'|s_0'|d_0 + |s_0'|^2}{s'^2 + s'|s_\infty'|d_\infty + |s_\infty'|^2} \quad , \tag{10.141}$$

die im Falle komplexer Nullstellen die folgenden Parameter hat:

$$H_0 = v\eta \quad , \tag{10.142}$$

$$d_0 = (\beta + \alpha^{-1})(\eta/\rho)^{1/2} \quad , \tag{10.143}$$

$$|s_0'| = s_0/s_n = (\rho/\eta)^{1/2} \quad , \tag{10.144}$$

$$d_\infty = \beta + \alpha^{-1} + \alpha(1 - v) \quad , \tag{10.145}$$

$$|s_\infty'| = |s_\infty|/s_n = 1 \quad . \tag{10.146}$$

Da die Parameter α, β, η und ρ stets positive Werte haben, muß der Dämpfungsfaktor d_0 der Nullstellen gemäß (10.143) ebenfalls stets positiv sein. Mit der Filterschaltung in Bild 10.9 können komplexe Nullstellen daher nur in der linken offenen s-Halbebene realisiert werden.

Im ersten Entwurfsschritt werden die Netzwerkparameter α, β, ρ, η, v und s_n bestimmt. Zunächst wird $|s_\infty|=s_n$ gesetzt. Aus dem Nullstellenbetrag $|s_0'|$ wird das Verhältnis ρ/η errechnet. Eine der beiden Größen ist frei wählbar. Im Sinne einer geringen Anzahl von Bauelementen wählt man

$$\rho = 1 \quad \text{bei} \quad |s_0| > |s_\infty| \quad ,$$

bzw. $\tag{10.147}$

$$\eta = 1 \quad \text{bei} \quad |s_0| < |s_\infty| \quad .$$

214

Daraus folgt dann

$$\eta = \rho/|s_0'|^2 \quad \text{bzw.} \quad \rho = \eta|s_0'|^2 \quad . \tag{10.148}$$

Dann wird aus d_0 der Ausdruck $(\beta + \alpha^{-1})$ errechnet. Wählt man beispielsweise $\beta = \alpha^{-1}$, so folgt aus (10.143)

$$\beta = d_0 \sqrt{\rho/\eta} /2 = d_0 |s_0'|/2 \quad . \tag{10.149}$$

Schließlich wird (10.145) nach v aufgelöst:

$$v = (\alpha + \beta + \alpha^{-1} - d_\infty)/\alpha \quad . \tag{10.150}$$

Im zweiten Entwurfsschritt werden die Werte der passiven Bauelemente berechnet. Zunächst werden mit Hilfe von (10.41 - 45) die Werte von C_1, G_2, C_3, G_4, R_{v0} und R_{v1} bestimmt und dann durch Auflösen von (10.132 - 133) die Elemente

$$C_{1b} = \eta C_1 \quad , \quad C_{1a} = C_1 - C_{1b} \quad , \tag{10.151}$$

$$G_{4b} = \rho G_4 \quad , \quad G_{4a} = G_4 - G_{4b} \quad . \tag{10.152}$$

Bild 10.10 zeigt die zu Bild 10.9 RC-CR-transformierte Filterschaltung. Die

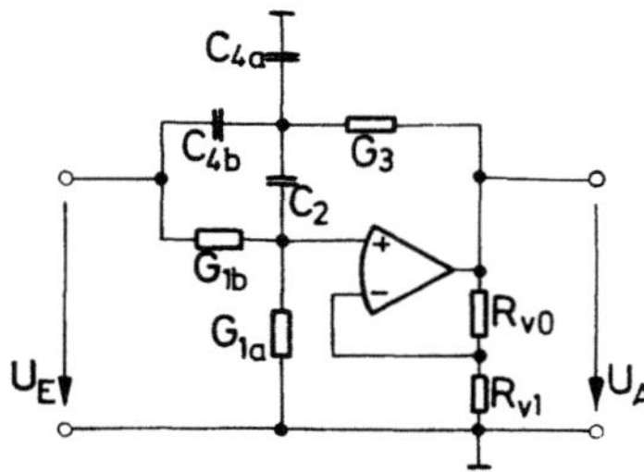

Bild 10.10. Filterschaltung mit Nullstellen in der linken s-Halbebene

Übertragungsfunktion dieser Schaltung lautet

$$H(s) = v \; \frac{s^2\eta + ss_n\rho(\beta + \alpha) + \rho s_n^2}{s^2 + ss_n[\beta + \alpha + \alpha^{-1}(1-v)] + s_n^2} \tag{10.153}$$

mit s_n, α und β nach (10.106) und

$$\eta = C_{4b}/C_4 \quad , \quad C_4 = C_{4a} + C_{4b} \quad , \tag{10.154}$$

$$\rho = G_{1b}/G_1 \quad , \quad G_1 = G_{1a} + G_{1b} \quad . \tag{10.155}$$

Für den Sonderfall $\rho=0$ und $\eta=1$ geht die Filterschaltung in Bild 10.10 in die Hochpaßschaltung in Bild 10.8 über und die Übertragungsfunktion in (10.153) in die aus (10.105).

Wählt man $\rho=1$ und $\eta=0$, so erhält man die normierte Übertragungsfunktion

$$H(s') = H_0 \frac{s' - s_0'}{s'^2 + s'd_\infty + 1} \ . \tag{10.156}$$

Ihre Parameter lauten

$$H_0 = v(\beta + \alpha) \ , \tag{10.157}$$

$$s_0' = -(\beta + \alpha)^{-1} \ , \tag{10.158}$$

$$|s_\infty'| = 1 \ , \tag{10.159}$$

$$d_\infty = \beta + \alpha + \alpha^{-1}(1 - v) \ . \tag{10.160}$$

Wählt man beim Entwurf $\alpha=\beta$, so folgt aus (10.158)

$$\beta = \alpha = -s_0'^{-1}/2 \tag{10.161a}$$

und aus (10.160)

$$v = (\beta + \alpha + \alpha^{-1} - d_\infty)/\alpha^{-1} \ . \tag{10.161b}$$

Wegen $\rho=0$ und $\eta=1$ entfallen die Elemente G_{1b} und C_{4a}. Die restlichen Elemente werden mit Hilfe der Beziehungen in (10.118 - 10.121) und (10.45) berechnet.

Für $0 < \eta \le 1$ und $0 < \rho \le 1$ erhält man die normierte Übertragungsfunktion

$$H(s') = H_0 \frac{s'^2 + s'|s_0'|d_0 + |s_0'|^2}{s'^2 + s'|s_\infty'|d_\infty + |s_\infty'|^2} \ , \tag{10.162}$$

die im Falle komplexer Nullstellen die folgenden Parameter hat:

$$H_0 = v\eta \ , \tag{10.163}$$

$$d_0 = (\beta + \alpha)(\rho/\eta)^{1/2} \ , \tag{10.164}$$

$$|s_0'| = (\rho/\eta)^{1/2} \ , \tag{10.165}$$

$$d_\infty = \beta + \alpha + \alpha^{-1}(1 - v) \ , \tag{10.166}$$

$$|s_\infty'| = 1 \ . \tag{10.167}$$

216

Der Entwurf kann ähnlich wie bei der RC-CR-transformierten Schaltung durchgeführt werden. Nach der Wahl von $\rho=1$ oder $\eta=1$ folgt

$$\eta = \rho/|s_0'|^2 \quad \text{bzw.} \quad \rho = \eta \cdot |s_0'|^2 \ . \tag{10.168}$$

Wählt man $\alpha=\beta$, so folgt aus (10.164)

$$\beta = d_0(\eta/\rho)^{1/2}/2 = d_0/2|s_0'| \tag{10.169}$$

und aus (10.166)

$$v = (\alpha^{-1} + \beta + \alpha - d_\infty)/\alpha^{-1} \ . \tag{10.170}$$

Die Werte der Elemente G_1, C_2, G_3, C_4, R_{v0} und R_{v1} werden mit Hilfe von
(10.118 - 10.121) und (10.45) bestimmt. Aus (10.154 - 10.155) folgt schließlich

$$G_{1b} = \rho G_1 \ , \quad G_{1a} = G_1 - G_{1b} \ , \tag{10.171}$$

$$C_{4b} = \eta C_4 \ , \quad C_{4a} = C_4 - C_{4b} \ . \tag{10.172}$$

10.6 Filter mit Nullstellen auf der jω-Achse

Die Filterschaltungen in Bild 10.9 und 10.10 realisieren Nullstellen nur in der
linken offenen s-Halbebene. Um Nullstellen auf der jω-Achse zu erhalten, geht man
von einem RC-Dreitor-Netzwerk mit einer Übertragungsfunktion dritter Ordnung aus,
das prinzipiell imaginäre Übertragungsnullstellen besitzen kann. Bild 10.11 zeigt

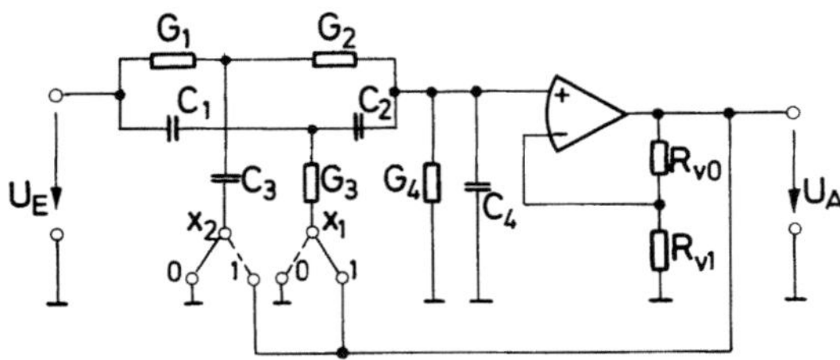

Bild 10.11. Rückkopplungsschaltung
mit Doppel-T-Glied

eine Filterschaltung, die im wesentlichen aus einem Doppel-T-Glied und einem Verstärker besteht. Das Doppel-T-Glied ist mit den Elementen G_4 und C_4 abgeschlossen.
Die Ausgangsspannung U_A wird über die Kapazität C_3 und/oder über den Leitwert G_3
in das passive Netzwerk zurückgekoppelt. Diese verschiedenen Rückkopplungsmöglich-
keiten sind durch Brücken in Bild 10.11 angedeutet. Die binären Größen x_1 und x_2,
die auch in den folgenden Formelausdrücken verwendet werden, erhalten den Wert 1,
wenn die Elemente C_3 und/oder G_3 mit dem Ausgang des Verstärkers verbunden sind,

und den Wert 0, wenn sie mit dem Masseknoten verbunden sind. Eine Analyse der Schaltung in Bild 10.11 führt auf eine Spannungsübertragungsfunktion

$$H(s) = vN(s)/D(s) \qquad (10.173a)$$

mit

$$v = 1 + R_{v0}/R_{v1} \quad , \qquad (10.173b)$$

$$N(s) = s^2 C_1 C_2 (sC_3 + G_1 + G_2) + G_1 G_2 (sC_1 + sC_2 + G_3) \qquad (10.173c)$$

und

$$D(s) = [s^2 C_1 C_2 + sCG_3(1 - vx_1)](sC_3 + G_1 + G_2)$$

$$+ [G_1 G_2 + sG_2 C_3(1 - vx_2)](G_3 + sC_1 + sC_2)$$

$$+ (sC_4 + G_4)(sC_3 + G_1 + G_2)(G_3 + sC_1 + sC_2) \quad . \qquad (10.173d)$$

Aus (10.173d) ist ersichtlich, daß die Filterschaltung in Bild 10.11 eine Übertragungsfunktion dritter Ordnung hat. Setzt man speziell

$$G_1 = G_2 = G \ , \quad G_3 = 2G \ , \quad G_4 = \rho G \ ,$$

$$C_1 = C_2 = C \ , \quad C_3 = 2C \ , \quad C_4 = \eta C \ , \qquad (10.174)$$

so kürzen sich im Zähler und Nenner von H(s) je ein Linearterm gegenseitig weg, und es bleibt eine Übertragungsfunktion zweiter Ordnung:

$$H(s') = v \frac{s'^2 + 1}{s'^2(1+2\eta) + s'2(2+\rho+\eta-vx_1-vx_2) + (1+2\rho)} \qquad (10.175)$$

mit

$$s' = s/s_n \ , \quad s_n = G/C \quad . \qquad (10.176)$$

Bild 10.12a zeigt die zugehörige Schaltung mit "doppelter" Rückkopplung ($x_1 = x_2 = 1$), Bild 10.12b die Schaltung mit einer "einfachen" Rückkopplung ($x_1 = 1$, $x_2 = 0$).

Ein Vergleich von (10.175) mit der allgemeinen Funktion

$$H(s') = H_0 \frac{s'^2 + |s_0|^2}{s'^2 + s'd_\infty|s_\infty| + |s_\infty|^2} \qquad (10.177)$$

ergibt die folgenden Parameter:

$$H_0 = v/(1 + 2\eta) \quad , \qquad (10.178)$$

$$|s_0'| = 1 \quad , \qquad (10.179)$$

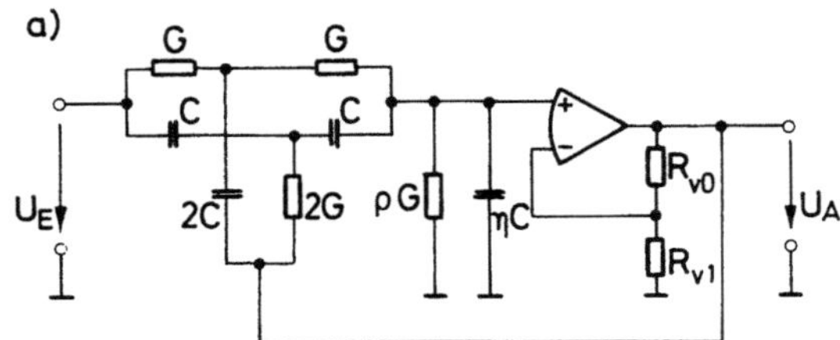

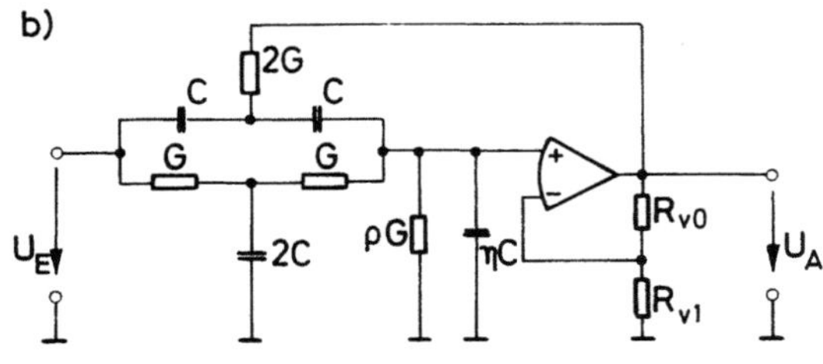

Bild 10.12. Doppel-T-Glied-Schaltung mit "doppelter" Rück-kopplung (a) und mit "einfacher" Rückkopplung (b)

$$d_\infty = 2\,\frac{\rho + \eta + 2 - v(x_1 + x_2)}{\sqrt{(1 + 2\eta)(1 + 2\rho)}} \quad , \tag{10.180}$$

$$|s'_\infty| = \sqrt{\frac{1 + 2\rho}{1 + 2\eta}} \quad . \tag{10.181}$$

Beim Entwurf werden aus den vorgegebenen Parametern $|s_0|$, d_∞ und $|s_\infty|$ die Parameter s_n, v, ρ, η, x_1 und x_2 und daraus die passiven Bauelemente bestimmt. Aus (10.179) folgt

$$s_n = |s_0| \quad . \tag{10.182}$$

Die Werte von ρ und η erhält man durch Auflösen von (10.181). Im Sinne einer geringen Anzahl von Bauelementen wählt man $\rho=0$ und $\eta\neq0$, falls $|s_\infty|<|s_0|$ ist, und $\rho\neq0$ und $\eta=0$, falls $|s_\infty|>|s_0|$ ist. Den Verstärkungsfaktor v erhält man aus (10.180)

$$v(x_1 + x_2) = (\rho + \eta + 2) - d_\infty \sqrt{(1 + 2\eta)(1 + 2\rho)}/2 \quad , \tag{10.183}$$

wobei man noch die Möglichkeit hat, den Ausdruck (x_1+x_2) zu 1 oder 2 zu wählen.

Beispiel 10.8

Gesucht ist ein Sperrfilter (notchfilter, Nullstellenbetrag = Polbetrag) für eine Sperrfrequenz von 50 Hz mit einer Polgüte von $Q_\infty=5$. Wählt man C=0,1 µF, so erhält man aus (10.176) und (10.182)

$$R = 1/G = 1/s_n C = 1/(2\pi \cdot 50\ \text{Hz} \cdot 0,1\ \text{µF}) = 31,83\ \text{k}\Omega \quad . \tag{10.184}$$

Wählt man wegen $|s_\infty|=|s_0|$ die Parameter $\rho=\eta=0$, so erhält man aus (10.183) mit $x_1=1$, $x_2=0$ und $d_\infty=1/Q_\infty=0,2$ den Verstärkungsfaktor

$$v = 2 - 0,1 = 1,9 \quad . \tag{10.185}$$

Wählt man $R_{V1}=10$ kΩ, so ergibt sich der zweite Verstärkerwiderstand zu

$$R_{V0} = R_{V1}(v - 1) = 9 \text{ k}\Omega \quad . \tag{10.186}$$

Bild 10.13 zeigt das gesuchte Sperrfilter.

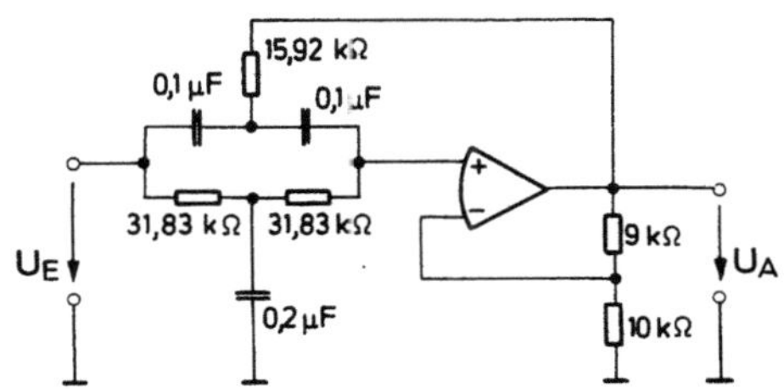

Bild 10.13. 50 Hz-Sperrfilter

10.7 Allpässe zweiter Ordnung

Die in Bild 10.14 gezeigte Schaltung [10.3] hat eine Spannungsübertragungsfunktion

$$H(s) = \frac{U_A}{U_E} = \frac{Y_5(Y_1Y_2 + Y_1Y_3 + Y_1Y_4 + Y_2Y_4) - Y_6Y_2Y_3}{(Y_5 + Y_6)(Y_1Y_2 + Y_1Y_3 + Y_1Y_4 + Y_2Y_4)} \quad . \tag{10.187}$$

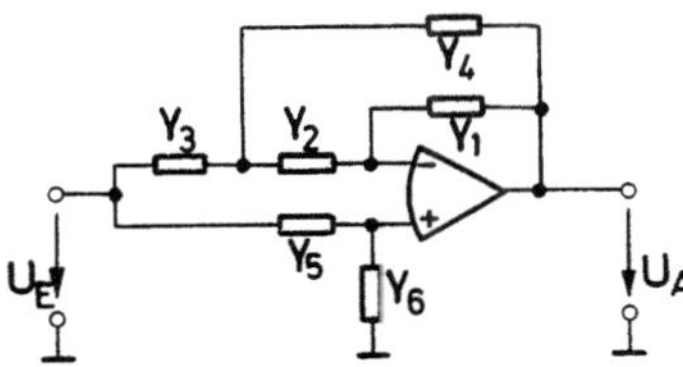

Bild 10.14. Allgemeine Schaltungsanordnung mit einem Operationsverstärker

Wählt man die sechs passiven Bauelemente speziell zu $Y_1=sC_1$, $Y_2=G_2$, $Y_3=sC_3$, $Y_4=G_4$, $Y_5=G_5$ und $Y_6=G_6$, so wird aus der Übertragungsfunktion in (10.187)

$$H(s') = \frac{1}{1 + \rho} \frac{s'^2 + s'(\beta + \alpha^{-1} - \rho\alpha) + 1}{s'^2 + s'(\beta + \alpha^{-1}) + 1} \tag{10.188}$$

mit

$$\rho = G_6/G_5 \tag{10.189}$$

und α, β und s_n gemäß (10.24). Bild 10.15 zeigt die zugehörige Schaltung. Gl.(10.188) stellt eine Allpaßfunktion zweiter Ordnung dar, wenn

$$\beta + \alpha^{-1} = -(\beta + \alpha^{-1} - \rho\alpha) \tag{10.190}$$

gilt, siehe (1.54).

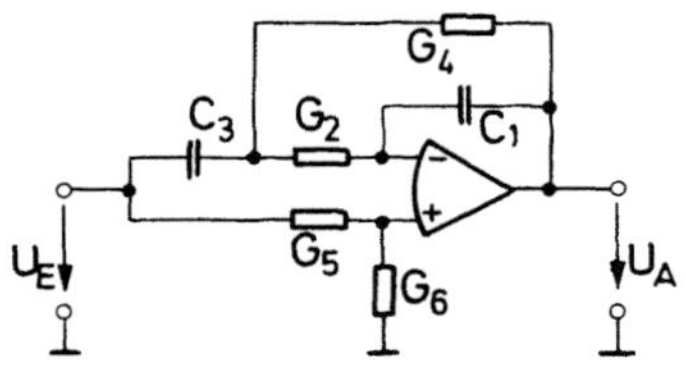

Bild 10.15. Allpaßschaltung zweiter Ordnung

Bei der Dimensionierung der Allpaßschaltung in Bild 10.15 erhält man zunächst aus dem vorgegebenen Pol- bzw. Nullstellenbetrag die Normierungsfrequenz

$$s_n = |s_\infty| = |s_0| \quad . \tag{10.191}$$

Wählt man $\beta = \alpha^{-1}$, so erhält man aus dem Nenner von (10.188)

$$\beta = d_\infty/2 \ , \ \alpha = 2/d_\infty \tag{10.192}$$

und aus (10.190)

$$\rho = d_\infty^2 \quad . \tag{10.193}$$

Die Werte der Bauelemente C_1, G_2, C_3 und G_4 werden mit (10.41 - 44) bestimmt. Einer der beiden Leitwerte G_5 und G_6 ist frei wählbar. Der andere wird mit Hilfe von (10.189) berechnet.

10.8 Zusammenfassung

Filterschaltungen zweiter Ordnung mit einem Operationsverstärker sind vor allem durch einen geringen schaltungstechnischen Aufwand gekennzeichnet. Viele Übertragungsfunktionen zweiter Ordnung lassen sich mit Hilfe einer allgemeinen Rückkopplungsstruktur aus einem RC-Dreitor und einem Spannungsverstärker verwirklichen. Das Nennerpolynom dieser Übertragungsfunktionen wird allein durch die Rückkopplungsschleife bestimmt. Zu jeder Rückkopplungsschaltung mit einem Verstärker läßt sich mit Hilfe der Komplementärtransformation eine neue Schaltung finden, die bezüglich der Pole der Übertragungsfunktion bzw. der Eigenwerte des Netzwerks die gleichen Eigenschaften besitzt wie die Originalschaltung.

Ausgehend von der allgemeinen Filterschaltung in Bild 10.4 mit einem RC-Dreitor aus sechs passiven Bauelementen und einem nichtinvertierenden Spannungsverstärker werden Tiefpaß-, Bandpaß-, Hochpaßfilter und Filter mit Nullstellen in der linken offenen s-Halbebene abgeleitet. Durch einen Koeffizientenvergleich der vorgegebenen Übertragungsfunktion mit der analysierten Übertragungsfunktion wird der Zusammenhang zwischen den Funktionsparametern (z.B. den Pol- und Nullstellenparametern) und den Bauelementen hergestellt. Dieser Zusammenhang wird beim Filterentwurf ausgenutzt. Dabei sind in der Regel einige Netzwerkparameter und Bauelemente nach irgendwelchen technischen Gesichtspunkten frei wählbar. Als zusätzliche Information werden die Eingangsimpedanzen, die vollrelativen Empfindlichkeiten der Funktionsparameter gegenüber den Bauelementen und der Einfluß der Verstärkergrenzfrequenzen auf die Polparameter abgeleitet.

Zur Realisierung von Nullstellen auf der $j\omega$-Achse sind (wenn alle Tore den gleichen Bezugsknoten haben sollen) RC-Netzwerke dritter Ordnung nötig. Geeignet hierzu ist die in Bild 10.11 gezeigte Rückkopplungsschaltung mit Doppel-T-Glied. Durch eine spezielle Dimensionierung kürzen sich im Zähler und Nenner der Übertragungsfunktion je ein Linearterm gegenseitig weg, so daß eine Übertragungsfunktion zweiter Ordnung übrig bleibt. Durch einen Koeffizientenvergleich der vorgelegten mit der analysierten Funktion erhält man die Dimensionierungsvorschriften für die Schaltung.

Als Ergänzung wird in Bild 10.15 eine Allpaßschaltung zweiter Ordnung angegeben. Ihre Dimensionierung läßt sich ebenfalls durch Koeffizientenvergleich ableiten.

11. Filterstufen mit zwei Operationsverstärkern

Die im vorangegangenen Kapitel beschriebenen Filterstufen mit einem Operationsverstärker erfordern beim Entwurf einen Kompromiß zwischen verschiedenen Eigenschaften. Dieser Nachteil läßt sich durch Hinzunahme eines weiteren Operationsverstärkers vermeiden. Dem Mehraufwand von einem Operationsverstärker steht
insbesondere bei hohen Frequenzen und hohen Polgüten eine beträchtliche Verbesserung fast aller Eigenschaften gegenüber. Überdies vereinfacht sich das Ent-
wurfsverfahren der Filterstufen.

11.1 Allgemeine Filterschaltung

Bild 11.1 zeigt eine allgemeine Filterschaltung mit zwei Operationsverstärkern
[11.1]. Ihr liegt das Netzwerk in Bild 3.8 zugrunde. Der Norator No_1 und der Nullator Nu_2 sind als Operationsverstärker μ_1 realisiert, der Norator No_2 und der Nullator Nu_1 als Operationsverstärker μ_2. Der Knoten K_1 ist die Eingangsklemme der
Filterstufe, der Knoten K_7 die gemeinsame Bezugsklemme (Masse). Die unbestimmte
Admittanzmatrix dieses Netzwerkes wurde in Beispiel 3.2 berechnet, die Leerlaufeingangsimpedanz $Z_{11}(s)$ in Beispiel 3.3. Da der Ausgang der Filterstufe durch den
Operationsverstärker μ_1 dargestellt wird, ist die Leerlaufeingangsimpedanz $Z_{11}(s)$
gleich der Eingangsimpedanz $Z_E(s)$ bei beliebiger ausgangsseitiger Beschaltung:

$$Z_E(s) = \frac{Y_1 Y_3 Y_5 + Y_2 Y_4 Y_6}{(Y_{1b} + Y_{6b})(Y_{1a} Y_3 Y_5 + Y_2 Y_4 Y_{6a})} \tag{11.1}$$

mit

$$Y_1 = Y_{1a} + Y_{1b} \;,\quad Y_6 = Y_{6a} + Y_{6b} \;. \tag{11.2}$$

Ferner wurde in Beispiel 3.4 die Spannungsübertragungsfunktion der Filterschaltung
zu

$$H(s) = \frac{Y_{6b}(Y_2 Y_4 + Y_{1a} Y_4) + Y_{1b}(Y_3 Y_5 - Y_{6a} Y_4)}{Y_1 Y_3 Y_5 + Y_2 Y_4 Y_6} \tag{11.3}$$

berechnet. Auch diese Funktion gilt unabhängig von der ausgangsseitigen Beschaltung.

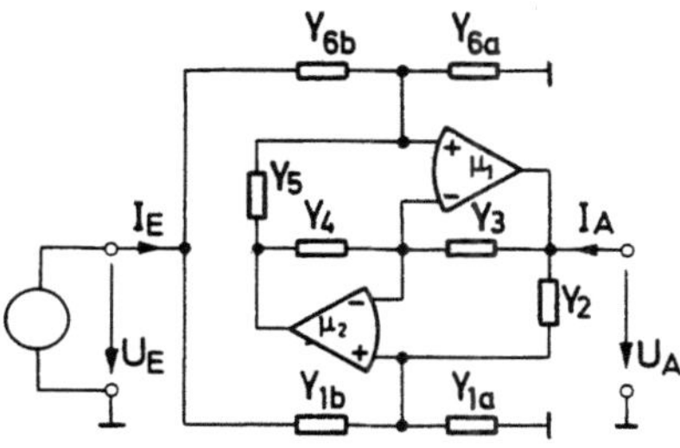

Bild 11.1. Allgemeine Filterschaltung mit zwei Operationsverstärkern

Betrachtet man die Filterschaltung in Bild 11.1 ohne Erregung (Spannungsquelle durch Kurzschluß ersetzt), so liegen die Leitwerte Y_{1a} und Y_{1b} bzw. Y_{6a} und Y_{6b} jeweils parallel und bilden den Leitwert Y_1 bzw. Y_6, siehe Bild 11.2. Die charakteristische Gleichung dieses Netzwerkes ist mit dem Nennerpolynom der Spannungs-übertragungsfunktion in (11.3) identisch und lautet

$$Y_1 Y_3 Y_5 + Y_2 Y_4 Y_6 = 0 \quad . \tag{11.4}$$

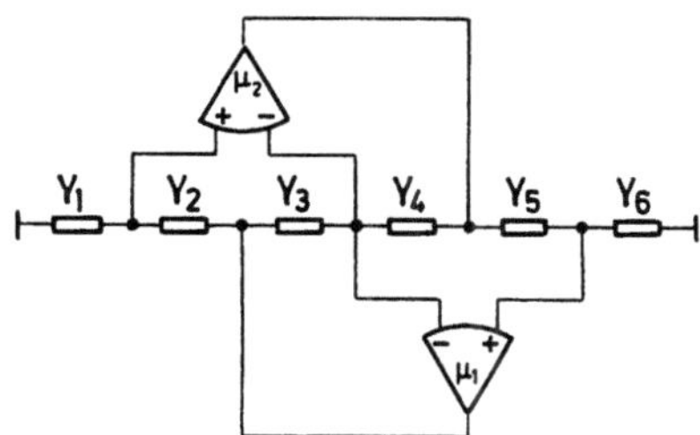

Bild 11.2. Resonator aus 6 passiven Elementen und zwei Operationsverstärkern

Zum gleichen Netzwerk gelangt man, wenn man den Positiv-Impedanz-Konverter in Bild 7.7 eingangsseitig mit einer Impedanz Z_1 und ausgangsseitig mit einer Impedanz Z_6 abschließt, siehe auch Bild 7.9 bis 7.11. Das Netzwerk in Bild 11.2 liegt also sowohl den in Kapitel 7 genannten Simulationsschaltungen als auch der Filterstufe in Bild 11.1 zugrunde. Setzt man in (11.4) für zwei der geradzahlig oder für zwei der ungeradzahlig indizierten Admittanzen Kapazitäten und für den Rest ohmsche Leitwerte ein, so erhält man eine charakteristische Gleichung zweiten Grades mit imaginären Eigenwerten. Schaltet man parallel zu einer der Kapazitäten einen weiteren Leitwert, so erhält man Eigenwerte in der linken s-Halbebene. Die Schaltung in Bild 11.2 verhält sich also prinzipiell wie ein RLC-Kreis und soll daher mit *Resonator* bezeichnet werden.

11.2 Tiefpässe

Wählt man die acht passiven Elemente der Schaltung in Bild 11.1 zu $Y_{1a}=G_1$, $Y_{1b}=0$, $Y_2=G_2$, $Y_3=sC_3$, $Y_4=G_4$, $Y_5=G_5+sC_5$, $Y_{6a}=0$ und $Y_{6b}=G_6$, so erhält man die in Bild 11.3 gezeigte Tiefpaßschaltung zweiter Ordnung [11.1].

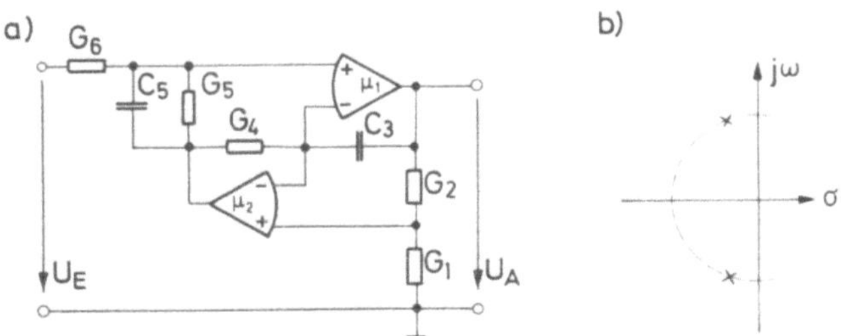

Bild 11.3. Tiefpaßschaltung zweiter Ordnung (a) und zugehöriger Polplan (b)

Die Spannungsübertragungsfunktion (11.3) lautet für diese Schaltung

$$H(s) = \frac{U_A}{U_E} = \frac{G_6(G_2G_4 + G_1G_4)}{s^2C_3C_5G_1 + sC_3G_5G_1 + G_2G_4G_6}$$

$$= \frac{1 + \alpha_{21}}{T_{34}T_{56}} \cdot \frac{1}{s^2 + s\dfrac{1}{T_{55}} + \dfrac{\alpha_{21}}{T_{34}T_{56}}} \tag{11.5}$$

mit den Abkürzungen

$$T_{\mu\nu} = C_\mu/G_\nu \quad , \quad \alpha_{\mu\nu} = G_\mu/G_\nu \quad . \tag{11.6}$$

Durch einen Vergleich von (11.5) mit der allgemeinen Tiefpaßfunktion 2. Ordnung in (1.57a) erhält man den Zusammenhang zwischen den Funktionsparametern H_0, $|s_\infty|$ und d_∞ und den Netzwerkparametern α_{21}, T_{34}, T_{56} und T_{55}:

$$H_0 = (1 + \alpha_{21})/\alpha_{21} \quad , \tag{11.7}$$

$$|s_\infty| = \sqrt{\alpha_{21}/T_{34}T_{56}} \quad , \tag{11.8}$$

$$Q_\infty = \frac{1}{d_\infty} = T_{55}\sqrt{\alpha_{21}/T_{34}T_{56}} = \sqrt{\frac{R_1C_5}{R_2C_3}} \cdot \frac{R_5}{\sqrt{R_4R_6}} \quad . \tag{11.9}$$

Beim Filterentwurf werden die Polparameter $|s_\infty|$ und Q_∞ vorgegeben. Wie später bei der Untersuchung parasitärer Parameter gezeigt wird, ist es meist zweckmäßig, das Leitwertverhältnis α_{21} zu $\alpha_{21}=1$ und die beiden Zeitkonstanten T_{34} und T_{56} näherungsweise gleich groß zu wählen. Damit liegt die Gleichspannungsverstärkung fest:

$$H_0 = 2 \quad . \tag{11.10}$$

Weiterhin ist es meist zweckmäßig, die beiden frequenzbestimmenden Kapazitäten C_3 und C_5 gleich groß vorzuwählen

$$C_3 = C_5 = C_F \quad . \tag{11.11}$$

Frequenzbestimmend ist ferner der geometrische Mittelwert der beiden Widerstände R_4 und R_6:

$$R_F = \sqrt{R_4 R_6} = 1/(|s_\infty| C_F) \quad . \tag{11.12}$$

Sollen beide Widerstände exakt gleich groß sein, so folgt aus (11.12)

$$R_4 = R_6 = R_F \quad . \tag{11.13}$$

Es kann aber auch einer der beiden Widerstände, z.B. R_4, aus einer Normreihe gewählt werden,

$$R_4 \approx R_F \quad , \tag{11.14a}$$

und der andere Widerstand dann exakt (z.B. durch Reihenschaltung von Widerständen aus der Normreihe) nach (11.12) realisiert werden:

$$R_6 = R_F^2/R_4 \quad . \tag{11.14b}$$

Es bleibt die Berechnung des gütebestimmenden Widerstandes R_5. Unter der Voraussetzung gleich großer Widerstände R_1 und R_2 ($\alpha_{21}=1$) und gleich großer Kapazitäten C_3 und C_5 gemäß (11.11), folgt mit (11.12) aus (11.9)

$$R_5 = Q_\infty R_F \quad . \tag{11.15}$$

Beispiel 11.1

Eine Tiefpaßfilterstufe nach Bild (11.3) soll einen Polbetrag $|s_\infty|=2\pi \cdot 10^4/\text{sec}$ und eine Polgüte $Q_\infty=5$ haben. Frei vorgewählt werden beispielsweise die Widerstände $R_1=R_2=2,21$ kΩ und die Kapazitäten $C_3=C_5=10$ nF. Aus (11.12) folgt dann ein frequenzbestimmender Widerstand vom Wert

$$R_F = 1,592 \text{ k}\Omega \quad . \tag{11.16}$$

Wählt man $R_4=1,62$ kΩ (E96-Reihe), so ergibt (11.14b)

$$R_6 = 1,564 \text{ k}\Omega \quad . \tag{11.17}$$

Dieser Wert kann beispielsweise durch die Reihenschaltung zweier Widerstände vom Wert $R_{61}=1,54$ kΩ und $R_{62}=23,7$ Ω realisiert werden. Aus (11.15) folgt schließlich

$$R_5 = 5 \cdot 1,592 \text{ k}\Omega = 7,958 \text{ k}\Omega \quad , \tag{11.18}$$

der als Reihenschaltung zweier Werte $R_{51}=7,87$ kΩ und $R_{52}=88,7$ Ω realisiert werden kann.

Die Eingangsimpedanz der Tiefpaßschaltung in Bild 11.3 ergibt sich aus (11.1) zu

$$Z_E(s) = \frac{s^2 C_3 C_5 G_1 + s C_3 G_5 G_1 + G_2 G_4 G_6}{G_6 G_1 s C_3 (G_5 + s C_5)} =$$

$$= R_6 \frac{s^2 + s|s_\infty|d_\infty + |s_\infty|^2}{s^2 + s|s_\infty|d_\infty} \quad , \qquad d_\infty = \frac{1}{Q_\infty} \quad . \tag{11.19}$$

Ein Vergleich mit (10.46) zeigt, daß diese Eingangsimpedanz prinzipiell den gleichen Verlauf hat wie die der Tiefpaßstufe in Bild 10.5.

Für kleine Dämpfungsfaktoren d_∞ liegt das betragsmäßige Minimum der Eingangsimpedanz in der Nähe der Frequenz $\omega=|s_\infty|$. Für $s=j|s_\infty|$ folgt aus (11.19)

$$|Z_E(j|s_\infty|)| = R_6 d_\infty / (1 + d_\infty^2)^{1/2} \approx R_6 d_\infty \quad . \tag{11.20}$$

Die Empfindlichkeiten der Funktionsparameter H_0, $|s_\infty|$ und Q_∞ gegenüber den Bauelementen G_1, G_2, C_3, G_4, C_5, G_5 und G_6 werden über die Netzwerkparameter α_{21}, T_{34}, T_{56} und T_{55} berechnet. Aus (11.7 - 9) sind direkt die folgenden vollrelativen Empfindlichkeiten abzulesen:

$$\hat{S}^{H_0}_{\alpha_{21}} = \frac{\alpha_{21}}{1 + \alpha_{21}} - 1 = -\frac{1}{1 + \alpha_{21}} \quad , \tag{11.21}$$

$$\hat{S}^{|s_\infty|}_{\alpha_{21}} = -\hat{S}^{|s_\infty|}_{T_{34}} = -\hat{S}^{|s_\infty|}_{T_{56}} = 1/2 \quad , \tag{11.22}$$

$$\hat{S}^{Q_\infty}_{T_{55}} = 1 \quad , \quad \hat{S}^{Q_\infty}_{\alpha_{21}} = -\hat{S}^{Q_\infty}_{T_{34}} = -\hat{S}^{Q_\infty}_{T_{56}} = 1/2 \quad . \tag{11.23}$$

Ferner folgen aus (11.6) die Empfindlichkeiten

$$\hat{S}^{\alpha_{21}}_{R_1} = -\hat{S}^{\alpha_{21}}_{R_2} = 1 \quad , \tag{11.24}$$

$$\hat{S}_{C_3}^{T_{34}} = \hat{S}_{R_4}^{T_{34}} = 1 \quad , \tag{11.25}$$

$$\hat{S}_{C_5}^{T_{56}} = \hat{S}_{R_6}^{T_{56}} = 1 \quad , \tag{11.26}$$

$$\hat{S}_{C_5}^{T_{55}} = \hat{S}_{R_5}^{T_{55}} = 1 \quad . \tag{11.27}$$

Alle in (11.21 - 27) nicht aufgeführten Empfindlichkeiten haben den Wert Null. Verknüpft man (11.21 - 23) mit (11.24 - 27) gemäß (2.17), so erhält man die gesuchten Empfindlichkeiten. Sie lauten für $\alpha_{21}=1$

$$\hat{S}_{R_1}^{H_0} = -\hat{S}_{R_2}^{H_0} = -1/2 \quad , \tag{11.28}$$

$$\hat{S}_{R_1}^{|s_\infty|} = -\hat{S}_{R_2}^{|s_\infty|} = -\hat{S}_{C_3}^{|s_\infty|} = -\hat{S}_{R_4}^{|s_\infty|} = -\hat{S}_{C_5}^{|s_\infty|} = -\hat{S}_{R_6}^{|s_\infty|} = 1/2 \quad , \tag{11.29}$$

$$\hat{S}_{R_1}^{Q_\infty} = -\hat{S}_{R_2}^{Q_\infty} = -\hat{S}_{C_3}^{Q_\infty} = -\hat{S}_{R_4}^{Q_\infty} = +\hat{S}_{C_5}^{Q_\infty} = -\hat{S}_{R_6}^{Q_\infty} = 1/2 \quad , \tag{11.30}$$

$$\hat{S}_{R_5}^{Q_\infty} = 1 \quad . \tag{11.31}$$

Um den Einfluß des nichtidealen Operationsverstärkers auf die Pole der Übertragungsfunktion abschätzen zu können, muß das Filternetzwerk in Bild 11.1 unter der Annahme endlicher Verstärkungsfaktoren μ_1 und μ_2 erneut analysiert werden. Als Ergebnis erhält man für die Spannungsübertragungsfunktion das folgende Nennerpolynom [11.2]

$$\begin{aligned}
D(s) = {} & \mu_1\mu_2(Y_1Y_3Y_5 + Y_2Y_4Y_6) \\
& + \mu_1Y_3(Y_1 + Y_2)(Y_5 + Y_6) \\
& + \mu_2Y_4(Y_1 + Y_2)(Y_5 + Y_6) \\
& + (Y_1 + Y_2)(Y_3 + Y_4)(Y_5 + Y_6) \quad .
\end{aligned} \tag{11.32}$$

Dividiert man dieses Polynom durch das Produkt $\mu_1\mu_2$, so erhält man

$$\begin{aligned}
\frac{D(s)}{\mu_1\mu_2} = {} & Y_1Y_3Y_5 + Y_2Y_4Y_6 \\
& + (\varepsilon_2Y_3 + \varepsilon_1Y_4)(Y_1 + Y_2)(Y_5 + Y_6)
\end{aligned} \tag{11.33}$$

mit

$$\varepsilon_1 = 1/\mu_1 \quad , \quad \varepsilon_2 = 1/\mu_2 \quad . \tag{11.34}$$

Darin sind wegen der hohen Verstärkungsfaktoren μ_1 und μ_2 die zu $\varepsilon_1\varepsilon_2$ proportionalen Terme vernachlässigt.

Die Operationsverstärker werden in erster Näherung durch ein Einpol-Modell beschrieben, siehe (6.47),

$$\varepsilon(s) = 1/\mu(s) = \varepsilon_0 + sT_T \quad , \tag{11.35}$$

wobei ε_0 der Reziprokwert der Gleichspannungsverstärkung μ_0 ist und T_T der Reziprokwert der Transitgrenzfrequenz ω_T. Setzt man (11.35) in (11.33) ein, so erhält man mit den für die Tiefpaßschaltung gewählten Admittanzen den Nennerausdruck

$$\frac{D(s)}{\mu_1\mu_2} = sC_3G_1(sC_5 + G_5) + G_2G_4G_6$$

$$+ (\varepsilon_{02} + sT_{T2})sC_3(G_1 + G_2)(sC_5 + G_5 + G_6)$$

$$+ (\varepsilon_{01} + sT_{T1}) G_4(G_1 + G_2)(sC_5 + G_5 + G_6) \quad . \tag{11.36}$$

Durch Nullsetzen, Division mit $G_1C_3C_5$ und Ordnen nach Potenzen von s erhält man die folgende Gleichung zur Bestimmung der Pole

$$s^3[T_{T2}(1 + \alpha_{21})]$$

$$+ s^2[1 + (1 + \alpha_{21})(\varepsilon_{02} + \frac{T_{T1}}{T_{34}} + \frac{T_{T2}}{T_{56}} + \frac{T_{T2}}{T_{55}})]$$

$$+ s[\frac{1}{T_{55}} + (1 + \alpha_{21})(\frac{\varepsilon_{01}}{T_{34}} + \frac{\varepsilon_{02}}{T_{56}} + \frac{\varepsilon_{02}}{T_{55}} + \frac{T_{T1}}{T_{34}T_{56}} + \frac{T_{T1}}{T_{34}T_{55}})]$$

$$+ [\frac{\alpha_{21}}{T_{34}T_{56}} + (1 + \alpha_{21})(\frac{\varepsilon_{01}}{T_{34}T_{55}} + \frac{\varepsilon_{01}}{T_{34}T_{56}})]$$

$$= \delta_3 s^3 + (1 + \delta_2)s^2 + (b_1 + \delta_1)s + (b_0 + \delta_0) = 0 \quad . \tag{11.37}$$

Daraus lassen sich mit den in (10.66 - 72) angestellten Überlegungen die Änderung des Polbetrages und der Polgüte aufgrund der von Null verschiedenen parasitären Parameter ε_{01}, ε_{02}, T_{T1} und T_{T2} wie folgt abschätzen

$$\frac{\Delta|s_\infty|}{|s_\infty|_i} = \frac{|s_\infty| - |s_\infty|_i}{|s_\infty|_i} \approx \frac{\delta_0}{2b_0} - \frac{\delta_2}{2} + \frac{\delta_3 b_1}{2}$$

$$= \frac{1}{2}(1 + \alpha_{21})(\varepsilon_{01}\frac{\alpha_{56} + 1}{\alpha_{21}} - \varepsilon_{02} - \frac{T_{T1}}{T_{34}} - \frac{T_{T2}}{T_{56}}) \tag{11.38}$$

und

$$\frac{\Delta Q_\infty}{Q_{\infty i}} \approx \frac{\delta_2}{2} - \frac{\delta_3 b_1}{2} + \frac{\delta_0}{2b_0} - \frac{\delta_1}{b_1} + \frac{\delta_3 b_0}{b_1}$$

$$= \frac{1}{2}(1 + \alpha_{21})[\varepsilon_{01}(\frac{\alpha_{56} + 1}{\alpha_{21}} - 2\frac{T_{55}}{T_{34}}) - \varepsilon_{02}(1 + 2\alpha_{65})$$

$$- \frac{T_{T1}}{T_{34}}(1 + 2\alpha_{65}) + \frac{T_{T2}}{T_{56}}(1 + 2\alpha_{21}\frac{T_{55}}{T_{34}})] \quad . \tag{11.39}$$

Unter der Annahme hoher Gütefaktoren $Q_\infty \gg 1$ und einer Dimensionierung mit gleich großen Widerständen $R_1 = R_2$ ($\alpha_{21} = 1$) und gleich großen Zeitkonstanten $T_{34} = T_{56} = T$ folgt aus (11.38 - 39)

$$\frac{\Delta|s_\infty|}{|s_\infty|_i} \approx \varepsilon_{01} - \varepsilon_{02} - \frac{T_{T1} + T_{T2}}{T} \quad , \tag{11.40}$$

$$\frac{\Delta Q_\infty}{Q_{\infty i}} \approx -2Q_{\infty i}(\varepsilon_{01} + \varepsilon_{02} + \frac{T_{T1} - T_{T2}}{T}) \quad . \tag{11.41}$$

Die durch die reziproken Gleichspannungsverstärkungen ε_{01} und ε_{02} verursachten Abweichungen sind in der Regel gegenüber den von den passiven Bauelementen herrührenden Abweichungen vernachlässigbar. Die Zeitkonstanten T_{T1} und T_{T2} der Operationsverstärker dagegen können bei kleinen Filterzeitkonstanten (hohen Polfrequenzen $|s_\infty|_i = 1/T$) einen beträchtlichen Fehlerbeitrag leisten. Aus (11.40 - 41) ist ersichtlich, daß die relative Abweichung der Polfrequenz von ihrem Idealwert $|s_\infty|_i$ mit der Polfrequenz und die relative Güteabweichung mit dem *Güte-Frequenz-Produkt* $Q_{\infty i}|s_\infty|_i$ wachsen. Die beiden Zeitkonstanten T_{T1} und T_{T2} ergänzen sich in ihrem Einfluß auf die Polfrequenz und kompensieren einander in ihrem Einfluß auf die Polgüte. Der relative Gütefehler $\Delta Q_\infty/Q_{\infty i}$ kann durch ein Aufeinanderabstimmen der Transitgrenzfrequenzen beider Operationsverstärker klein gehalten werden [11.2].

Beispiel 11.2

Die in Beispiel 11.1 dimensionierte Tiefpaßfilterstufe möge mit Hilfe von Operationsverstärkern mit einer Transitgrenzfrequenz von $\omega_T = 2\pi \cdot 1$ MHz realisiert werden. Die Transitgrenzfrequenzen beider Verstärker mögen um nicht mehr als 5% voneinander abweichen. Aus (11.40) erhält man

$$\frac{\Delta|s_\infty|}{|s_\infty|_i} \approx -\frac{T_{T1} + T_{T2}}{T} = -2\frac{|s_\infty|_i}{\omega_T} = -2\% \quad . \tag{11.42}$$

Für die Güteabweichung gilt mit (11.41)

$$|\frac{\Delta Q_\infty}{Q_{\infty i}}| \approx 2Q_{\infty i}|s_\infty|_i \; |\frac{1}{\omega_{T1}} - \frac{1}{\omega_{T2}}| \leq 0{,}5\% \quad . \tag{11.43}$$

Der Polbetrag nimmt infolge der Operationsverstärkerzeitkonstanten stets ab. Die Polgüte kann größer oder kleiner werden, das Vorzeichen der Änderung ist im allgemeinen nicht bekannt. Durch Hinzunahme einer kleinen Kapazität C_1 parallel zum Widerstand R_1 bzw. einer Kapazität C_2 parallel zum Widerstand R_2 kann jedoch im nachhinein die Polgüte gezielt korrigiert werden. Setzt man für $Y_1=G_1+sC_1$ und für $Y_2=G_2+sC_2$ ein, so lautet der Nenner der Übertragungsfunktion in (11.5)

$$D(s) = sC_3(G_5 + sC_5)(G_1 + sC_1) + (G_2 + sC_2)G_4G_6 \quad . \tag{11.44}$$

Daraus ergibt sich die folgende Gleichung zur Abschätzung der Pole

$$s^3T_{11} + s^2(1 + \frac{T_{11}}{T_{55}}) + s(\frac{1}{T_{55}} + \frac{\alpha_{21}T_{22}}{T_{34}T_{56}}) + \frac{\alpha_{21}}{T_{34}T_{56}} = 0 \tag{11.45}$$

und daraus mit $\alpha_{21}=1$ und $T_{34}=T_{56}=T$

$$\frac{\Delta|s_\infty|}{|s_\infty|_i} = 0 \tag{11.46}$$

und

$$\frac{\Delta Q_\infty}{Q_{\infty i}} = Q_{\infty i} \frac{T_{11} - T_{22}}{T} \quad . \tag{11.47}$$

Mit der Zusatzkapazität C_1 kann die Güte Q_∞ vergrößert und mit C_2 verkleinert werden, ohne dabei den Polbetrag zu ändern.

11.3 Bandpässe

Wählt man die acht passiven Elemente der Schaltung in Bild 11.1 zu $Y_{1a}=G_1$, $Y_{1b}=0$, $Y_2=G_2$, $Y_3=G_3$, $Y_4=sC_4$, $Y_5=G_5$, $Y_{6a}=sC_6$ und $Y_{6b}=G_6$, so erhält man die in Bild 11.4 gezeigte Bandpaßschaltung zweiter Ordnung [11.1].

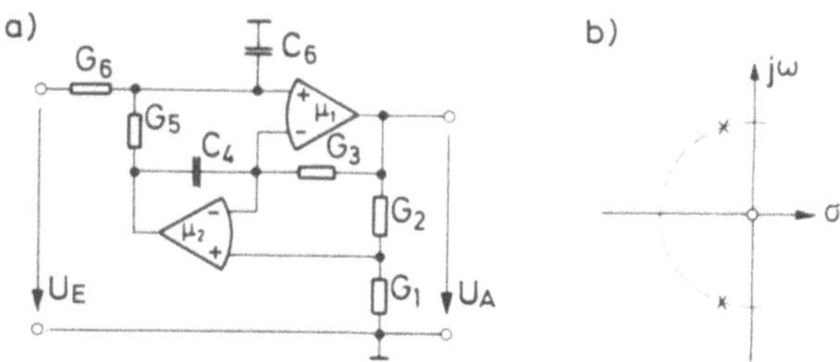

Bild 11.4. Bandpaßschaltung zweiter Ordnung (a) und zugehöriger Polplan (b)

Die Spannungsübertragungsfunktion (11.3) lautet für diese Schaltung

$$H(s) = \frac{U_A}{U_E} = \frac{G_6(sG_2C_4 + sG_1C_4)}{s^2G_2C_4C_6 + sG_2C_4G_6 + G_1G_3G_5}$$

$$= \frac{1 + \alpha_{12}}{T_{66}} \cdot \frac{s}{s^2 + s\,\dfrac{1}{T_{66}} + \dfrac{\alpha_{12}}{T_{43}T_{65}}} \tag{11.48}$$

mit den in (11.6) genannten Abkürzungen. Die drei Funktionsparameter der Bandpaßfunktion nach (1.59) lauten

$$|s_\infty| = \sqrt{\alpha_{12}/T_{43}T_{65}} \quad , \tag{11.49}$$

$$Q_\infty = T_{66}\sqrt{\alpha_{12}/T_{43}T_{65}} = |s_\infty|T_{66} \tag{11.50}$$

und

$$H_0 = \frac{1 + \alpha_{12}}{T_{66}}\sqrt{T_{43}T_{65}/\alpha_{12}} = \frac{1 + \alpha_{12}}{|s_\infty|T_{66}} = \frac{1 + \alpha_{12}}{Q_\infty} \quad . \tag{11.51}$$

Das Betragsmaximum der Bandpaßfunktion liegt bei der Frequenz $\omega=|s_\infty|$ und lautet

$$|H(j|s_\infty|)| = Q_\infty H_0 = 1 + \alpha_{12} \quad . \tag{11.52}$$

Das Maximum hat also unabhängig von der Frequenz $|s_\infty|$ und der Güte Q_∞ immer den Wert $1+\alpha_{12}$.

Beim Filterentwurf geht man, wie beim Tiefpaß, von den vorgegebenen Polparametern $|s_\infty|$ und Q_∞ aus und wählt zweckmäßigerweise das Leitwertverhältnis zu $\alpha_{12}=1$ und die beiden Zeitkonstanten T_{43} und T_{65} näherungsweise gleich groß. Nach der Wahl der beiden frequenzbestimmenden Kapazitäten

$$C_4 = C_6 = C_F \tag{11.53}$$

wird der frequenzbestimmende Widerstand

$$R_F = \sqrt{R_3R_5} = 1/(|s_\infty|C_F) \tag{11.54}$$

berechnet. Einer der beiden Widerstände R_3 und R_5 wird aus einer Normreihe gewählt, z.B.

$$R_3 \approx R_F \quad , \tag{11.55}$$

und der andere dann exakt realisiert:

$$R_5 = R_F^2/R_3 \quad . \tag{11.56}$$

Der gütebestimmende Widerstand R_6 wird unter der Voraussetzung gleich großer Widerstände R_1 und R_2 und gleich großer Kapazitäten C_4 und C_6 aus (11.50) zu

$$R_6 = Q_\infty R_F \tag{11.57}$$

bestimmt. Der Bandpaßentwurf unterscheidet sich also vom Tiefpaßentwurf nur durch die Indizes der Bauelemente: Indizes 1, 3 und 5 sind durch 2, 4 und 6 zu ersetzen und umgekehrt.

Die Eingangsimpedanz der Bandpaßschaltung in Bild 11.4 ergibt sich aus (11.1) zu

$$Z_E(s) = \frac{s^2 G_2 C_4 C_6 + s G_2 C_4 G_6 + G_1 G_3 G_5}{G_6 (G_1 G_3 G_5 + s^2 G_2 C_4 C_6)} =$$

$$= R_6 \frac{s^2 + s |s_\infty| d_\infty + |s_\infty|^2}{s^2 + |s_\infty|^2} \; . \tag{11.58}$$

Der Betrag der Eingangsimpedanz ist für alle Frequenzen $s=j\omega$ größer als der Widerstand R_6, für $s \to j|s_\infty|$ wird die Eingangsimpedanz unendlich groß. Da der Widerstand R_6 insbesondere bei hohen Gütefaktoren Q_∞ gegenüber den restlichen Widerständen groß ist, siehe (11.57), belastet die Bandpaßschaltung die Eingangsspannungsquelle nur gering. Im Gegensatz zum Tiefpaß, bei dem in der Nähe der Polfrequenz $\omega=|s_\infty|$ die Eingangsimpedanz sehr klein wird, siehe (10.47) und (11.20), wird die Eingangsimpedanz des Bandpasses in der Nähe der Polfrequenz sehr groß.

Die vollrelativen Empfindlichkeiten der Konstanten H_0 gegenüber den Parametern α_{12}, T_{43}, T_{65} und T_{66} können aus (11.51) abgelesen werden:

$$\hat{S}^{H_0}_{\alpha_{12}} = \frac{\alpha_{12}}{1 + \alpha_{12}} - \frac{1}{2} = \frac{1}{2} \frac{\alpha_{12} - 1}{\alpha_{12} + 1} \; , \tag{11.59}$$

$$\hat{S}^{H_0}_{T_{43}} = \hat{S}^{H_0}_{T_{65}} = \frac{1}{2} \; , \quad \hat{S}^{H_0}_{T_{66}} = -1 \; . \tag{11.60}$$

Die restlichen Empfindlichkeiten werden wie beim Tiefpaß berechnet. Es ist lediglich die Änderung der Indizes zu beachten. Für $\alpha_{12}=1$ ergeben sich insgesamt die Empfindlichkeiten

$$\hat{S}^{H_0}_{R_1} = \hat{S}^{H_0}_{R_2} = 0 \; , \quad \hat{S}^{H_0}_{R_3} = \hat{S}^{H_0}_{C_4} = \hat{S}^{H_0}_{R_5} = \frac{1}{2} \; , \tag{11.61}$$

$$\hat{S}^{H_0}_{C_6} = -\frac{1}{2} \; , \quad \hat{S}^{H_0}_{R_6} = -1 \; , \tag{11.62}$$

$$\hat{S}_{R_1}^{|s_\infty|} = -\hat{S}_{R_2}^{|s_\infty|} = \hat{S}_{R_3}^{|s_\infty|} = \hat{S}_{C_4}^{|s_\infty|} = \hat{S}_{R_5}^{|s_\infty|} = \hat{S}_{C_6}^{|s_\infty|} = \frac{1}{2} \quad , \tag{11.63}$$

$$\hat{S}_{R_1}^{Q_\infty} = -\hat{S}_{R_2}^{Q_\infty} = \hat{S}_{R_3}^{Q_\infty} = \hat{S}_{C_4}^{Q_\infty} = \hat{S}_{R_5}^{Q_\infty} = -\hat{S}_{C_6}^{Q_\infty} = -\frac{1}{2} \quad , \tag{11.64}$$

$$\hat{S}_{R_6}^{Q_\infty} = 1 \quad . \tag{11.65}$$

Der Einfluß der nichtidealen Operationsverstärker auf die Pole der Übertragungsfunktion kann wie beim Tiefpaß abgeschätzt werden. Dazu werden in (11.33) für die beiden Operationsverstärker die Näherung nach (11.35) eingesetzt und für Y_1 bis Y_6 die für den Bandpaß gewählten Admittanzen. Das Ergebnis lautet

$$\frac{D(s)}{\mu_1 \mu_2} = G_1 G_3 G_5 + sC_4 G_2 (G_6 + sC_6)$$

$$+ (\varepsilon_{02} + sT_{T2}) G_3 (G_5 + G_6 + sC_6)$$

$$+ (\varepsilon_{01} + sT_{T1}) sC_4 (G_5 + G_6 + sC_6) \quad . \tag{11.66}$$

Gl.(11.66) geht in (11.36) über, wenn man die Indizes 1 und 2 der beiden Operationsverstärker gegenseitig vertauscht, und die Indizes 1, 3 und 5 der passiven Elemente gegen die Indizes 2, 4 und 6 und umgekehrt. Die Ergebnisse in (11.37 - 41) können daher mit abgeänderten Indizes für den Bandpaß übernommen werden. Für hohe Gütefaktoren $Q_\infty \gg 1$ und einer Dimensionierung mit gleich großen Widerständen $R_1 = R_2$ ($\alpha_{12} = 1$) und gleich großen Zeitkonstanten $T_{43} = T_{65} = T$ gilt insbesondere

$$\frac{\Delta|s_\infty|}{|s_\infty|_i} \approx \varepsilon_{02} - \varepsilon_{01} - \frac{T_{T2} + T_{T1}}{T} \quad , \tag{11.67}$$

$$\frac{\Delta Q_\infty}{Q_{\infty i}} \approx -2Q_{\infty i}(\varepsilon_{02} + \varepsilon_{01} + \frac{T_{T2} - T_{T1}}{T}) \quad . \tag{11.68}$$

In gleicher Weise kann das Ergebnis in (11.46 - 47) für kleine Zusatzkapazitäten C_1 und C_2 parallel zu den Widerständen R_1 und R_2 übernommen werden:

$$\frac{\Delta|s_\infty|}{|s_\infty|_i} = 0 \quad , \tag{11.69}$$

$$\frac{\Delta Q_\infty}{Q_{\infty i}} = Q_{\infty i} \frac{T_{22} - T_{11}}{T} \quad . \tag{11.70}$$

Die beiden Kapazitäten haben, verglichen mit denen des Tiefpasses, ihre Rollen vertauscht: Mit der Zusatzkapazität C_1 wird die Güte Q_∞ verkleinert und mit C_2 vergrößert.

11.4 Hochpässe

Wählt man die passiven Elemente der Filterschaltung in Bild 11.1 zu $Y_{1a}=G_1$, $Y_{1b}=0$, $Y_2=G_2$, $Y_3=G_3$, $Y_4=sC_4$, $Y_5=G_5$, $Y_{6a}=G_6$ und $Y_{6b}=sC_6$, so erhält man die in Bild 11.5 gezeigte Hochpaßschaltung zweiter Ordnung [11.1].

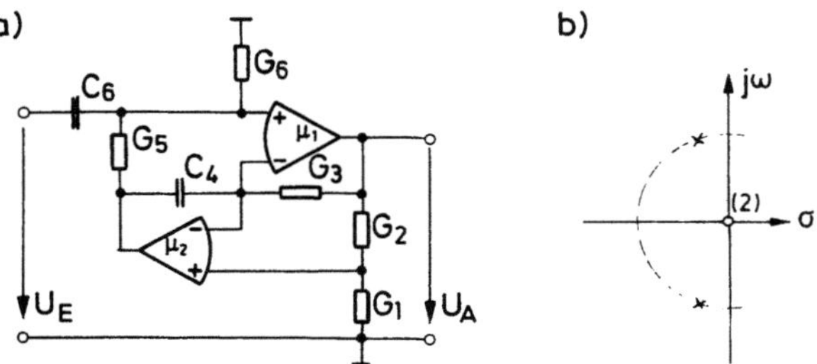

Bild 11.5. Hochpaßschaltung zweiter Ordnung (a) und zugehöriger Polplan (b)

Die Spannungsübertragungsfunktion dieser Hochpaßschaltung lautet

$$H(s) = \frac{U_A}{U_E} = \frac{sC_6(sG_2C_4 + sG_1C_4)}{s^2G_2C_4C_6 + sG_2C_4G_6 + G_1G_3G_5} =$$

$$= (1 + \alpha_{12}) \frac{s^2}{s^2 + s\dfrac{1}{T_{66}} + \dfrac{\alpha_{12}}{T_{43}T_{65}}} \tag{11.71}$$

mit den in (11.6) genannten Abkürzungen.

Da das Nennerpolynom in (11.71) identisch ist mit dem Nennerpolynom der Bandpaßfunktion in (11.48), erfolgt die Schaltungsdimensionierung ebenfalls mit (11.53 - 57). Die Wahl von $\alpha_{12}=1$ hat bei hohen Frequenzen ($s \to \infty$) einen Übertragungsfaktor vom Wert $|H(s \to \infty)|=2$ zur Folge.

Die Eingangsimpedanz der Hochpaßstufe ergibt sich aus (11.1) zu

$$Z_E(s) = \frac{s^2G_2C_4C_6 + sG_2C_4G_6 + G_1G_3G_5}{sC_6(G_1G_3G_5 + sG_2C_4G_6)} =$$

$$= \frac{1}{sC_6} \frac{s^2 + s|s_\infty|d_\infty + |s_\infty|^2}{s|s_\infty|d_\infty + |s_\infty|^2} \ . \tag{11.72}$$

Für kleine Dämpfungsfaktoren d_∞ liegt das betragsmäßige Minimum der Eingangsimpedanz in der Nähe der Frequenz $\omega=|s_\infty|$. Für $s=j|s_\infty|$ folgt aus (11.72)

$$|Z_E(j|s_\infty|)| = \frac{d_\infty}{|s_\infty|C_6(1 + d_\infty^2)^{1/2}} \approx \frac{d_\infty}{|s_\infty|C_6} \quad . \tag{11.73}$$

Die vollrelativen Empfindlichkeiten der Polparameter $|s_\infty|$ und Q_∞ gegenüber den passiven Bauelementen sind identisch mit denen des Bandpasses in (11.63 - 65). Wegen $(1+\alpha_{12})=(1+\alpha_{21})/\alpha_{21}$ ist die Konstante H_0 der Hochpaßfunktion in (11.71) identisch mit der Konstanten H_0 des Tiefpasses in (11.7). H_0 hängt nur von den beiden Widerständen R_1 und R_2 ab. Ihre Empfindlichkeiten gegenüber R_1 und R_2 können (11.28) entnommen werden.

Da die Nennerpolynome von Bandpaß und Hochpaß identisch sind, ist auch der Einfluß der nichtidealen Operationsverstärker auf die Pole in beiden Fällen gleich. Die Gl.(11.66 - 70) gelten daher auch für den Hochpaß.

11.5 Weitere Filterstufen

Durch entsprechende Wahl der passiven Bauelemente in der Filterschaltung in Bild 11.1 lassen sich über die Tiefpaß-, Bandpaß- und Hochpaßschaltung hinaus noch Allpässe, Sperrfilter (notch-filter) und Filterstufen mit Nullstellen auf der $j\omega$-Achse realisieren. Mit $Y_{1a}=0$, $Y_{1b}=G_1=Y_2=G_2$, $Y_3=G_3$, $Y_4=sC_4$, $Y_5=G_5$, $Y_{6a}=G_6$ und $Y_{6b}=sC_6$ erhält man den in Bild 11.6 gezeigten Allpaß zweiter Ordnung mit einer Übertragungsfunktion

$$H(s) = \frac{U_A}{U_E} = \frac{s^2 G_2 C_4 C_6 - sG_1 C_4 G_6 + G_1 G_3 G_5}{s^2 G_2 C_4 C_6 + sG_2 C_4 G_6 + G_1 G_3 G_5} =$$

$$= \frac{s^2 - s\,\dfrac{1}{T_{66}} + \dfrac{1}{T_{43}T_{65}}}{s^2 + s\,\dfrac{1}{T_{66}} + \dfrac{1}{T_{43}T_{65}}} \quad . \tag{11.74}$$

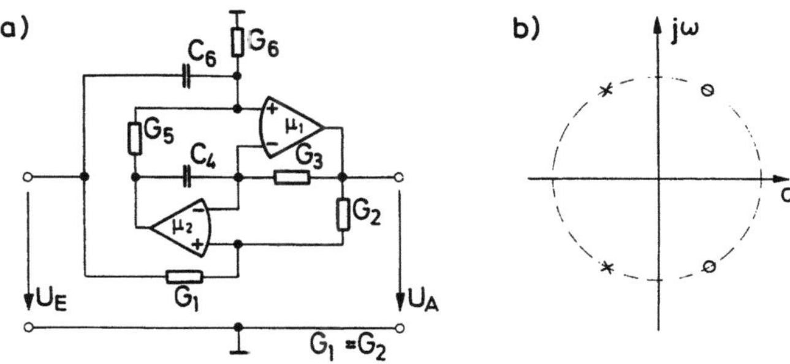

Bild 11.6. Allpaß zweiter Ordnung (a) und zugehöriger Polplan (b)

Die Dimensionierung erfolgt wie beim Bandpaß. Nach Vorgabe der Allpaßparameter $|s_\infty|=|s_0|$ und $Q_\infty=-Q_0$ werden die passiven Bauelemente nach (11.53 - 57) bestimmt. Die Widerstände $R_1=R_2$ sind frei wählbar.

Wählt man die Admittanzen der Filterschaltung zu $Y_{1a}=0$, $Y_{1b}=G_1$, $Y_2=G_2$, $Y_3=G_3$, $Y_4=sC_4$, $Y_5=G_5$, $Y_{6a}=G_{6a}$ und $Y_{6b}=sC_6+G_{6b}$, so erhält man die Schaltung in Bild 11.7

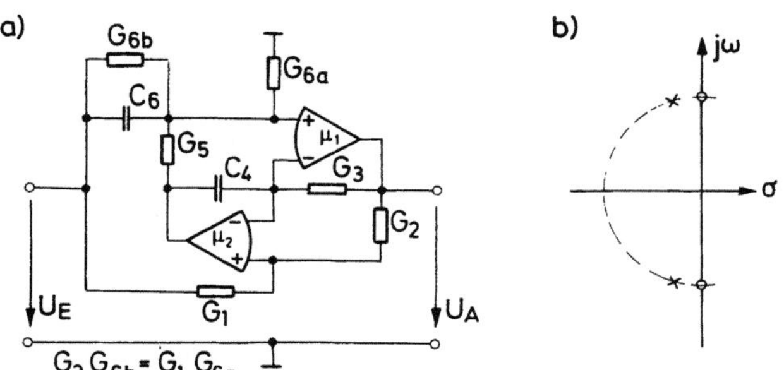

<u>Bild 11.7.</u> Sperrfilter zweiter Ordnung (notch-filter) (a) und zugehöriger Polplan (b)

mit der Übertragungsfunktion

$$H(s) = \frac{U_A}{U_E} = \frac{s^2 G_2 C_4 C_6 + sC_4(G_2 G_{6b} - G_1 G_{6a}) + G_1 G_3 G_5}{s^2 G_2 C_4 C_6 + sG_2 C_4 G_6 + G_1 G_3 G_5} \tag{11.75}$$

mit $G_6=G_{6a}+G_{6b}$. Die Pole und Nullstellen dieser Funktion haben den gleichen Betrag. Wählt man speziell

$$G_2 G_{6b} = G_1 G_{6a} \quad , \tag{11.76}$$

so verschwindet der Realteil der Nullstellen. In diesem Fall liegt ein Sperrfilter zweiter Ordnung (notch-filter) vor, siehe Bild 1.11. Seine Übertragungsfunktion lautet

$$H(s) = \frac{U_A}{U_E} = \frac{s^2 + \dfrac{\alpha_{12}}{T_{43}T_{65}}}{s^2 + s\,\dfrac{1}{T_{66}} + \dfrac{\alpha_{12}}{T_{43}T_{65}}} \quad . \tag{11.77}$$

Geht man von den vorgegebenen Funktionsparametern $|s_\infty|=|s_0|$ und Q_∞ aus, so erhält man mit $G_1=G_2$, $G_{6a}=G_{6b}$ und $C_4=C_6$ aus (11.53 - 57) die Widerstände R_3, R_5 und R_6. Aus dem Wert von R_6 folgen die beiden Widerstände $R_{6a}=R_{6b}=2R_6$.

Die Nennerpolynome von Allpaß und Sperrfilter sind identisch mit dem Nennerpolynom des Bandpasses. Daher liegen auch gleiche Polempfindlichkeiten und gleiche Einflüsse der nichtidealen Operationsverstärker vor.

Bild 11.8 zeigt eine Filterstufe mit Nullstellen auf der $j\omega$-Achse, wie sie für
den Aufbau von Cauer-Filtern benötigt wird. Ihre Übertragungsfunktion lautet

$$H(s) = \frac{U_A}{U_E} = \frac{s^2 C_1 G_3 C_5 + G_6(G_2 G_4 + G_1 G_4)}{s^2 C_1 G_3 C_5 + s G_1 G_3 C_5 + G_2 G_4 G_6} =$$

$$= \frac{s^2 + \dfrac{\alpha_{43}(1 + \alpha_{12})}{T_{12}T_{56}}}{s^2 + s\dfrac{1}{T_{11}} + \dfrac{\alpha_{43}}{T_{12}T_{56}}} = \frac{s^2 + |s_0|^2}{s^2 + s\dfrac{|s_\infty|}{Q_\infty} + |s_\infty|^2} \quad . \tag{11.78}$$

Der Nullstellenbetrag $|s_0|$ ist stets größer als der Polbetrag $|s_\infty|$. Der Realteil
der Nullstellen ist unabhängig von dem Wert der Bauelemente immer Null. Es brauchen also nicht wie beim Sperrfilter Bauelemente gemäß (11.76) aufeinander abgestimmt zu werden.

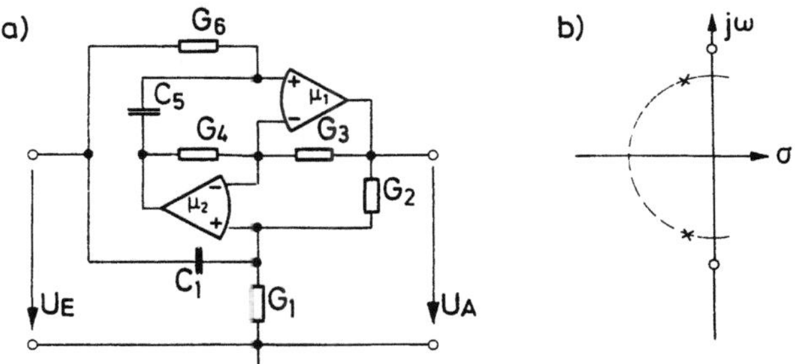

Bild 11.8. Filterstufe zweiter Ordnung mit einem Nullstellenpaar auf der $j\omega$-Achse
($|s_0| > |s_\infty|$): Schaltung (a) und Polplan (b)

Beim Filterentwurf wählt man $\alpha_{43} = 1$. Man erreicht dadurch eine etwa gleich große
maximale Aussteuerung beider Operationsverstärker sowie eine Minimierung des Ein-
flusses beider Operationsverstärker auf die Filterpole [11.3]. Der Wert der beiden Widerstände $R_3 = R_4$ ist frei wählbar. Ferner gibt man sich beide Kapazitäten C_1
und C_5 vor (glatte Zahlenwerte, Normwerte). Aus (11.78) folgt dann wegen
$T_{11} = C_1 R_1 = Q_\infty / |s_\infty|$

$$R_1 = \frac{Q_\infty}{|s_\infty| C_1} \quad . \tag{11.79}$$

238

Ein weiterer Koeffizientenvergleich in (11.78) führt auf die Beziehung

$$\frac{|s_0|^2}{|s_\infty|^2} = 1 + \alpha_{12} \quad . \tag{11.80}$$

Gl.(11.80) nach R_2 aufgelöst ergibt

$$R_2 = R_1 \left(\frac{|s_0|^2}{|s_\infty|^2} - 1 \right) \quad . \tag{11.81}$$

Schließlich erhält man aus (11.78)

$$|s_\infty|^2 = \frac{1}{T_{12}T_{56}} \tag{11.82}$$

und daraus

$$R_6 = \frac{1}{|s_\infty|^2 C_1 C_5 R_2} \quad . \tag{11.83}$$

Damit sind alle Bauelemente bestimmt. Sollen die Werte der Widerstände R_1, R_2 und R_6 etwa in der gleichen Größenordnung liegen, so kann es zweckmäßig sein, die Werte der beiden Kapazitäten C_1 und C_5 im Gegensatz zu den bisher in diesem Kapitel betrachteten Filterstufen verschieden groß zu wählen [11.3].

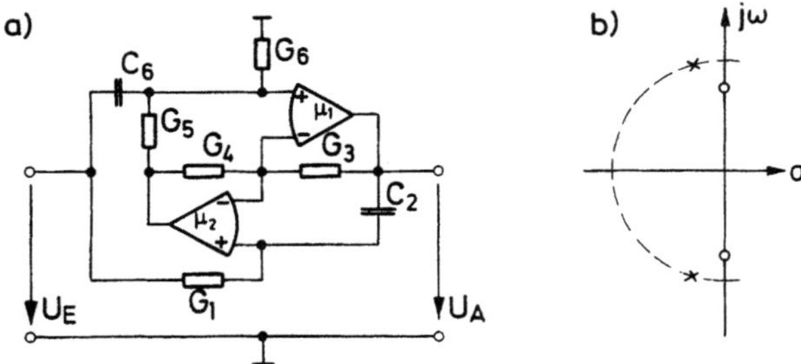

Bild 11.9. Filterstufe zweiter Ordnung mit einem Nullstellenpaar auf der jω-Achse ($|s_0| < |s_\infty|$): Schaltung (a) und Polplan (b)

Bild 11.9 zeigt ebenfalls eine Filterstufe mit Nullstellen auf der jω-Achse. Ihre Übertragungsfunktion lautet

$$H(s) = \frac{U_A}{U_E} = \frac{s^2 C_2 G_4 C_6 + G_1(G_3 G_5 - G_6 G_4)}{s^2 C_2 G_4 C_6 + s C_2 G_4 G_6 + G_1 G_3 G_5} =$$

$$= \frac{s^2 + \dfrac{\alpha_{34} - \alpha_{65}}{T_{21}T_{65}}}{s^2 + s\,\dfrac{1}{T_{66}} + \dfrac{\alpha_{34}}{T_{21}T_{65}}} = \frac{s^2 + |s_0|^2}{s^2 + s\,\dfrac{|s_\infty|}{Q_\infty} + |s_\infty|^2} \quad . \tag{11.84}$$

Die Nullstellenbeträge sind stets kleiner als die Polbeträge.

Die Dimensionierung erfolgt analog zu der in (11.79 - 83). Nach der Wahl von $R_3 = R_4$, C_2 und C_6 werden die Widerstände

$$R_6 = \frac{Q_\infty}{|s_\infty|C_6} \quad , \tag{11.85}$$

$$R_5 = R_6\left(1 - \frac{|s_0|^2}{|s_\infty|^2}\right) \tag{11.86}$$

und

$$R_1 = \frac{1}{|s_\infty|^2 C_6 C_2 R_5} \tag{11.87}$$

bestimmt.

11.6 Zusammenfassung

Der in Bild 11.2 gezeigte Resonator liegt sowohl den Simulationsschaltungen mit Impedanzkonvertern als auch der allgemeinen Filterschaltung in Bild 11.1 zugrunde. Diese Filterstufe hat eine gegen Null gehende Ausgangsimpedanz und kann je nach Wahl der acht passiven Bauelemente Y_{1a} bis Y_{6b} alle gebräuchlichen Übertragungsfunktionen zweiter Ordnung darstellen. Sie kann daher für Filter in Stufentechnik verwendet werden.

Für den Tiefpaß, Bandpaß und Hochpaß zweiter Ordnung werden Schaltbild, Übertragungsfunktion und die Dimensionierungsvorschriften angegeben. Ergänzend dazu werden die Eingangsimpedanz, die Empfindlichkeiten der Funktionsparameter $|s_\infty|$, Q_∞ und H_0 gegenüber den passiven Bauelementen und der Einfluß des Frequenzganges der Operationsverstärker auf die Filterpole untersucht.

Schließlich werden Schaltungen für einen Allpaß zweiter Ordnung, für ein Sperrfilter zweiter Ordnung und für Filterstufen von Cauerfiltern mit Nullstellen auf der $j\omega$-Achse behandelt.

12. Filterstufen in Analogrechenschaltung

Auf dem Analogrechner werden mit Hilfe von analogen elektronischen Rechenschaltungen dynamische Systeme simuliert und beobachtet. Im Falle von linearen Systemen besteht die Rechenschaltung im wesentlichen aus Integrierern, Summierern und invertierenden Verstärkern. Kernstück dieser Rechenelemente sind Operationsverstärker, die in der Anfangszeit sehr aufwendige und teure Schaltungsanordnungen darstellten. In der Zwischenzeit ist der Operationsverstärker durch die Integrationstechnologie zu einem kompakten und preiswerten Massenbauelement geworden. Das hat dazu geführt, daß die *linearen Analogrechenschaltungen* zur Realisierung von Filterfunktionen übernommen wurden [12.1].

12.1 Analogrechenschaltung

Bild 12.1 zeigt eine Analogrechenschaltung zur Darstellung einer Übertragungsfunktion zweiter Ordnung. Alle darin aufgeführten Spannungen sind auf einen gemeinsamen Masseknoten bezogen. Die Rechenschaltung besteht aus einem *Eingangssummierer* S_E, einem *Ausgangssummierer* S_A (siehe Bild 4.6), zwei *Integrierern* I_1 und I_2 (siehe Bild 9.4a) und einem invertierenden Verstärker V_1 (siehe Bild 4.4). Für die Summierer gilt nach (4.11)

$$U_H = -|v_E|U_E - |v_R|U_T - |v_Q|(-U_B) \tag{12.1}$$

und

$$U_A = -|v_0|U_T - |v_1|(-U_B) - |v_2|U_H \quad . \tag{12.2}$$

Die beiden Integrierer mögen die Zeitkonstanten T_1 und T_2 haben. Für sie gilt nach (9.12)

$$U_B = -\frac{1}{sT_1} U_H \tag{12.3}$$

und

$$U_T = -\frac{1}{sT_2} U_B = \frac{1}{s^2 T_1 T_2} U_H \quad . \tag{12.4}$$

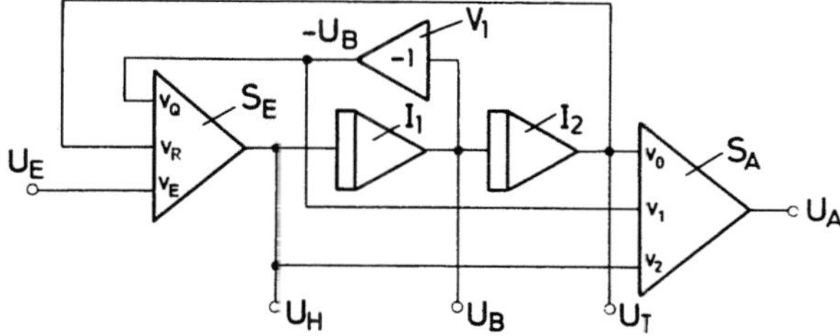

__Bild 12.1__. Analogrechenschaltung zur Darstellung einer Übertragungsfunktion zweiter Ordnung

Setzt man (12.3 - 4) in (12.1) ein, so erhält man

$$U_H = -|v_E|U_E - \frac{|v_R|}{s^2 T_1 T_2} U_H - \frac{|v_Q|}{s T_1} U_H$$

und daraus die Hochpaßübertragungsfunktion

$$H_H(s) = \frac{U_H}{U_E} = -|v_E| \frac{s^2 T_1 T_2}{s^2 T_1 T_2 + s T_2 |v_Q| + |v_R|} \quad . \tag{12.5}$$

Gl.(12.3) nach U_H aufgelöst und zusammen mit (12.4) in (12.1) eingesetzt führt auf die Bandpaßübertragungsfunktion

$$H_B(s) = \frac{U_B}{U_E} = |v_E| \frac{s T_2}{s^2 T_1 T_2 + s T_2 |v_Q| + |v_R|} \quad . \tag{12.6}$$

Schreibt man in (12.1) die Spannungen U_B und U_H jeweils nach (12.4) in Abhängigkeit von U_T, so gelangt man schließlich zu der Tiefpaßübertragungsfunktion

$$H_T(s) = \frac{U_T}{U_E} = -|v_E| \frac{1}{s^2 T_1 T_2 + s T_2 |v_Q| + |v_R|} \quad . \tag{12.7}$$

Die Schaltung in (12.1) stellt also gleichzeitig einen Tiefpaß, einen Bandpaß und einen Hochpaß zweiter Ordnung dar. Soll eine dieser drei Filterarten verwirklicht werden, so kann auf den Ausgangssummierer S_A verzichtet werden.

Über die in (12.5 - 7) aufgeführten speziellen Übertragungsfunktionen hinaus kann mit Hilfe des Ausgangssummierers die allgemeine Netzwerkfunktion zweiter Ordnung nach (1.46) realisiert werden. Setzt man nämlich (12.5 - 7) jeweils nach U_H, U_B bzw. U_T aufgelöst in (12.2) ein, so bekommt man die Übertragungsfunktion

242

$$H(s) = \frac{U_A}{U_E} = |v_E| \frac{s^2 T_1 T_2 |v_2| + s T_2 |v_1| + |v_0|}{s^2 T_1 T_2 + s T_2 |v_Q| + |v_R|} \quad .$$

(12.8)

Die Nullstellen von (12.8) liegen, sofern $|v_1|$ oder $|v_2|$ von Null verschieden sind, in der linken abgeschlossenen s-Halbebene. Führt man nicht das invertierte Bandpaßsignal $-U_B$ am Ausgang des Verstärkers V_1 auf den Ausgangssummierer, sondern das nichtinvertierte Signal U_B vom Ausgang des Integrierers I_1, so erhält man Nullstellen in der rechten s-Halbebene.

Die vier Übertragungsfunktionen in (12.5 - 8) haben erwartungsgemäß das gleiche Nennerpolynom und somit auch die gleichen Polparameter. Mit (1.52b) gilt für den Polbetrag

$$|s_\infty| = \sqrt{|v_R|/T_1 T_2}$$

(12.9)

und mit (1.53c) für die Polgüte

$$Q_\infty = \frac{1}{|v_Q|} \sqrt{|v_R| T_1/T_2} \quad .$$

(12.10)

Durch einen Vergleich von (1.57a) mit (12.7) erhält man den konstanten Vorfaktor H_{TO} der Tiefpaßfunktion

$$H_{TO} = -|v_E|/|v_R| \quad .$$

(12.11)

Entsprechend gelten für den Bandpaß und für den Hochpaß

$$H_{BO} = |v_E| \sqrt{\frac{T_2}{|v_R| T_1}}$$

(12.12)

und

$$H_{HO} = -|v_E| \quad .$$

(12.13)

Bild 12.2 zeigt die detaillierte Filterschaltung mit Operationsverstärkern. Mit den darin bezeichneten Bauelementen lauten die Schaltungsparameter

$$|v_E| = R_0/R_E \; , \quad |v_Q| = R_0/R_Q \; , \quad |v_R| = R_0/R_R \quad ,$$

(12.14)

$$T_1 = R_1 C_1 \; , \quad T_2 = R_2 C_2 \quad ,$$

(12.15)

$$|v_0| = R_A/R_{OA} \; , \quad |v_1| = R_A/R_{1A} \; , \quad |v_2| = R_A/R_{2A} \quad .$$

(12.16)

Gl.(12.14 - 16) in (12.9 - 13) eingesetzt ergibt die Funktionsparameter in Abhängigkeit von den Bauelementen:

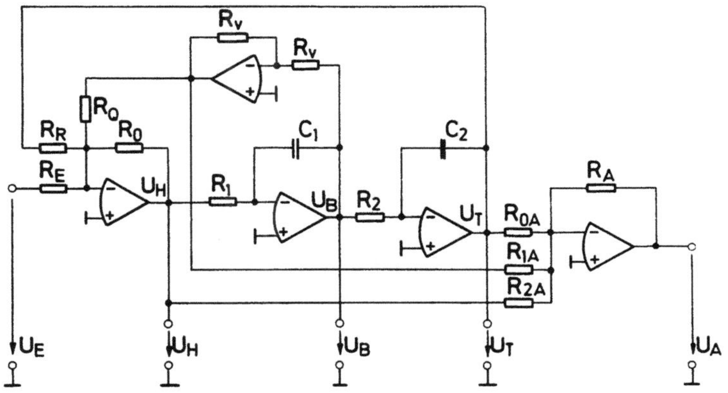

__Bild 12.2.__ Filterschaltung zur Darstellung von Übertragungsfunktionen zweiter Ordnung

$$|s_\infty| = \sqrt{\frac{R_0}{R_R}\,\frac{1}{R_1 C_1 R_2 C_2}} \quad , \tag{12.17}$$

$$Q_\infty = R_Q \sqrt{\frac{R_1 C_1}{R_2 C_2 R_R R_0}} \quad , \tag{12.18}$$

$$H_{T0} = -R_R/R_E \quad , \tag{12.19}$$

$$H_{B0} = \sqrt{\frac{R_0 R_R}{R_E^2}\,\frac{R_2 C_2}{R_1 C_1}} \quad , \tag{12.20}$$

$$H_{H0} = -R_0/R_E \quad . \tag{12.21}$$

Den maximal fünf frei wählbaren Funktionsparametern stehen 14 Bauelemente gegenüber. Der größte Teil dieser Bauelemente wird daher nach irgendwelchen technischen Gesichtspunkten gewählt, beispielsweise

$$R_1 = R_2 = R_F \; , \quad C_1 = C_2 = C_F \; , \tag{12.22}$$

$$R_R = R_0 \quad , \tag{12.23}$$

$$R_{2A} = R_A \quad . \tag{12.24}$$

Die Werte von R_0, R_v und R_A sind frei wählbar. Mit (12.22 - 24) lauten die Funktionsparameter

244

$$|s_\infty| = 1/R_F C_F \tag{12.25}$$

$$Q_\infty = R_Q/R_0 = 1/|v_Q| \tag{12.26}$$

und

$$H_{TO} = -H_{BO} = H_{HO} = -R_0/R_E = -|v_E| \quad . \tag{12.27}$$

Beim Entwurf einer Tiefpaß-, Bandpaß- oder Hochpaßfilterstufe zweiter Ordnung lassen sich der Polbetrag, die Polgüte und der konstante Vorfaktor vorschreiben. Wählt man zunächst die frequenzbestimmenden Kapazitäten C_F nach technischen Gesichtspunkten aus, so erhält man mit dem Polbetrag $|s_\infty|$ aus (12.25) die frequenzbestimmenden Widerstände R_F. Mit Q_∞ erhält man aus (12.26) den gütebestimmenden Widerstand R_Q und mit dem konstanten Vorfaktor aus (12.27) den Eingangswiderstand R_E.

Beispiel 12.1

Gesucht wird eine Tiefpaßstufe mit einem Polbetrag $|s_\infty|=2\pi\cdot10^4/\text{sec}$ und einer Polgüte $Q_\infty=5$. Die Gleichspannungsverstärkung soll den Wert $H_{TO}=-1$ haben. Wählt man $R_0=R_R=R_V=10$ kΩ und $C_F=10$ nF, so folgt aus (12.25) $R_F=1,592$ kΩ, aus (12.26) $R_Q=50$ kΩ und aus (12.27) $R_E=R_0=10$ kΩ. Der Ausgangssummierer entfällt. Bild 12.3 zeigt die dimensionierte Schaltung.

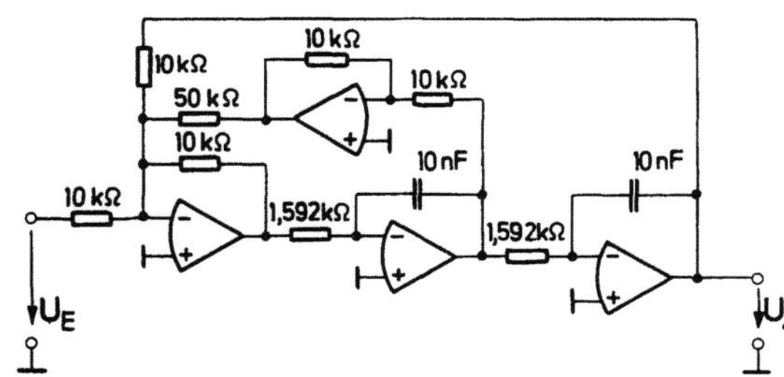

Bild 12.3. Dimensionierte Tiefpaßstufe

Die Analogrechenschaltungen haben wie die in Kapitel 11 behandelten Filterschaltungen den Vorteil, daß die frequenzbestimmenden Kapazitäten frei und in der Regel gleich groß gewählt werden können. Im Gegensatz zu den Schaltungen in Kapitel 11 verändert sich nicht die Polgüte Q_∞, wenn die frequenzbestimmenden Widerstände R_F verändert werden. Das ist besonders bei Filtern mit umschaltbaren Filterfrequenzen vorteilhaft. Von Vorteil ist ferner die Möglichkeit, in gewissen Grenzen den reellen Eingangswiderstand der Filterschaltung und den konstanten Vorfaktor der Übertragungsfunktion wählen zu können. Nachteilig ist die hohe Anzahl von benötigten aktiven und passiven Bauelementen.

12.2 Schaltungsvariante

Der Aufwand an Bauelementen kann durch Verwendung eines Eingangssummierers mit
gleichzeitig positiven und negativen Verstärkungsfaktoren reduziert werden. Der
in Bild 12.1 gezeigte invertierende Verstärker V_1 hat im wesentlichen die Aufgabe,
das zur Einstellung von positiven Gütefaktoren Q_∞ benötigte negierte Bandpaßsignal
zu liefern. Ist der Verstärkungsfaktor v_Q des Eingangssummierers jedoch positiv,
dann kann dieser invertierende Verstärker entfallen. (Der Verstärkungsfaktor v_1
des Ausgangssummierers muß gegebenenfalls auch positiv ausgeführt werden.) Bild
12.4 zeigt diese Schaltungsvariante [12.1].

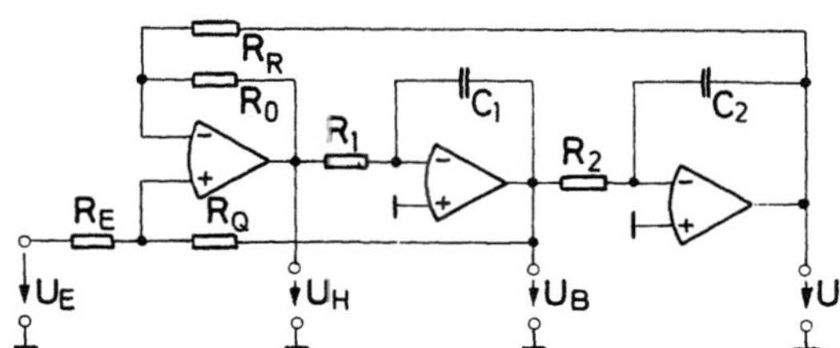

Bild 12.4. Analogrechenschaltung zweiter Ordnung mit drei Operationsverstärkern

Der Eingangssummierer in Bild 12.4 entspricht der Verstärkerschaltung in Bild
4.2. Einziger Unterschied: Der Widerstand R_3 in Bild 4.2 wird nicht direkt mit
dem Masseknoten verbunden, sondern über eine weitere Spannungsquelle U_B. Gl.(4.5)
lautet daher mit den in Bild 12.4 gewählten Bezeichnungen sinngemäß

$$U_H = (1 + \frac{R_0}{R_R}) \frac{R_Q}{R_E + R_Q} U_E + (1 + \frac{R_0}{R_R}) \frac{R_E}{R_E + R_Q} U_B - \frac{R_0}{R_R} U_T =$$

$$= +|v_E|U_E + |v_Q|U_B - |v_R|U_T \; . \tag{12.28}$$

Diese Gleichung entspricht bis auf das Vorzeichen für die Eingangsspannung U_E der
Gleichung (12.1). Die Tiefpaß-, Bandpaß- und Hochpaß-Übertragungsfunktion der
Filterschaltung in Bild (12.4) lauten daher nach (12.5 - 7)

$$H_T(s) = \frac{U_T}{U_E} = H_{T0} \frac{|s_\infty|^2}{s^2 + s|s_\infty|/Q_\infty + |s_\infty|^2} \; , \tag{12.29}$$

mit

$$H_{T0} = \frac{1 + R_R/R_0}{1 + R_E/R_Q} \; , \tag{12.30}$$

$$|s_\infty| = \sqrt{\frac{R_0}{R_R} \frac{1}{R_1 C_1 R_2 C_2}} \tag{12.31}$$

und

$$Q_\infty = \frac{1 + R_0/R_E}{1 + R_0/R_R} \sqrt{\frac{R_0}{R_R} \frac{R_1 C_1}{R_2 C_2}} \quad , \tag{12.32}$$

$$H_B(s) = \frac{U_B}{U_E} = H_{B0} \frac{s|s_\infty|}{s^2 + s|s_\infty|/Q_\infty + |s_\infty|^2} \tag{12.33}$$

mit

$$H_{B0} = - \frac{1 + R_0/R_R}{1 + R_E/R_Q} \sqrt{\frac{R_R}{R_0} \frac{R_2 C_2}{R_1 C_1}} \tag{12.34}$$

und $|s_\infty|$ und Q_∞ nach (12.31 - 32),

$$H_H(s) = \frac{U_H}{U_E} = H_{H0} \frac{s^2}{s^2 + s|s_\infty|/Q_\infty + |s_\infty|^2} \tag{12.35}$$

mit

$$H_{H0} = \frac{1 + R_0/R_R}{1 + R_E/R_Q} \tag{12.36}$$

und $|s_\infty|$ und Q_∞ nach (12.31 - 32).

Eine allgemeine Übertragungsfunktion zweiter Ordnung läßt sich wieder mit Hilfe eines zusätzlichen Ausgangssummierers realisieren. Die Übertragungsfunktion wird unter Berücksichtigung von (12.2) aus (12.29 - 36) berechnet.

Die Gleichungen (12.29 - 36) zeigen, daß als Preis für die Reduzierung des Schaltungsaufwandes eine Verkopplung des jeweiligen konstanten Faktors H_{T0}, H_{B0} bzw. H_{H0} mit dem Gütefaktor Q_∞ auftritt. Beide Parameter hängen von dem Widerstandsteiler R_E/R_R ab. Eine Änderung des Teilers verändert sowohl den konstanten Faktor als auch den Gütefaktor. Der konstante Faktor ist daher nicht mehr vorgebbar.

Wählt man aus Gründen der Einfachheit und der gleichmäßigen Aussteuerung aller Operationsverstärker

$$R_1 = R_2 = R_F \quad , \quad C_1 = C_2 = C_F \quad , \quad R_0 = R_R \quad , \tag{12.37}$$

so ergibt sich die folgende Dimensionierungsvorschrift. Mit vorgegebenen Parametern $|s_\infty|$ und Q_∞ und frei gewählten Bauelementen C_F, R_0 und R_E errechnen sich die frequenzbestimmenden Widerstände aus

$$R_F = \frac{1}{|s_\infty| C_F} \tag{12.38}$$

und der gütebestimmende Widerstand nach (12.32) aus

$$R_Q = R_E(2Q_\infty - 1) \quad . \tag{12.39}$$

Beispiel 12.2

Die in Beispiel 12.1 geforderte Tiefpaßstufe hat mit vorgegebenen Bauelementen $R_0 = R_R = 10$ kΩ und $C_F = 10$ nF ebenfalls frequenzbestimmende Widerstände vom Wert $R_F = 1,592$ kΩ. Wählt man $R_E = 10$ kΩ, so folgt aus (12.39) der gütebestimmende Widerstand zu $R_Q = 90$ kΩ. Bild 12.5 zeigt die dimensionierte Schaltung. Der konstante Faktor ergibt sich aus (12.30) zu $H_{TO} = 1,8$.

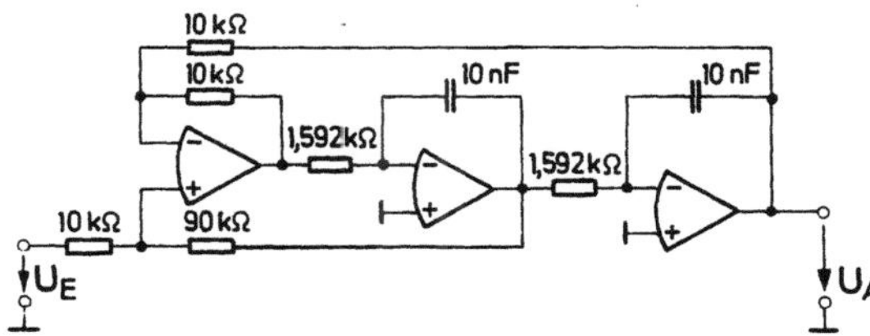

Bild 12.5. Tiefpaßstufe
(Alternative zu Bild 12.3)

12.3 Empfindlichkeiten

Die vollrelativen Empfindlichkeiten der Funktionsparameter $|s_\infty|$, Q_∞, H_{TO}, H_{BO} und H_{HO} gegenüber den Bauelementen der Filterschaltung in Bild 12.2 können mit Hilfe von (2.14) direkt aus (12.17 - 21) abgelesen werden. Sie lauten

$$\hat{S}_{R_0}^{|s_\infty|} = -\hat{S}_{R_R}^{|s_\infty|} = -\hat{S}_{R_1}^{|s_\infty|} = -\hat{S}_{C_1}^{|s_\infty|} = -\hat{S}_{R_2}^{|s_\infty|} = -\hat{S}_{C_2}^{|s_\infty|} = \frac{1}{2} \quad , \tag{12.40}$$

$$\hat{S}_{R_Q}^{Q_\infty} = 1 \tag{12.41}$$

$$\hat{S}_{R_1}^{Q_\infty} = \hat{S}_{C_1}^{Q_\infty} = -\hat{S}_{R_2}^{Q_\infty} = -\hat{S}_{C_2}^{Q_\infty} = -\hat{S}_{R_R}^{Q_\infty} = -\hat{S}_{R_0}^{Q_\infty} = \frac{1}{2} \quad , \tag{12.42}$$

$$\hat{S}_{R_R}^{H_{TO}} = -\hat{S}_{R_E}^{H_{TO}} = 1 \quad , \tag{12.43}$$

$$\hat{S}_{R_0}^{H_{BO}} = \hat{S}_{R_R}^{H_{BO}} = \hat{S}_{R_2}^{H_{BO}} = \hat{S}_{C_2}^{H_{BO}} = -\hat{S}_{R_1}^{H_{BO}} = -\hat{S}_{C_1}^{H_{BO}} = \frac{1}{2} \quad , \tag{12.44}$$

$$\hat{S}_{R_E}^{H_{BO}} = -1 \quad , \tag{12.45}$$

$$\hat{S}_{R_0}^{H_{HO}} = -\hat{S}_{R_E}^{H_{HO}} = 1 \quad . \tag{12.46}$$

Alle in (12.40 - 46) nicht aufgeführten Empfindlichkeiten der Funktionsparameter haben den Wert Null.

Die Empfindlichkeiten der modifizierten Filterschaltung in Bild 12.4 können aus (12.30 - 36) abgeleitet werden. Unter Zuhilfenahme der Rechenregeln in (2.14) und (2.19) erhält man

$$\hat{S}_{R_0}^{|s_\infty|} = -\hat{S}_{R_R}^{|s_\infty|} = -\hat{S}_{R_1}^{|s_\infty|} = -\hat{S}_{C_1}^{|s_\infty|} = -\hat{S}_{R_2}^{|s_\infty|} = -\hat{S}_{C_2}^{|s_\infty|} = \frac{1}{2} \quad , \tag{12.47}$$

$$\hat{S}_{R_1}^{Q_\infty} = \hat{S}_{C_1}^{Q_\infty} = -\hat{S}_{R_2}^{Q_\infty} = -\hat{S}_{C_2}^{Q_\infty} = \frac{1}{2} \quad , \tag{12.48}$$

$$\hat{S}_{R_Q}^{Q_\infty} = -\hat{S}_{R_E}^{Q_\infty} = \frac{1}{1 + R_E/R_Q} \quad , \tag{12.49}$$

$$\hat{S}_{R_0}^{Q_\infty} = -\hat{S}_{R_R}^{Q_\infty} = -\frac{1}{2}\frac{1 - R_R/R_0}{1 + R_R/R_0} \tag{12.50}$$

$$\hat{S}_{R_Q}^{H_{TO}} = -\hat{S}_{R_E}^{H_{TO}} = \frac{1}{1 + R_Q/R_E} \quad , \tag{12.51}$$

$$\hat{S}_{R_0}^{H_{TO}} = -\hat{S}_{R_R}^{H_{TO}} = -\frac{1}{1 + R_0/R_R} \quad , \tag{12.52}$$

$$\hat{S}_{R_R}^{H_{BO}} = \hat{S}_{R_2}^{H_{BO}} = \hat{S}_{C_2}^{H_{BO}} = -\hat{S}_{R_0}^{H_{BO}} = -\hat{S}_{R_1}^{H_{BO}} = -\hat{S}_{C_1}^{H_{BO}} = \frac{1}{2} \quad , \tag{12.53}$$

$$\hat{S}_{R_0}^{H_{BO}} = -\hat{S}_{R_E}^{H_{BO}} = \frac{1}{1 + R_Q/R_E} \quad , \tag{12.54}$$

$$\hat{S}_{R_0}^{H_{BO}} = -\hat{S}_{R_R}^{H_{BO}} = \frac{1}{2}\frac{1 - R_R/R_0}{1 + R_R/R_0} \quad , \tag{12.55}$$

$$\hat{S}_{R_Q}^{H_{HO}} = -\hat{S}_{R_E}^{H_{HO}} = \frac{1}{1 + R_Q/R_E} \quad , \tag{12.56}$$

$$\hat{S}_{R_0}^{H_{HO}} = -\hat{S}_{R_R}^{H_{HO}} = \frac{1}{1 + R_R/R_0} \quad . \tag{12.57}$$

Wählt man gemäß (12.37 - 39) $R_0 = R_R$ und $R_Q = R_E(2Q_\infty - 1)$, so vereinfachen sich die Empfindlichkeitsbeziehungen (12.49 - 52) und (12.54 - 57). Sie lauten dann

$$\hat{S}_{R_Q}^{Q_\infty} = -\hat{S}_{R_E}^{Q_\infty} = 1 - \frac{1}{2Q_\infty} \quad , \tag{12.58}$$

$$\hat{S}_{R_0}^{Q_\infty} = -\hat{S}_{R_R}^{Q_\infty} = 0 \quad , \tag{12.59}$$

$$\hat{S}_{R_Q}^{H_{TO}} = -\hat{S}_{R_E}^{H_{TO}} = \hat{S}_{R_Q}^{H_{BO}} = -\hat{S}_{R_E}^{H_{BO}} = \hat{S}_{R_Q}^{H_{HO}} = -\hat{S}_{R_E}^{H_{HO}} = \frac{1}{2Q_\infty} \quad , \tag{12.60}$$

$$\hat{S}_{R_0}^{H_{TO}} = -\hat{S}_{R_R}^{H_{TO}} = -\hat{S}_{R_0}^{H_{HO}} = \hat{S}_{R_R}^{H_{HO}} = -\frac{1}{2} \quad , \tag{12.61}$$

$$\hat{S}_{R_0}^{H_{BO}} = -\hat{S}_{R_R}^{H_{BO}} = 0 \quad . \tag{12.62}$$

12.4 Nichtideale Operationsverstärker

Um den Einfluß der Operationsverstärker auf die Filterpole abzuschätzen, werden im folgenden in dem Eingangssummierer, in dem Integrierer I_1 und in dem Integrierer I_2 nacheinander der Operationsverstärker durch ein Einpol-Modell nach (6.47) beschrieben. Die jeweils beiden anderen Operationsverstärker werden als ideal betrachtet. Der Gesamtfehler bei drei nichtidealen Operationsverstärkern ergibt sich dann, hinreichend kleine Fehler vorausgesetzt, als Summe der drei ermittelten Fehler.

Der Eingangssummierer in Bild 12.4 wird nach (5.9) und (5.23) durch die Beziehung

$$U_H = \left[(1 + \frac{R_0}{R_R})(\frac{R_Q}{R_E + R_Q} U_E + \frac{R_E}{R_E + R_Q} U_B) - \frac{R_0}{R_R} U_T \right] \frac{\mu\beta}{1 + \mu\beta} \tag{12.63}$$

beschrieben. Mit $R_0 = R_R$ bzw. $\beta = 1/2$, mit dem durch (12.39) gegebenen Zusammenhang zwischen den Widerständen R_E und R_Q und mit $\mu(s)$ nach (6.47) folgt aus (12.63)

$$U_H = \left[(2 - \frac{1}{Q_\infty}) U_E + \frac{1}{Q_\infty} U_B - U_T \right] \frac{1}{1 + 2/\mu_0 + 2sT_T} \quad , \tag{12.64}$$

wobei T_T der Reziprokwert der in (6.49) angegebenen Transitfrequenz ω_T des Operationsverstärkers ist. Wegen $\mu_0 \gg 1$ wird der Term $2/\mu_0$ im folgenden vernachlässigt. Setzt man für die beiden Integrierer gleiche Zeitkonstanten $T_1 = T_2 = T_F$ voraus, so erhält man mit (12.3 - 4) aus (12.64)

$$U_H(1 + 2sT_T + \frac{1}{Q_\infty} \frac{1}{sT_F} + \frac{1}{s^2 T_F^2}) = (2 - \frac{1}{Q_\infty}) U_E \quad . \tag{12.65}$$

Daraus läßt sich das Nennerpolynom $D(s)$ der Übertragungsfunktion $H_H(s) = U_H/U_E$ ablesen:

$$D(s) = s^3 2T_T + s^2 + s \frac{1}{T_F Q_\infty} + \frac{1}{T_F^2} = s^3 \delta_3 + s^2 + s b_1 + b_0 \quad . \tag{12.66}$$

Der Verstärkerpol verursacht einen dritten Pol in der Übertragungsfunktion. Da dieser betragsmäßig sehr viel größer ist als die beiden übrigen Pole, kann er meist vernachlässigt werden. Von großem Einfluß ist jedoch, wie schon bei den Filterschaltungen der beiden vorhergehenden Kapitel, die Betrags- und Güteänderung der beiden übrigen Pole aufgrund der Transitzeitkonstanten T_T des Operationsverstärkers. Mit den in (10.66 - 72) angestellten Überlegungen ergeben sich die folgenden Abschätzungen:

$$\frac{\Delta|s_\infty|}{|s_\infty|_i} = \frac{|s_\infty| - |s_\infty|_i}{|s_\infty|_i} \approx \frac{\delta_3 b_1}{2} = \frac{T_T}{Q_{\infty i} T_F} \quad , \tag{12.67}$$

$$\frac{\Delta Q_\infty}{Q_{\infty i}} = \frac{Q_\infty - Q_{\infty i}}{Q_\infty} \approx - \frac{\delta_3 b_1}{2} + \frac{\delta_3 b_0}{b_1} = \frac{T_T}{T_F}\left(2Q_{\infty i} - \frac{1}{Q_{\infty i}}\right) \quad . \tag{12.68}$$

Die Übertragungsfunktion $H_I(s)$ des nichtidealen Integrierers kann aus (5.9) abgeleitet werden. Mit $Z_0 = 1/sC_F$, $Z_1 = R_F$, $R_F C_F = T_F$ und $\beta = Z_1/(Z_0 + Z_1)$ folgt aus (5.9)

$$H_I(s) = \frac{-\mu}{\mu s T_F + s T_F + 1} \quad . \tag{12.69}$$

Setzt man darin $\mu(s)$ nach (6.47) ein, so erhält man

$$H_I(s) = \frac{-1}{s T_F + s^2 T_F T_T + s T_T + s T_F/\mu_0 + 1/\mu_0} \quad . \tag{12.70}$$

Wegen $\mu_0 \gg 1$ werden die beiden Terme $s T_F/\mu_0$ und $1/\mu_0$ im folgenden vernachlässigt. Nimmt man den Integrierer I_1 als nichtideal an,

$$U_B = H_I(s)U_H \quad , \tag{12.71}$$

den zweiten Integrierer jedoch als ideal,

$$U_T = - \frac{1}{s T_F} U_B = - \frac{1}{s T_F} H_I(s)U_H \quad , \tag{12.72}$$

so erhält man aus (12.28)

$$U_H\left(s T_F + s^2 T_F T_T + s T_T + \frac{1}{Q_\infty} + \frac{1}{s T_F}\right) = \left(2 - \frac{1}{Q_\infty}\right)U_E \tag{12.73}$$

und daraus

$$\begin{aligned}
D(s) &= s^3 T_T + s^2\left(1 + \frac{T_T}{T_F}\right) + s\,\frac{1}{T_F Q_\infty} + \frac{1}{T_F^2} \\
&= s^3 \delta_3 + s^2(1 + \delta_2) + s b_1 + b_0 \quad .
\end{aligned} \tag{12.74}$$

Daraus ergeben sich die folgenden Abschätzungen für die Poländerungen:

$$\frac{\Delta|s_\infty|}{|s_\infty|_i} \approx \frac{T_T}{T_F} \left(\frac{1}{2Q_{\infty i}} - \frac{1}{2}\right) \;, \tag{12.75}$$

$$\frac{\Delta Q_\infty}{Q_{\infty i}} \approx \frac{T_T}{T_F} \left(Q_{\infty i} + \frac{1}{2} - \frac{1}{2Q_{\infty i}}\right) \;. \tag{12.76}$$

Auf ähnliche Weise erhält man die Abschätzung für den Fall, daß der Integrierer I_2 als nichtideal angenommen wird. Das Nennerpolynom lautet in diesem Fall

$$D(s) = s^3 T_T + s^2\left[1 + \frac{T_T}{T_F}\left(1 + \frac{1}{Q_\infty}\right)\right] + s\left[\frac{1}{Q_\infty T_F}\left(1 + \frac{T_T}{T_F}\right)\right] + \frac{1}{T_F^2} \;, \tag{12.77}$$

woraus sich die Poländerungen

$$\frac{\Delta|s_\infty|}{|s_\infty|_i} = - \frac{T_T}{2T_F} \tag{12.78}$$

und

$$\frac{\Delta Q_\infty}{Q_{\infty i}} = \frac{T_T}{T_F}\left(Q_{\infty i} - \frac{1}{2}\right) \tag{12.79}$$

ergeben.

Für praktische Schaltungen stellt sich meist die Frage, wie groß die Poländerungen sind, wenn die drei Operationsverstärker gleichzeitig als nichtideal und mit der gleichen Transitzeitkonstanten T_T angenommen werden. Die Poländerungen ergeben sich dann in erster Näherung aus der Summe der bisher ermittelten Poländerungen. Aus (12.67), (12.75) und (12.78) folgt für den Polbetrag

$$\frac{\Delta|s_\infty|}{|s_\infty|_i} \approx \frac{T_T}{T_F}\left(\frac{3}{2Q_{\infty i}} - 1\right) \tag{12.80}$$

und aus (12.68), (12.76) und (12.79) für die Polgüte

$$\frac{\Delta Q_\infty}{Q_{\infty i}} \approx \frac{T_T}{T_F}\left(4Q_{\infty i} - \frac{3}{2Q_{\infty i}}\right) \;. \tag{12.81}$$

Mit Hilfe der Beziehungen (12.80 - 81) kann abgeschätzt werden, ob die zu erwartenden Poländerungen tolerierbar sind. Die zu erwartenden Änderungen von Polbetrag und Polgüte können aber auch von vornherein durch eine entsprechende Korrektur der Polparameter $|s_\infty|$ und Q_∞ berücksichtigt werden. Im folgenden wird eine dritte Möglichkeit aufgezeigt, bei der durch eine kleine Zusatzkapazität beim Summierer und je einen kleinen Widerstand bei den Integrierern die nach (12.80 - 81) abgeschätzten Poländerungen weitgehend kompensiert werden [12.2]. Diese Möglichkeit findet besonders dann Anwendung, wenn die Frequenz des Filters durch Umschaltung der beiden Eingangswiderstände $R_1=R_2=R_F$ der Integrierer veränderbar sein soll. Bild 12.6 zeigt die Kompensationskapazität C_R des Summierers und den Kompensationswiderstand R_K des Integrierers.

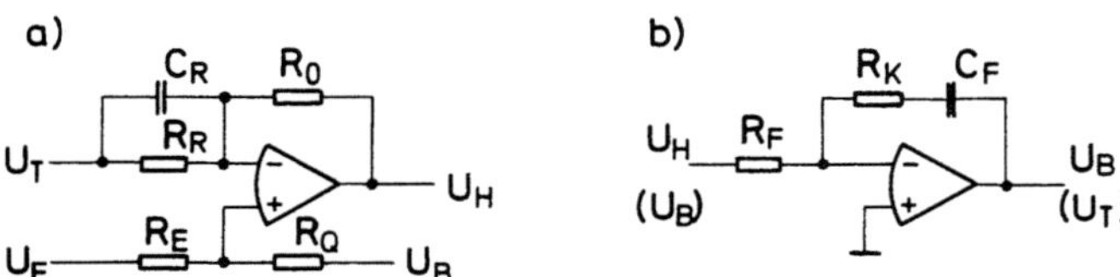

__Bild 12.6.__ Kompensation der Analogrechenschaltung nach Bild 12.5 durch eine Kompensationskapazität C_R im Summierer (a) und durch Kompensationswiderstände R_K in den Integrierern (b)

Um den Einfluß der Kompensationselemente C_R und R_K auf die Pole der Übertragungsfunktion zu analysieren, werden zunächst die Parameter $|s_\infty|$ und Q_∞ aus (12.31) in das Nennerpolynom von (12.29) eingesetzt:

$$D(s) = s^2 R_1 C_1 R_2 C_2 + s R_2 C_2 \frac{R_R + R_0}{R_R} \frac{R_E}{R_E + R_Q} + \frac{R_0}{R_R} \quad . \tag{12.82}$$

Die Kapazität C_R parallel zu dem Widerstand R_R wird dadurch berücksichtigt, daß die Ausdrücke $1/R_R$ in (12.82) durch sC_R+1/R_R ersetzt werden:

$$D(s) = s^2 R_1 C_1 R_2 C_2 + s R_2 C_2 \left(1 + \frac{R_0}{R_R} + s R_0 C_R\right) \frac{R_E}{R_E + R_R} +$$

$$+ \frac{R_0}{R_R} + s R_0 C_R =$$

$$= s^2 \left(1 + \frac{T_R}{T_F} \frac{1}{2Q_{\infty i}}\right) + s\left(\frac{1}{T_F Q_{\infty i}} + \frac{T_R}{T_F^2}\right) + \frac{1}{T_F^2} =$$

$$= s^2(1 + \delta_2) + s(b_1 + \delta_1) + b_0 \tag{12.83}$$

mit $T_R=R_0 C_R$. Aus (12.83) folgen die Polparameteränderungen

$$\frac{\Delta|s_\infty|}{|s_\infty|_i} \approx -\frac{\delta_2}{2} = -\frac{1}{4Q_{\infty i}} \frac{T_R}{T_F} \tag{12.84}$$

und

$$\frac{\Delta Q_\infty}{Q_{\infty i}} \approx \frac{\delta_2}{2} - \frac{\delta_1}{b_1} = \frac{T_R}{T_F} \left(\frac{1}{4Q_{\infty i}} - Q_{\infty i} \right) \ . \tag{12.85}$$

Ein Vergleich von (12.67 - 68) mit (12.84 - 85) zeigt, daß die bei hohen Güte-faktoren $Q_{\infty i} \gg 1$ aufgrund der Transitzeitkonstanten T_T auftretenden großen Güte-änderungen $\Delta Q_{\infty i}$ durch eine Zeitkonstante

$$T_R \approx 2T_T \quad \text{bzw.} \quad C_R \approx \frac{2}{\omega_T R_0} \tag{12.86}$$

kompensiert werden können. Die Terme mit $1/Q_{\infty i}$ können im allgemeinen vernachlässigt werden.

Der Widerstand R_K in Reihe mit der Integriererkapazität C_F wird dadurch berücksichtigt, daß die Ausdrücke $1/sC_1$ in (12.82) durch $R_K + 1/sC_1$ bzw. $1/sC_2$ durch $R_K + 1/sC_2$ ersetzt werden. Wird diese Kompensation nur im Integrierer I_1 durchgeführt, so erhält man ein Nennerpolynom

$$s^2 \left(1 + \frac{1}{Q_{\infty i}} \frac{R_K}{R_1} \right) + s \left(\frac{1}{T_F Q_{\infty i}} + \frac{1}{T_F} \frac{R_K}{R_1} \right) + \frac{1}{T_F^2} \tag{12.87}$$

mit den Polparameteränderungen

$$\frac{\Delta |s_\infty|}{|s_\infty|_i} \approx - \frac{1}{2Q_{\infty i}} \frac{R_K}{R_1} \tag{12.88}$$

und

$$\frac{\Delta Q_\infty}{Q_{\infty i}} \approx \frac{R_K}{R_1} \left(\frac{1}{2Q_{\infty i}} - Q_{\infty i} \right) \ . \tag{12.89}$$

Die Kompensation des Integrierers I_2 mit Hilfe des Widerstandes R_K führt auf ein Nennerpolynom

$$s^2 + s \left(\frac{1}{T_F Q_{\infty i}} + \frac{1}{T_F} \frac{R_K}{R_2} \right) + \frac{1}{T_F^2} \tag{12.90}$$

mit den Polparameteränderungen

$$\frac{\Delta |s_\infty|}{|s_\infty|_i} = 0 \tag{12.91}$$

und

$$\frac{\Delta Q_\infty}{Q_{\infty i}} \approx -Q_{\infty i} \frac{R_K}{R_1} \ . \tag{12.92}$$

Ein Vergleich von (12.75 - 79) mit (12.88 - 92) zeigt, daß für hohe Polgütefaktoren $Q_{\infty i} \gg 1$ die Güteänderung ΔQ_∞ in beiden Integrierern durch je einen Widerstand R_K vom Wert

$$R_K \approx R_F \frac{T_T}{T_F} = \frac{1}{\omega_T C_F} \qquad (12.93)$$

kompensiert werden kann.

Mit (12.86) und (12.93) werden die Elemente C_R und R_K so dimensioniert, daß jeder der drei Operationsverstärker in der Filterschaltung in Bild 12.4 getrennt kompensiert wird. Diese Kompensationsmethode ist angebracht, wenn die drei Ausgangssignale U_H, U_B und U_T gleichzeitig verwendet werden, beispielsweise im Falle eines Ausgangssummierers gemäß (12.2). Wird jedoch nur eines der drei Ausgangssignale verwendet, so genügt es, allein mit der Kapazität C_R oder allein mit dem Widerstand R_K in einem der beiden Integrierer die gesamte Polgütenänderung nach (12.81) zu kompensieren. Die Kapazität C_R müßte in diesem Fall den Wert

$$C_R \approx \frac{4}{\omega_T R_0} \qquad (12.94)$$

haben, der Widerstand R_K den Wert

$$R_K \approx \frac{4}{\omega_T C_F} \quad . \qquad (12.95)$$

Die in Bild (12.6) bzw. in (12.86), (12.93) und (12.94 - 95) aufgezeigten Kompensationsmethoden lassen sich ohne Änderung auch für die Filterschaltung in Bild 12.2 verwenden. Die unterschiedliche Einstellung des Gütefaktors führt in den Formeln für die Polparameteränderungen lediglich auf unterschiedliche Terme proportional zu $1/Q_{\infty i}$. Diese Terme werden aber in den Dimensionierungsbeziehungen für die Kompensationselemente vernachlässigt. Ebenso kann der Einfluß des nichtidealen Operationsverstärkers im zusätzlichen mit V_1 bezeichneten Umkehrverstärker gegenüber dem der übrigen drei Operationsverstärker im Eingangssummierer und in den beiden Integrierern im allgemeinen vernachlässigt werden.

12.5 Zusammenfassung

Da sich die Operationsverstärker durch die Integrationstechnologie zu einem kompakten und preiswerten Massenbauelement entwickelt haben, ist es möglich geworden, die vom Analogrechner her bekannten Schaltungen zur Simulation linearer dynamischer Systeme für die Realisierung von Filterfunktionen zu übernehmen. Die Analogrechenschaltung zur Darstellung einer allgemeinen Übertragungsfunktion zweiter Ordnung besteht aus zwei Summierern, zwei Integrierern und einem Umkehrverstärker. Verwendet man einen Eingangssummierer mit gleichzeitig positiven und negativen Verstärkungsfaktoren, so kann der Umkehrverstärker entfallen.

Die Dimensionierung der Analogrechenschaltung ist wegen des sehr einfachen
Zusammenhanges zwischen den Parametern der Übertragungsfunktion und den Bauelementen der Schaltung mit wenig Rechenaufwand durchzuführen. Ein Großteil der Bauelemente kann frei gewählt werden. Das gilt insbesondere für die beiden frequenzbestimmenden Kapazitäten.

Ergänzend zu den Dimensionierungsvorschriften werden die Empfindlichkeiten der
Funktionsparameter gegenüber den Bauelementen und der Einfluß der nichtidealen
Operationsverstärker auf die Pole der Übertragungsfunktion angegeben. Der Einfluß
der Operationsverstärkerpole läßt sich durch zusätzliche kleine Kapazitäten C_R
bzw. Widerstände R_K weitgehend kompensieren.

Literatur

1.1 H. Wolf: *Lineare Systeme und Netzwerke* (Springer, Berlin, Heidelberg, New York 1971)

1.2 G.E. Tobey, J.G. Graeme, L.P. Huelsman: *Operational Amplifiers* (McGraw-Hill, New York 1971)

1.3 L.T. Bruton: IEEE Trans. CT-*16*, 406-408 (1969)

1.4 S.L. Hakimi, J.B. Cruz, Jr.: Proc. NEC *16*, 258-267 (1960)

1.5 S.K. Mitra: Proc. IEEE *55*, 2021-2022 (1967)

1.6 K.L. Su: *Active Network Synthesis* (McGraw-Hill, New York 1965)

2.1 H.W. Bode: *Network Analysis and Feedback Amplifier Design* (Van Nostrand, Princeton, N.J. 1945)

2.2 I.N. Bronstein, K.A. Semendjajew: *Taschenbuch der Mathematik* (Teubner, Leipzig 1960)

2.3 N. Fliege: Proc. 1977 IEEE International Symposium on Circuits and Systems (1977) pp. 227-230

2.4 A.L. Rosenblum, M.S. Ghausi: IEEE Trans. CT-*18*, 592-599 (1971)

2.5 N. Fliege: Proc. 1976 IEEE International Symposium on Circuits and Systems (1976) pp. 205-208

3.1 S.K. Mitra: *Analysis and Synthesis of Linear Active Networks* (Wiley, New York 1969)

3.2 L. Weinberg: *Network Analysis and Synthesis* (McGraw-Hill, New York 1962)

3.3 G.E. Sharpe, B. Spain: IRE Trans. CT-*7*, 230-239 (1960)

5.1 J.V. Weit, L.P. Huelsman, G.A. Korn: *Introduction to Operational Amplifier Theory and Applications* (McGraw-Hill, New York 1975)

5.2 J.G. Graeme: *Applications of Operational Amplifiers* (McGraw-Hill, New York 1973)

5.3 J.G. Graeme: *Designing with Operational Amplifiers* (McGraw-Hill, New York 1977)

5.4 "Noise and Operational Amplifier Circuits", Analog Dialog Vol. 3, Nr. 1 (Herausgeber Analog Devices Inc. 1969)

5.5 A.J. Broderson, E.R. Chenette, R.C. Jaeger: IEEE J. Solid-State Circ. SC-*5*, 63-66 (1970)

6.1 H. Kaufmann: *Dynamische Vorgänge in linearen Systemen der Nachrichten- und Regelungstechnik* (Oldenbourg, München 1959)

6.2 P.R. Gray, R.G. Meyer: *Analysis and Design of Analog Integrated Circuits* (Wiley, New York 1977)

6.3 J.K. Roberge: *Operational Amplifiers: Theory and Practice* (Wiley, New York 1975)

7.1 J.D. Brownlie: IEEE Trans. CT-*13*, 98-99 (1966)

8.1 H.J. Orchard: Electron. Letters *2*, 224-225 (1966)

8.2 W. Rupprecht: *Netzwerksynthese* (Springer, Berlin 1972)

8.3 R. Saal: *Der Entwurf von Filtern mit Hilfe des Kataloges normierter Tiefpässe* (Telefunken GmbH, Backnang 1961)

8.4 A.I. Zverev: *Handbook of Filter Synthesis* (Wiley, New York 1967)

8.5 G.E. Hansell: *Filter Design and Evaluation* (van Nostrand Reinhold, New York 1969)

8.6 J. Gorski-Popiel: Electron. Letters *3*, 381-382 (1967)

8.7 H.J. Orchard, D.F. Sheahan: IEEE J. Solid-State Circ. SC-*5*, 108-118 (1970)

9.1 E. Christian, E. Eisenmann: *Filter Design Tables and Graphs* (Wiley, New York 1966)

9.2 E. Lüder: Bell Syst. Techn. J. *49*, 455-469 (1970)

9.3 W.M. Snelgrove, A.S. Sedra: Proc. 1978 IEEE International Symposium on Circuits and Systems (1978) pp. 151-155

9.4 N. Fliege: Circuit Theory Appl. *7*, 270-272 (1979)

10.1 R.P. Sallen, E.L. Key: IRE Trans. CT-*2*, 74-85 (1955)

10.2 N. Fliege: IEEE Trans. CT-*20*, 137-139 (1973)

10.3 T. Deliyannis: Electron. Letters *5*, 59-60 (1969)

11.1 N. Fliege: Nachrichtentechn. Z. *26*, 279-282 (1973)

11.2 N. Fliege: Nachrichtentechn. Z. *31*, 289-292 (1978)

11.3 N. Fliege: Nachrichtentechn. Z. *28*, 128-132 (1975)

12.1 W.J. Kerwin, L.P. Huelsman, R.W. Newcomb: IEEE J. Solid-State Circ. SC-*2*, 87-92 (1967)

12.2 F. Wolschendorf: Diplomarbeit Di 115, Institut für Nachrichtensysteme, Universität Karlsruhe (1975)

Sachverzeichnis

H. Wolf
Lineare Systeme und Netzwerke

Eine Einführung

Hochschultext
Korrigierter Nachdruck. 1978. 131 Abbildungen, 28 Tabellen. X, 268 Seiten
DM 24,–
ISBN 3-540-05271-2

Inhaltsübersicht: Allgemeine Systemeigenschaften. – Elemente der Netzwerktheorie. – Struktur des Netzwerks und Anzahl der Variablen. – Analyseverfahren. – Lösung der Netzwerksgleichungen. – Zeitfunktionen. – Die Systemantwort. – Anfangsbedingungen. – System mit mehreren Ein- und Ausgängen. – Eigenschaften der Systemfunktion. – Vierpole. – Filter und Allpässe. – Passivität und absolute Stabilität.

Aus den Besprechungen zur 1. Auflage:
„Dieses Buch… entspricht einer Vorlesung, die der Autor an der Universität Karlsruhe hält. Es ist als Einführung an Studenten und Elektroingenieure gerichtet. Der Verfasser gibt mit diesem Buch einen guten Überblick über einen Ausschnitt der Elektrotechnik, der sich vornehmlich mit der Analyse von Netzwerken befaßt. Er hat dabei fast vollständig auf eine strenge Beweisführung verzichtet… Jedes Kapitel schliesst mit einer Zusammenfassung. Diese Tatsache und ein Verzeichnis der Tabellen tragen dazu bei, die Übersicht zu fördern und die Anwendung zu erleichtern. Viele anschauliche Beispiele helfen mit, die gewonnenen Kenntnisse anzuwenden. Ein Literatur- und Sachverzeichnis schliessen das gut gelungene Werk ab.“
PTT Techn. Mitteilungen

Springer-Verlag
Berlin Heidelberg New York

H. Wolf
Nachrichtenübertragung

Eine Einführung in die Theorie

Hochschultext
1974. 55 Abbildungen. VIII, 248 Seiten
DM 32,–   ISBN 3-540-06359-5

Inhaltsübersicht: Verzeichnis der Tabellen und Beispiele. – Aufgaben und Probleme der Nachrichtenübertragung: Modell eines Nachrichtensystems. Beispiele für Nachrichtensysteme. Übertragungsprobleme. – Signale: Klassifizierung der Signale. Zufällige Signale. Determinierte Signale. – Systeme: Lineare zeitunabhängige Systeme. Ideale Modulatoren. Das Zeit-Bandbreite Produkt. Zeit- oder Bandbegrenzungen, Abtasttheoreme. Übertragung durch lineare Systeme. Rauschquellen. – Modulation: Überblick. Bandpaßsignale. Bandpaßsysteme. Zufällige Signale. Weißes Rauschen. Modulation mit Sinusträger. – Information: Auswahl und Codierung der Zeichen. Informationsgehalt der Zeichen. Signal- und Informationsfluß. Signalkapazität eines Nachrichtenkanals. Pulscodemodulation.

Aus den Besprechungen:
„Das Buch entspricht einer Vorlesung des Verfassers für das Elektrotechnikstudium im sechsten Semester. Es setzt daher praktische und auch theoretische Kenntnisse der Nachrichtentechnik voraus. … Die Darstellung ist zwar mathematisch orientiert, doch werden nur relativ geringe mathematische Vorkenntnisse gefordert (Wahrscheinlichkeitsbegriff, Fouriertransformation, δ-Funktion), da alle notwendigen Grundlagen erläutert werden. Zur Veranschaulichung dienen Übersichtstabellen und eine große Anzahl durchgerechneter Beispiele. … Außer der klaren und sorgfältigen Darstellung ist hervorzuheben, daß jedem Abschnitt eine ausführliche Zusammenfassung folgt. Das Buch erfüllt auf knappem Raum die gestellte Aufgabe in ausgezeichneter Weise.“
Forschung für Ingenieurwesen

H. D. Lüke

Signalübertragung

Einführung in die Theorie der Nachrichtenübertragungstechnik

Hochschultext

2., überarbeitete und erweiterte Auflage.
1979. 184 Abbildungen, 3 Tabellen.
X, 241 Seiten
DM 39,–
ISBN 3-540-09437-7

Inhaltsübersicht: Determinierte Signale in linearen, zeitinvarianten Systemen. – Fourier-Transformation. – Abtasttheoreme. – Korrelationsfunktionen determinierter Signale. – Systemtheorie der Tiefpaß- und Bandpaßsysteme. – Statistische Signalbeschreibung. – Modulationsverfahren I: Übertragung digitaler Signale. – Modulationsverfahren II: Übertragung analoger Signale. – Zusatzaufgaben. – Literaturverzeichnis. Symbolverzeichnis. – Lösungen zu den Aufgaben. – Sachverzeichnis.

W. Rupprecht

Netzwerksynthese

Entwurfstheorie linearer passiver und aktiver Zweipole und Vierpole

Hochschultext

1972. 213 Abbildungen. X, 381 Seiten
DM 45,–
ISBN 3-540-05529-0

Inhaltsübersicht: Definitionen und Grundlagen der Netzwerktheorie. – Synthese passiver Zweipole aus zwei Elementetypen. – Synthese allgemeiner passiver Zweipole. – Allgemeine Vierpoleigenschaften und spezielle Vierpoltypen. – Synthese passiver LC-Vierpole. – Approximationen. – Synthese allgemeiner passiver Vierpole. – Allgemeines zur Theorie aktiver Netzwerke. – Synthese aktiver RC-Zwei- und Vierpole unter Verwendung eines oder zweier aktiver Schaltelemente. – Empfindlichkeitsprobleme.

Noise in Physical Systems

Proceedings of the Fifth International Conference on Noise, Bad Nauheim, Fed. Rep. of Germany, March 13–16, 1978

Editor: D. Wolf

1978. 182 figures, 5 tables. X, 337 pages (Springer Series in Electrophysics, Volume 2)
Cloth DM 59,–
ISBN 3-540-09040-1

Contents: Noise in Semiconductor Devices. – Hot Carrier Noise. – 1/f-Noise. – Noise in Magnetic Materials. – Noise in Superconductors and Superconducting Devices. – Noise Measuring Techniques. – Theory.

Springer-Verlag
Berlin
Heidelberg
New York